Deutsches Dachdeckerhandwerk

Regeln für Dächer mit Abdichtungen

Deutsches Dachdeckerhandwerk
Regeln für Dächer mit Abdichtungen

Stand September 2005

mit zahlreichen Abbildungen und Tabellen

herausgegeben vom

Zentralverband des Deutschen Dachdeckerhandwerks
– Fachverband Dach-, Wand- und Abdichtungstechnik – e.V.

Bibliographische Information der Deutschen Bibliothek
Die Deutsche Bibliothek verzeichnet diese Publikation in der Deutschen Nationalbibliogaphie;
detaillierte bibliographische Daten sind im Internet über http://dnb.ddb.de abrufbar.

aktualisierte Auflage 2005

© Verlagsgesellschaft Rudolf Müller GmbH & Co. KG, Köln 2005
Alle Rechte vorbehalten.

Das Werk einschließlich seiner Bestandteile ist urheberrechtlich geschützt. Jede Verwertung außerhalb der engen Grenzen des Urheberrechtsgesetzes ist ohne die Zustimmung des Verlages unzulässig und strafbar. Dies gilt insbesondere für Vervielfältigungen, Bearbeitungen, Übersetzungen, Mikroverfilmungen und die Einspeicherung und Verarbeitung in elektronischen Systemen.

Maßgebend für das Anwenden von Regelwerken, Richtlinien, Merkblättern, Hinweisen, Verordnungen usw. ist deren Fassung mit dem neusten Ausgabedatum, die bei der jeweiligen herausgebenden Institution erhältlich ist.

Das vorliegende Werk wurde mit größter Sorgfalt erstellt. Verlag und Herausgeber können dennoch für die inhaltliche und technische Fehlerfreiheit, Aktualität und Vollständigkeit des Werkes keine Haftung übernehmen.

Wir freuen uns Ihre Meinung über dieses Fachbuch zu erfahren. Bitte teilen Sie uns Ihre Anregungen, Hinweise oder Fragen per E-Mail: fachmedien.dach@rudolf-mueller.de oder Telefax: (02 21) 54 97 6207 mit.

Umschlaggestaltung: Rainer Geyer, Köln
Satz: Satz + Layoutwerkstatt Kluth GmbH, Erftstadt
Druck- und Bindearbeiten: Media-Print, Informationstechnologie GmbH, Paderborn
Printed in Germany

ISBN: 3-481-02258-1

Vorwort

Das vorliegende Taschenbuch enthält die Grundregel, die Fachregeln, Hinweise, Merkblätter und Produktdatenblätter, die für die Ausführung von **Dächern mit Abdichtungen** relevant sind.

Der Inhalt der vorliegenden Regelwerksteile entspricht dem Stand des Regelwerks **September 2005.** Alle Neuerungen und Veränderungen, die sich in den Teilen des Regelwerks weiterhin ergeben, werden in nachfolgenden Taschenbüchern Berücksichtigung finden.

Auf der Rückseite des Buches finden Sie einen Überblick über die Gesamtstruktur des Regelwerks.

Über den aktuellen Stand etwaiger Bearbeitung gibt Ihnen der Zentralverband des Deutschen Dachdeckerhandwerks gerne weitere Informationen.

Für die Themenbereiche Dachdeckungen und Außenwandbekleidungen liegen ebenfalls Taschenbuch-Ausgaben vor.

Darüber hinaus können Sie die Taschenbuch-Ausgaben Dachdeckungen, Abdichtungen und Außenwandbekleidungen auch online beziehen. Nähere Informationen hierzu finden Sie unter www.dachdecker-regelwerk.de.

Das komplette Regelwerk ist sowohl als Loseblatt-Ordner wie auch als CD-ROM erhältlich oder steht Ihnen online zur Verfügung.

Köln, im September 2005

ZENTRALVERBAND DES DEUTSCHEN DACH-DECKERHANDWERKS

– Fachverband Dach-, Wand- und
  Abdichtungstechnik – e.V.

Deutsches Dachdeckerhandwerk Regelwerk

Vorwort

Das Regelwerk des Deutschen Dachdeckerhandwerks besteht aus den Grundregeln, Fachregeln, Hinweisen, Merkblättern und Produktdatenblättern. Sie alle bilden zusammen ein geschlossenes Ganzes. Jede einzelne Schrift ist durch Bezüge mit anderen Schriften verknüpft. Dies ist notwendig, um einerseits Mehrfachregelungen, Wiederholungen oder sogar Widersprüche zu vermeiden, andererseits sind so Anpassungen einzelner Schriften möglich, ohne damit Änderungen vieler Regelwerksteile vornehmen zu müssen. Die Gliederung des Regelwerks bedeutet jedoch auch, daß nun mehrere Schriften gleichzeitig beachtet werden müssen und nicht eine Schrift, alleine und losgelöst für sich, umfassende Regelungen für eine bestimmte Ausführungsweise beinhaltet.

Das Regelwerk des Deutschen Dachdeckerhandwerks ist als Loseblattsammlung, CD-ROM oder in gebundener Fassung erhältlich, wobei die gebundenen Fassungen die Schriften zusammenfassen, die zu einem wesentlichen Tätigkeitsgebiet zusammengehören und dementsprechend gemeinsam beachtet werden müssen.

Das Regelwerk des Deutschen Dachdeckerhandwerks ist insbesondere auf der Grundlage baupraktischer Erfahrungen und unter Berücksichtigung der Gewährleistungsverpflichtung des Auftragnehmers ein Maßstab für fachgerechtes technisches Verhalten. Die im Regelwerk enthaltenen Anforderungen und technischen Hinweise sichern ein ausreichendes Qualitätsniveau und dienen damit dem Verbraucherschutz. Der Inhalt des Regelwerkes ist eine wichtige Erkenntnisquelle für sachgemäße Planung und Anwendungstechnik im Normalfall. Es können jedoch nicht alle denkbar möglichen Sonderfälle erfaßt werden, in denen dann sowohl weitergehende als auch einschränkende Maßnahmen erforderlich werden könnten.

Verbandsseitig stellt das Regelwerk eine Zusammenfassung von Erkenntnissen ohne zwingende Bindung der Verbandsmitglieder dar. Die Anwendung des Regelwerkes befreit also nicht von der Verantwortung für eigenes Handeln, dessen Einhaltung sichert jedoch nach aller bisherigen Erkenntnis eine einwandfreie technische Leistung. Dabei wird die Eignung der vom Auftragnehmer vorgeschriebenen bzw. vorgeschlagenen Werkstoffe für den vorgesehenen Zweck und die Brauchbarkeit der Vorleistung anderer am Bau Beteiligter vorausgesetzt.

Das Regelwerk des Deutschen Dachdeckerhandwerks ist unter Berücksichtigung des gegenwärtigen Standes der Bautechnik und gesicherter Entwicklungstendenzen eine Richtschnur sowohl für die Ausführungstechnik des bauausführenden Unternehmers als auch für den Planer.

Dieser hat dabei die Auswirkung der Baukonstruktion des jeweiligen Bauwerkes, den vorgesehenen Nutzungszweck sowie die örtlichen und klimatischen Verhältnisse und somit die bauphysikalischen Beanspruchungen zu beachten. Das Regelwerk beinhaltet keine Leistungsbeschreibungen und entbindet nicht von einer Ausschreibung nach der Verdingungsordnung für Bauleistungen (VOB).

Die üblicherweise beigegebenen Zeichnungen sind Beispiele für die Arbeitsausführung. Sie dienen lediglich der Veranschaulichung und sind damit eine unverbindliche Erläuterung der textlichen Ausführungen. Regional und insbesondere klimatisch bedingte andere Lösungen sind denkbar und zulässig.

Der Herausgeber dankt allen Mitgliedern der Fachausschüsse des Zentralverbandes des Deutschen Dachdeckerhandwerks und den in vielen Ausschüssen als Gast mitwirkenden repräsentativ berufenen Vertretern der Industrie für die geleistete Arbeit.

Der Umfang des Regelwerkes weist auf die geleistete intensive Arbeit hin. In den Dank beziehen wir aber auch gerne all diejenigen ein, die mit Rat und Tat bei der Erstellung der Grundregel, der einzelnen Fachregeln sowie der Hinweise und Merkblätter, aber auch Produktdatenblätter geholfen haben.

Der Zentralverband des Deutschen Dachdeckerhandwerks würde es begrüßen, wenn ihm auch weiterhin Anregungen, insbesondere Ergänzungsmöglichkeiten und Klarstellungen oder Verbesserungsvorschläge zugingen, damit das Regelwerk weiterhin seinen hohen Stellenwert behält.

Köln, September 1997
ZENTRALVERBAND
DES DEUTSCHEN DACHDECKERHANDWERKS
– Fachverband
Dach-, Wand- und Abdichtungstechnik – e.V.

Inhaltsübersicht

Vorwort – Deutsches Dachdeckerhandwerk Regelwerk

Grundregel für Dachdeckungen, Abdichtungen und Außenwandbekleidungen

Fachregeln Abdichtungen:

Fachregel für Dächer mit Abdichtungen – Flachdachrichtlinien –

Hinweise:

Hinweise Holz und Holzwerkstoffe

Hinweise zur Lastenermittlung

Merkblätter:

Merkblatt Wärmeschutz bei Dach und Wand

Merkblatt Äußerer Blitzschutz auf Dach und Wand

Merkblatt Solartechnik für Dach und Wand

Produktdatenblätter:

Produktdatenblatt für Dampfsperrbahnen

Produktdatenblatt für Wärmedämmstoffe

Produktdatenblatt für Bitumenbahnen

Produktdatenblatt für Kunststoff- und Elastomerbahnen

Produktdatenblatt für Flüssigabdichtungen

Übersicht der Normen im Arbeitsgebiet des Dachdeckerhandwerks

Deutsches Dachdeckerhandwerk
– Regelwerk –

Grundregel für Dachdeckungen, Abdichtungen und Außenwandbekleidungen

Aufgestellt und herausgegeben vom

**Zentralverband des Deutschen Dachdeckerhandwerks
– Fachverband Dach-, Wand- und Abdichtungstechnik – e.V.**

Ausgabe September 1997

 Rudolf Müller

Vorgänger:

Grundregeln des Dachdeckerhandwerks		1926
Grundregeln des Dachdeckerhandwerks	Mai	1964
Grundregeln des Dachdeckerhandwerks	März	1975
Grundregeln des Dachdeckerhandwerks	August	1985

© Alle Rechte bei der D + W-Service GmbH für Management, PR und Messewesen, Köln 1997
Nachdruck und Vervielfältigung, auch auszugsweise, nur mit Genehmigung der D + W-Service GmbH und des Verlages gestattet.
Verlag: Verlagsgesellschaft Rudolf Müller Bau-Fachinformationen GmbH & Co. KG, Stolberger Str. 76, 50933 Köln
Druck: Druckerei Engelhardt GmbH, Neunkirchen

Inhaltsverzeichnis

1	**Allgemeines**	5
2	**Regelwerkteile**	5
2.1	Grundregel	5
2.2	Fachregeln	5
2.3	Hinweise	5
2.4	Merkblätter	5
2.5	Produktdatenblätter	5
2.6	Übersichten	6
3	**Begriffe**	6
3.1	Allgemeine Hinweise	6
3.2	Modale Hilfsverben	6
3.3	Begriffsbestimmungen	7
4	**Einwirkungen und Beanspruchungen**	9
4.1	Allgemeines	9
4.2	Beanspruchungen durch Feuchtigkeit	9
4.3	Beanspruchungen durch Umwelteinflüsse	9
4.4	Thermische Beanspruchungen	9
4.5	Mechanische Beanspruchungen	10
4.6	Konstruktiv bedingte Beanspruchungen	10
5	**Anforderungen**	10
5.1	Allgemeines	10
5.2	Wärmeschutz	10
5.3	Brandschutz	10
5.4	Schallschutz	12
5.5	Standsicherheit	12
5.6	Blitzschutz	12
5.7	Anforderungen an Werkstoffe	13
5.8	Anforderungen an Dachdeckungen	13
5.9	Anforderungen an Abdichtungen	13
5.10	Anforderungen an Außenwandbekleidungen	13
5.11	Anforderungen an ausgebaute Dachgeschosse	13
6	**Pflege und Wartung**	13

1 Allgemeines

(1) Das Regelwerk besteht aus der Grundregel und weiteren Regelwerkteilen für die Planung und Ausführung im Bereich der Dach-, Wand- und Abdichtungstechnik.

(2) Die Dach-, Wand- und Abdichtungstechnik befaßt sich überwiegend mit der Aufgabe, das Gebäude gegen Witterungseinflüsse und einzelne Bauteile vor Feuchtigkeit zu schützen. Neben dem reinen Feuchteschutz müssen aber noch weitere Funktionen beachtet werden, wie z. B. Wärmeschutz, Schallschutz, Brandschutz und Standsicherheit. Diese sehr unterschiedlichen Anforderungen sowie das Zusammenwirken aller Funktionsschichten einschließlich der Unterkonstruktion, müssen bei der Planung berücksichtigt werden. Erfolgt keine gesonderte Planung, sind die Anforderungen alleine von dem für die Ausführung Verantwortlichen (Planungshaftung) zu beachten.

(3) Das Regelwerk sichert bei Einhaltung nach bisherigen Erkenntnissen im Normalfall eine einwandfreie technische Leistung. Bei besonderen Beanspruchungen können weitergehende oder einschränkende Maßnahmen erforderlich sein. Auch die Brauchbarkeit der Vorleistungen anderer am Bau Beteiligter, die Eignung der Werkstoffe und ergänzende Herstellervorschriften sind von besonderer Bedeutung.

(4) Das Regelwerk des Dachdeckerhandwerks und die darin enthaltenen Fachregeln erlangen üblicherweise den Status allgemein anerkannter Regeln der Technik. Wenn keine anderslautende Einzelvereinbarung getroffen wird, werden sie Grundlage für die Ausführung. Angaben in Prospekten haben üblicherweise nicht den Status, allgemein anerkannt zu sein, weil sie oft werblichen Charakter besitzen. Herstellervorschriften (Verlegeanleitungen, Planungs- und Verarbeitungshinweise o. ä.) stellen werkstoffspezifische Regelungen dar. Sie können ebenso, wie z. B. Normen, Regelwerke und fortdauernde praktische Erfahrung, den Status der allgemein anerkannten Regeln der Technik erlangen. Alle am Bau beteiligten Fachleute haben die Pflicht, sich ständig über die fortlaufenden Entwicklungen zum allgemein anerkannten Stand der Technik zu informieren.

(5) Den am Bau Beteiligten muß in diesem Zusammenhang bewußt sein, daß insbesondere eine Abweichung von den Anforderungen gemäß den Fachregeln eine erhöhte Sorgfaltspflicht bei Beratung und Ausführung bis hin zur Bedenkenanmeldung verlangt. Der Grund dafür ist, daß selbst für den Fall, in dem es dadurch nicht zum Schaden kommt, nun der Ausführende beweisen muß, daß er eine der Regelausführung gleichwertige Leistung erbracht hat.

(6) Das Regelwerk erfaßt keine Sonderfälle und befreit nicht von der Verantwortung für eigenes Handeln. Insbesondere müssen evtl. vorhandene Normen und Zulassungsbescheide, die einschlägigen Unfallverhütungsvorschriften sowie die örtlichen Verhältnisse und deren Auswirkungen auf die Baukonstruktion berücksichtigt werden.

(7) Im Regelwerk enthaltene Zeichnungen oder Details sind Darstellungen, die die textliche Beschreibungen ergänzen. Als Beispiel einer möglichen Ausführungsart eines bestimmten Teilbereiches stellen sie keine Lösung einer Gesamtsituation dar. Sie sind nicht maßstabsgerecht.

2 Regelwerkteile

2.1 Grundregel

Die Grundregel ist die Basis für das gesamte Regelwerk des Dachdeckerhandwerks und damit für alle Planungs- und Ausführungsgrundsätze der nachgeordneten Regelwerkteile.

2.2 Fachregeln

Fachregeln enthalten Vorgehensweisen für die Planung und Ausführung, die sich in ihren jeweiligen Fachbereichen als theoretisch richtig und handwerklich machbar herausgestellt haben. Sie sichern ein ausreichendes Qualitätsniveau und dienen damit den Interessen der Verbraucher.

2.3 Hinweise

Hinweise beinhalten auf der Basis von bauaufsichtlich eingeführten Normen, bauaufsichtlichen Zulassungen und anderen Regelwerken oder Normen eine praxisorientierte Zusammenfassung von anerkannten Verhaltens- und Vorgehensweisen als Hilfe für die Planung und Ausführung. Hinweise haben baurechtliche Bedeutung und müssen dementsprechend beachtet werden.

2.4 Merkblätter

Merkblätter enthalten bereichs- und/oder themenbezogene Ergänzungen zu Fachregeln sowie Hinweise. Sie verfügen gleichermaßen über deren Bedeutung und tragen dem Stand der Technik, Normen und anderen Regelwerken Rechnung. Sie werden aufgestellt, wenn bestimmte technische Konsequenzen als notwendig erkannt worden sind.

2.5 Produktdatenblätter

Produktdatenblätter enthalten Informationen und Anforderungen an Werkstoffe und Produkte, wie sie in der Dach-, Wand- und Abdichtungstechnik üblich sind. Bei den Anforderungen können gegenüber Normen ggf. auch zusätzliche Festlegungen enthalten sein.

2.6 Übersichten

Übersichten enthalten Auflistungen von Informationen, die für die Anwendung des Regelwerkes von Bedeutung sind, wie z. B. als Zusammenstellung aller Regelwerkteile oder zur Information über Normen oder Vorschriften.

3 Begriffe

3.1 Allgemeine Hinweise

Begriffsbestimmungen wurden ohne Wertung nach fachlichen Oberbegriffen für eine bestimmte Thematik aufgelistet und diesen dann weitere im Zusammenhang stehende Begriffe zugeordnet. Dabei wurden Begriffe aufgenommen, die für ein allgemeines Verständnis, insbesondere der Grundregel, erforderlich sind. Weitere Begriffsbestimmungen, insbesondere wenn sie spezielle Themenbereiche, Werkstoffe o. ä. betreffen, sind in den jeweiligen Regelwerkteilen aufgeführt.

3.2 Modale Hilfsverben

Modale Hilfsverben und deren Aussagefähigkeit sind für ein eindeutiges Verständnis des Regelwerkes von besonderer Bedeutung. Die Auflistung in Tabelle 1 erfolgt in gewichteter Reihenfolge.

Tabelle 1: Modale Hilfsverben

Modale Hilfsverben	Bedeutung		Gründe, die zur Wahl des Hilfsverbums führen (Beispiele)
muß, müssen	Gebot	unbedingt, fordernd	Äußerer Zwang, wie durch Rechtsvorschrift, sicherheitstechnische Forderung, Vertrag oder innerer Zwang, wie Forderung der Einheitlichkeit oder der Folgerichtigkeit
darf nicht, dürfen nicht	Verbot		
soll, sollen	Regel	bedingt, fordernd	Durch Verabredung oder Vereinbarung freiwillig übernommene Verpflichtung, von der nur in begründeten Fällen abgewichen werden darf.
soll nicht, sollen nicht			
darf, dürfen	Erlaubnis	freistellend	In bestimmten Fällen darf von dem durch Gebot, Verbot oder Regel Gegebenen abgewichen werden, z.B. eine gleichwertige Lösung gewählt werden.
muß nicht, müssen nicht			
sollte, sollten	Empfehlung, Richtlinie	auswählend, anratend, empfehlend	Von mehreren Möglichkeiten wird eine als zweckmäßig empfohlen, ohne andere zu erwähnen oder auszuschließen. Eine bestimmte Angabe ist erwünscht, aber nicht als Forderung anzusehen. Eine bestimmte Lösung wird abgewehrt, ohne sie zu verbieten.
sollte nicht, sollten nicht			
kann, können	unverbindlich		Vorliegen einer physischen Fähigkeit (die Hand kann eine bestimmte Kraft ausüben), einer physikalischen Möglichkeit (ein Balken kann eine Belastung tragen) einer ideellen Möglichkeit (eine Voraussetzung kann bestimmte Folgen haben, eine Feststellung kann schon überholt sein, wenn ...)
kann nicht, können nicht			

3.3 Begriffsbestimmungen

3.3.1 Abdichtungen

(1) Abdichtungen von Dächern oder Bauteilen werden aus zusammenfügbaren bahnen- oder planenförmigen Produkten hergestellt oder als ganzflächige Beschichtungen ausgeführt. Aufgrund unterschiedlicher Anforderungen sind Dachabdichtungen und Bauwerksabdichtungen zu unterscheiden.

(2) Dachabdichtungen sind der obere Abschluß von Gebäuden auf flachen oder geneigten Dachkonstruktionen. Dachabdichtungen können mit Schutz- und Nutzschichten versehen sein.

(3) Bauwerksabdichtungen sind Abschlüsse von Gebäudeteilen zum Schutz des Bauwerkes gegen Feuchtigkeit oder Wasser. Es wird unterschieden nach Maßnahmen gegen
– Bodenfeuchtigkeit,
– nicht drückendes Wasser,
– von außen drückendes Wasser und
– von innen drückendes Wasser.

3.3.2 An- und Abschlüsse

(1) Anschlüsse sind besondere Ausbildungen von Dachdeckungen, Abdichtungen oder Außenwandbekleidungen an angrenzende oder durchdringende Bauteile oder Bauelemente.
Insbesondere bei Dachdeckungen unterscheidet man zwischen seitlichen, firstseitigen und traufseitigen Anschlüssen (siehe Abb. 1).

(2) Abschlüsse sind besondere Ausbildungen von Dachdeckungen, Abdichtungen oder Außenwandbekleidungen an den Rändern der Dachflächen. Übliche Begriffe für Randabschlüsse sind z. B. First, Ortgang, Traufe, o. ä. (siehe Abb. 2).

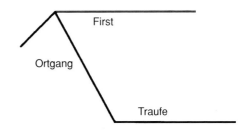

Abb. 2: Abschlüsse

3.3.3 Außenwandbekleidungen

Außenwandbekleidungen werden an tragenden Wandkonstruktionen aus schuppen- oder tafelförmig angebrachten ebenen oder profilierten klein- oder großformatigen Elementen hergestellt.

3.3.4 Behelfsdeckung oder Behelfsabdichtung

Unter Behelfsdeckung oder Behelfsabdichtung versteht man den vorübergehenden Schutz einer Konstruktion oder Bauteilfläche, um das Gebäude vor Feuchtigkeit zu schützen und beispielsweise eine Weiterarbeit im Gebäudeinneren zu ermöglichen. Behelfsdeckungen oder Behelfsabdichtungen sind zumindest für einige Zeit der Witterung ausgesetzt. Die verwendeten Werkstoffe und die Art der Ausführung müssen hierfür geeignet sein. Je nach verwendetem Material und ggf. mit zusätzlicher Wind-Sog-Sicherung kann beispielsweise eine Vordeckung als Behelfsdeckung dienen. Je nach Art und Ausführung können auch Dampfsperren oder erste Lagen von mehrlagigen Dachabdichtungen als Behelfsabdichtung verwendet werden.

3.3.5 Dach- und Wandkonstruktionen

Dach- und Wandkonstruktionen bestehen aus mehreren Einzelschichten, die in ihrer Funktion zusammenwirken. Je nach Anordnung der Schichten unterscheidet man
– einschalige, nicht durchlüftete Konstruktionen, oder
– mehrschalige, durchlüftete Konstruktionen.

3.3.6 Dachdeckungen

Dachdeckungen sind der obere Abschluß von Gebäuden auf geneigten Dachkonstruktionen aus in der Regel schuppenförmig überdeckten ebenen oder profilierten platten- oder tafelförmigen Deckwerkstoffen.

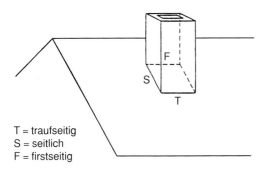

T = traufseitig
S = seitlich
F = firstseitig

Abb. 1: Anschlüsse

3.3.7 Dachneigung

(1) Dachneigung ist die Neigung der Dachkonstruktion (Unterkonstruktion) gegen die Waagerechte. Das Maß der Dachneigung wird ausgedrückt als Winkel zwischen der Waagerechten und der Dachfläche in Grad (°) oder als Steigung der Dachfläche über der Waagerechten in Prozent (%).

(2) Regeldachneigung ist die unterste Dachneigungsgrenze, bei der sich in der Praxis eine Dachdeckung als regensicher erwiesen hat.

(3) Mindestdachneigung ist die unterste Dachneigungsgrenze, die nicht unterschritten werden darf.

(4) Bei Dachdeckungen ist die Neigung des Deckwerkstoffes aufgrund der Verlegetechnik immer geringer als die Dachneigung.

3.3.8 Deckunterlage

Die Deckunterlage dient zur Aufnahme der Deckung oder Abdichtung und muß auf den zur Anwendung kommenden Werkstoff abgestimmt sein, z. B. Lattung, Schalung, Trapezblech u. ä.

3.3.9 Durchdringungen

Durchdringungen sind Bauteile oder Elemente in runder oder eckiger Form, die bei einer Aussparung in der Bauteilfläche erforderlich werden, z. B. Dachausstiege, Dachgully, Antennendurchgänge u. ä.

3.3.10 Einbauteile

Einbauteile sind Bauteile oder Elemente, die in Dachdeckungen, Abdichtungen oder Außenwandbekleidungen eingebaut werden, z. B. Dachflächenfenster, Lichtkuppeln, Sicherheitsdachhaken, Schneefanggitter, Wandhalterungen, Lüfter u. ä.

3.3.11 Einfassungen

Einfassungen sind Bauteile oder Elemente, die einen regensicheren bzw. wasserdichten Anschluß von Dachdeckungen bzw. Abdichtungen an Durchdringungen gewährleisten. Sie sind in Form und Ausführung auf den jeweiligen Werkstoff abzustimmen.

3.3.12 Gefälle

Gefälle ist die Neigung einer Oberfläche gegen die Waagerechte, z. B. bei Rinnen, Abdichtungen, Abdeckungen.

3.3.13 Grate

Grate sind die außenliegenden Verschneidungslinien von zwei Dachflächen.

3.3.14 Kehlen

Kehlen sind die innenliegenden Verschneidungslinien von zwei Dachflächen.

3.3.15 Lüftung

Lüftung ergibt sich aus dem Anschluß eines Zwischenraumes an Innen- oder Außenluft. Äußere Luftschichten können sich direkt über der Wärmedämmung (siehe „Merkblatt Wärmeschutz bei Dächern" und „Hinweise für hinterlüftete Außenwandbekleidungen") oder direkt unter den Deck- bzw. Abdichtungsschichten (siehe jeweilige Fachregel) befinden.

3.3.16 Notdeckung oder Notabdichtung

Unter Notdeckung oder Notabdichtung versteht man eine befristete Abdeckung oder Abdichtung als vorübergehender Schutz im Schadensfall. Notdeckungen oder Notabdichtungen sind keine dauerhafte Lösung. Von ihr können nicht die Kriterien einer Deckung oder Abdichtung erwartet werden. Sie ersetzen keine Dachdeckung oder Abdichtung.

3.3.17 Nutzung

(1) Gebäudenutzung ergibt sich durch die vorhandene oder geplante Nutzung, z. B. durch Wohnen, Arbeiten oder Lagern.

(2) Genutzte Flächen sind Bauteilflächen, die für den Aufenthalt von Personen oder für die Nutzung durch Verkehr vorgesehen sind.

(3) Nicht genutzte Flächen sind Bauteilflächen, die nur gelegentlich betreten werden sollen, z. B. zum Zwecke der Wartung und Instandhaltung.

3.3.18 Systemteile

Systemteile sind Bauteile oder Elemente, die in ihrer Formgebung, Farbe und ihren Eigenschaften auf die jeweiligen Hauptmerkmale eines Werkstoffes abgestimmt sind. Systemteile gelten als ein übergeordnetes Ganzes, deren Veränderungen an den Einzelbauteilen einen Eingriff in die Haftungsverhältnisse bewirkt.

3.3.19 Trennschicht

Eine Trennschicht ist eine flächige Trennung von Werkstoffen, um Wechselwirkungen zwischen Schichten zu vermeiden.

3.3.20 Unterdächer, Unterdeckungen und Unterspannungen

Unterdächer, Unterdeckungen und Unterspannungen werden als zusätzliche Maßnahmen unterhalb von Dachdeckungen angeordnet, um vor eindringender Feuchtigkeit, Flugschnee und Staub zu schützen.

3.3.21 Unterkonstruktion

Die Unterkonstruktion besteht aus dem Tragwerk mit oder ohne Deckunterlage.

3.3.22 Vordeckung

Unter Vordeckung versteht man die Abdeckung, z. B. von Holzschalung vor der Weiterarbeit, also vor dem Ausführen der eigentlichen Dachdeckung, Abdichtung oder Außenwandbekleidung. Je nach Art und Ausführung der Vordeckung kann sie auch als Behelfsdeckung dienen oder zu einem Unterdach oder einer Unterdeckung beitragen.

4 Einwirkungen und Beanspruchungen

4.1 Allgemeines

Von den Umfassungsflächen baulicher Anlagen werden Schutzfunktionen erwartet, die durch Dachdeckungen, Abdichtungen, Außenwandbekleidungen oder andere Maßnahmen erreicht werden sollen. Grundlage aller Maßnahmen ist eine auf das jeweilige Objekt bezogene sach- und fachgerechte Planung mit eindeutigen Vorgaben bzw. Abklärungen zur Ausführungsart und Auswahl der Werkstoffe. Abhängig von den zu erwartenden Einwirkungen ergeben sich unterschiedliche Beanspruchungen.

4.2 Beanspruchungen durch Feuchtigkeit

(1) Feuchtigkeit wirkt sich auf die Eigenschaften und die Funktion von Bauteilen, Baustoffen und Schichten, die konstruktiven Verhältnisse, die Nutzung des Gebäudes, die Hygiene und die Gesundheit der Bewohner und Nutzer aus. Einwirkungen von Feuchtigkeit entstehen durch Niederschlag, Baufeuchte und Nutzungsfeuchte.

(2) Niederschlag tritt als Regen, Schnee, Hagel oder Eis auf. Bei extremen Standorten oder besonderen Witterungsverhältnissen können sich diese Niederschläge in Treibregen, Flugschnee, Schnee- oder Eisschanzenbildung auswirken.

(3) Baufeuchte ist als Eigen- und/oder Einbaufeuchtigkeit von Baustoffen vorhanden.

(4) Nutzungsfeuchte ist die in der Raumluft enthaltene Luftfeuchte. Die Größenordnung ist abhängig vom Luftaustausch und von dem Lüftungsverhalten der Benutzer.

4.3 Beanspruchungen durch Umwelteinflüsse

(1) Die Alterung der Werkstoffe und Bauteilschichten führt zu Verfärbungen und zur Änderung von physikalisch-chemischen bzw. mechanischen Eigenschaften.

(2) Bewitterung, Immissionen, Feuchtigkeit, Ablagerungen von Schmutz und Staub, atmosphärische Niederschläge und wechselnde Temperaturen können Verfärbungen und beschleunigte Alterung bewirken.

(3) Veränderungen der Werkstoffe entstehen durch UV-Strahlung, Sauerstoff und Ozon sowie fotochemische Vorgänge.

(4) Aggressive Niederschläge entwickeln sich durch in der Atmosphäre auftretende Lösungen von Stoffen und Gasen, z. B. zu „saurem Regen".

(5) Ablagerungen von Staub und Schmutz sind ein guter Nährboden für Pflanzen, Flechten, Moose, Algen, Bakterien und mikrobiologisches Wachstum.

(6) Die Beanspruchungen durch Umwelteinflüsse können unterschieden werden in mäßige oder hohe Beanspruchungen.

(7) Mäßige Beanspruchungen durch Umwelteinflüsse liegen vor, wenn Bauteilschichten oder Werkstoffe durch andere Bauteile oder Schichten vor einer unmittelbaren Einwirkung von Niederschlagsfeuchtigkeit und/oder Sonneneinstrahlung sowie Ablagerungen dauerhaft geschützt werden.

(8) Hohe Beanspruchungen durch Umwelteinflüsse liegen vor, wenn Bauteilschichten oder Werkstoffe den Einwirkungen durch die Umwelt auf Dauer ungeschützt ausgesetzt sind.

4.4 Thermische Beanspruchungen

(1) Thermische Beanspruchungen ergeben sich durch Temperaturunterschiede und Temperaturwechsel.

(2) Oberflächen- bzw. Lufttemperaturen verändern sich infolge Sonneneinstrahlung, durch Aufheizung oder Abstrahlung, Wärmeleitung, Luftströmung oder Verdunstungskälte.

(3) Temperaturunterschiede bestehen zwischen Höchst- und Niedrigsttemperaturen, Werkstoffober- und -untersiten, Innen- und Außenbereichen oder bei mehrschaligen Konstruktionen zwischen den Schichten.

(4) Temperaturwechsel betreffen z. B. einen Jahreszeitraum (Sommer-Winter), Tageszeitraum (Tag-Nacht) bzw. Stundenzeitraum (Witterungssturz/sommerlicher Hagelschlag) oder auch Flächenbereiche, z. B. bei Übergängen von Sonnen- zu Schattenbereichen, oder von trockenen zu feuchten oder vereisten Bereichen.

(5) Die thermische Beanspruchung von Bauteilflächen kann unterteilt werden in mäßige oder hohe thermische Beanspruchung.

(6) Mäßige thermische Beanspruchung liegt vor, wenn keine hohen Aufheizungen und keine schnellen Temperaturveränderungen zu erwarten sind, z. B. aufgrund eines Oberflächenschutzes.

(7) Hohe thermische Beanspruchung liegt vor, wenn Bauteilflächen ungeschützt Kälte und Hitze ausgesetzt sind.

4.5 Mechanische Beanspruchungen

(1) Mechanische Beanspruchungen entstehen aus der Baukonstruktion, durch Bewegungen von Bauteilschichten, durch Wind, Einwirkungen während der Bauzeit sowie Nutzung.

(2) Beanspruchungen aus der Baukonstruktion treten infolge Setzungen und/oder Erschütterungen, Spannungen in der Tragkonstruktion sowie durch Abbinde- oder Trocknungsvorgänge auf.

(3) Beanspruchungen durch Bewegungen einzelner Bauteilschichten entstehen durch z. B. Vibrationen, Schubkräfte und werkstoffbedingte oder thermische Formänderungen.

(4) Beanspruchungen durch Wind erfolgen als Winddruck oder Windsog.

(5) Beanspruchungen durch Einwirkungen während der Bauzeit ergeben sich z. B. durch Baustellenbetrieb oder Arbeiten von anderen Gewerken.

(6) Beanspruchungen durch Nutzung von Bauteilflächen erfolgt z. B. durch Begehen oder Befahren von Terrassen, Grünanlagen, Parkdecks o. ä.

(7) Nach baupraktischen Gesichtspunkten kann unterteilt werden in mäßige und hohe mechanische Beanspruchungen.

(8) Mäßige mechanische Beanspruchung liegt vor, wenn Bauteilschichten oder Werkstoffe auf einer festen Unterlage aufliegen und keinen außergewöhnlichen Bewegungen, Belastungen, Kräften oder Spannungen ausgesetzt sind.

(9) Hohe mechanische Beanspruchung liegt vor, wenn Bauteilschichten und Werkstoffe auf schwingungsanfälligen und/oder weichen Unterlagen aufliegen oder Windlasten, flächigen Spannungen, Schwingungen, Bewegungen, Schub bzw. Scherkräften, hohen Punktlasten oder Nutzungsanforderungen ausgesetzt sind.

4.6 Konstruktiv bedingte Beanspruchungen

Besondere Beanspruchungen können sich durch die Konstruktion ergeben, z. B. durch
- geschwungene, gedrehte oder gewölbte Flächen,
- stark gegliederte Flächen, Vor- oder Rücksprünge,
- wechselndes Gefälle oder unterschiedliche Neigungen,
- überdurchschnittliche Abmessungen von Bauteilen, und bei
- Übergangsbereichen von unterschiedlichen Bauteilen.

5 Anforderungen

5.1 Allgemeines

(1) Bei Bauleistungen müssen die bauaufsichtlichen Regelungen beachtet werden sowie zusätzliche Auflagen, die sich aus Anforderungen des Umweltschutzes, des Arbeits- und Gesundheitsschutzes sowie der Unfallverhütung ergeben. Die Klärung der Randbedingungen muß im Rahmen der Planung vor der Ausführung erfolgen. Insbesondere sind z. B. zu berücksichtigen:
- Landesbauordnungen,
- Städte-, Kreis- oder Gemeindeverordnungen oder -satzungen,
- bauaufsichtliche Vorschriften,
- Belange des Denkmalschutzes,
- Unfallverhütungsvorschriften (UVV).

(2) Bauleistungen werden üblicherweise von mehreren Gewerken erbracht. Als vertragliche Anforderung ergibt sich die Pflicht, Vorleistungen anderer Gewerke oder die örtlichen Gegebenheiten per Augenschein zu prüfen. Die Weiterarbeit kommt im übertragenen Sinn einer technischen Abnahme der Vorleistung gleich.

5.2 Wärmeschutz

(1) Wärmeschutz-Anforderungen müssen dem baulich, technisch notwendigen Wärmeschutz (siehe DIN 4108 „Wärmeschutz im Hochbau") und dem Wärmeschutz zur Energieeinsparung sowie zur Minderung der Umweltbelastung (siehe „Wärmeschutzverordnung") entsprechen. Erreicht werden sollen z. B.
- ein ganzjährig möglichst gleichbleibendes angenehmes Innenraumklima für die Bewohner bzw. Benutzer von Gebäuden,
- die Reduzierung von Heizenergie,
- die Reduzierung von umweltschädigenden Abgasen,
- die Reduzierung von Bauteil-Bewegungen,
- die Reduzierung von Wärmeverlusten in der kalten Jahreszeit und
- die Vermeidung hoher Bauteilfeuchte, die z. B. zu Schimmelpilzbildung führen kann.

(2) Raumabschließende Schichten, Konstruktionen oder Bauteile müssen luftdicht ausgebildet werden, um Luftströmungen zu unterbinden. Luftströmungen von der warmen zur kalten Bauteilseite können zu Wärmeverlusten und schädlicher Tauwasserbildung führen.

5.3 Brandschutz

(1) Brandschutz-Anforderungen dienen dem Personen- und Sachschutz und haben das Ziel, das Entstehen von Bränden einzuschränken bzw. die Brandwei-

terleitung zu erschweren oder zu verzögern. Der vorbeugende Brandschutz für Baumaßnahmen betrifft das Brandverhalten von Baustoffen, wobei eine Unterteilung in nichtbrennbare und brennbare Baustoffe erfolgt, und das Brandverhalten von Bauteilen.

(2) Baustoffe werden entsprechend ihrem Brandverhalten nach Tabelle 2 (zukünftig wohl nach Tabelle 3) eingestuft:

Tabelle 2: Gültige deutsche Klassifizierung

Baustoffklasse	Bauaufsichtliche Benennung
A A1 A2	nicht brennbare Baustoffe Baustoffe ohne brennbare Bestandteile und ohne besonderen Nachweis Baustoffe mit brennbaren Bestandteilen (benötigen ein Prüfzeichen)
B B1 B2 B3	brennbare Baustoffe schwer entflammbare Baustoffe normal entflammbare Baustoffe leicht entflammbare Baustoffe

Tabelle 3: Zukünftige europäische Klassifizierung: Klassen von Brandverhalten für Bauprodukte mit Ausnahme von Fußbodenbelägen

Brandsituation	Europäische Klassen	Produktklassen	
Vollbrand in einem Raum	A	Kein Beitrag zum Brand	– Sehr begrenzter Heizwert und sehr begrenzte Wärmeabgabe – Keine Verbrennung mit Flammen – Begrenzter Masseverlust
	B	Sehr begrenzter Beitrag zum Brand	– Sehr begrenzter Heizwert und/oder sehr begrenzte Wärmeabgabe – Begrenzter Masseverlust – Fast keine Flammenausbreitung – Sehr begrenzte Rauchentwicklung – Kein brennendes Abtropfen/Abfallen und/oder eine Kombination davon
Brennender Gegenstand	C	Begrenzter Beitrag zum Brand	– Sehr begrenzte Flammenausbreitung – Begrenzte Wärmeabgabe – Begrenzte Rauchentwicklung – Begrenzte Entzündbarkeit – Sehr begrenztes brennendes Abtropfen/Abfallen und/oder eine Kombination davon
	D	Hinnehmbarer Beitrag zum Brand	– Begrenzte Flammenausbreitung – Hinnehmbare Wärmeabgabe – Begrenzte Rauchentwicklung – Hinnehmbare Entzündbarkeit – Begrenztes brennendes Abtropfen/Abfallen und/oder eine Kombination davon
Kleiner Flammenangriff auf begrenzte Fläche eines Produkts	E	Hinnehmbares Brandverhalten	– Hinnehmbare Entzündbarkeit
	F	Keine Leistung festgestellt	

(3) Grundsätzlich dürfen nur Baustoffe eingesetzt werden, die als mindestens „normal entflammbar" eingestuft wurden. Der Einsatz „leicht entflammbarer" Baustoffe ist nur unter bestimmten Randbedingungen zulässig.

(4) An Bauteile können Anforderungen in Bezug auf den Feuerwiderstand (Brandbeanspruchung von innen) und/oder an den Feuerschutz (Brandbeanspruchung von außen) gestellt werden.

(5) Die Feuerwiderstandsklassen (z. B. F30, F60) sind insbesondere von der Art der Wärmedämmung und der inneren Bekleidung abhängig. Der Nachweis muß nach einem Regelaufbau oder mit einem Prüfzeugnis erfolgen (siehe DIN 4102 „Brandverhalten von Baustoffen und Bauteilen").

(6) Beim Feuerschutz von Dächern wird zwischen
– widerstandsfähig gegen Flugfeuer und strahlende Wärme (harte Bedachung) und
– Dächer ohne Nachweis (weiche Bedachung) unterschieden.

Der notwendige Nachweis ergibt sich für einzelne Deckungen oder Abdichtungen aus DIN 4102-4 „Brandverhalten von Baustoffen und Bauteilen; Zusammenstellung und Anwendung klassifizierter Baustoffe, Bauteile und Sonderbauteile" oder es ist eine Prüfung gemäß DIN 4102-7 „Brandverhalten von Baustoffen und Bauteilen; Bedachungen" erforderlich.

5.4 Schallschutz

(1) Schallschutz-Maßnahmen haben die Aufgabe zu verhindern, daß Geräusche von gesundheitsschädigendem Ausmaß in bewohnte oder genutzte Gebäude eindringen oder aus Gebäuden auf das Umfeld einwirken können. Auch innerhalb eines Gebäudes muß die Schallübertragung unterbunden oder abgemindert werden.

Zu unterscheiden sind:
– Körper- oder Trittschall, der über Bauteile oder Werkstoffe weitergeleitet, und
– Luftschall, der durch schwingende Luftschichten übertragen wird.

(2) Anforderungen an den Schallschutz müssen durch bauliche oder konstruktive Maßnahmen sichergestellt werden. In der Regel haben Dachdeckungen, Abdichtungen und Außenwandbekleidungen einen geringen Einfluß auf den Schalldämmwert einer Konstruktion. Wesentlich größerer Einfluß wird durch darunterliegende Bauteilschichten, wie Stahlbeton oder eingebaute Dämmschichten erbracht. Das geforderte Schalldämmaß ist daher bereits in der Planung festzulegen und dafür erforderliche Schichten in der Ausschreibung anzugeben.

5.5 Standsicherheit

(1) Bauliche Anlagen müssen im ganzen und in den einzelnen Teilen für sich allein standsicher sein. Dazu sind Standsicherheitsnachweise erforderlich, die im Rahmen der Gebäudeplanung von Sonderfachleuten, wie z. B. Tragwerksplanern, Statikern, erstellt werden und die Bemessung der konstruktiven Tragglieder festlegen. Die Festlegungen berücksichtigen als Lastannahmen u. a. auch die Eigengewichte der Baustoffe, Windlasten, Verkehrslasten, Schneelasten und Eislasten. Für die auf dem konstruktiven Tragwerk auszuführenden Arbeiten ist vorauszusetzen, daß die Unterkonstruktionen ausreichend bemessen und den statischen Festlegungen entsprechend ausgeführt wurden.

(2) Anforderungen an die Standsicherheit betreffen auch Teile von baulichen Anlagen und Bauteilflächen mit Dachdeckungen, Abdichtungen oder Außenwandbekleidungen. Es ist eine Ausführung erforderlich, die den allgemein anerkannten Regeln der Technik entspricht, oder es sind Standsicherheitsnachweise erforderlich. Die jeweiligen Landesbauordnungen regeln, wann ein Nachweis der Standsicherheit gegenüber Baubehörden erbracht werden muß.

(3) Die Übertragung von Windlasten von Dachdeckungen, Dachabdichtungen und Außenwandbekleidungen auf die Tragglieder wird bei den statischen Festlegungen der Unterkonstruktionen nicht erfaßt. Aus diesem Grunde sind die dabei zu berücksichtigenden Windlasten ebenfalls nach den für Standsicherheitsnachweise vorgeschriebenen Lastannahmen für Windlasten zu ermitteln und mit den bauteilspezifischen Sicherheitszuschlägen zu versehen. Diese Windlasten sind dann über Befestigungen oder von Schicht zu Schicht bis in die Unterkonstruktion abzuleiten.

(4) Die Berücksichtigung von Schnee- und Eislasten betrifft insbesondere die Unterkonstruktion, die vom Statiker berechnet werden muß. Bei Übersparren-Dämmsystemen müssen die Schnee- und Eislasten, unter Berücksichtigung der neigungsabhängigen Schubkräfte, sicher in die Unterkonstruktion abgeleitet werden.

Die Notwendigkeit von Schneerutschsicherungen und/oder Schneefangvorrichtungen kann in regionalen Bauvorschriften gefordert werden und ist zu berücksichtigen.

5.6 Blitzschutz

(1) Blitzschutz-Systeme dienen dem Personen- und Sachschutz vor den Folgen von Blitzeinschlag in Gebäude und beinhalten inneren und äußeren Blitzschutz. Die Notwendigkeit, welche Gebäude mit Blitzschutzanlagen zu versehen sind, wird in der Regel in örtlichen Baubestimmungen festgelegt. Darüber hin-

aus werden von den Schadenversicherern objektbezogene Auflagen zur Errichtung von Blitzschutzmaßnahmen, als Grundlage für Prämienvereinbarungen, gemacht.

(2) Der innere Blitzschutz beinhaltet den Potentialausgleich, den Überspannungsschutz und die Beseitigung von Näherungen. Diese Maßnahmen stehen teilweise in engem Zusammenhang mit der elektrischen Anlage.

(3) Der äußere Blitzschutz steht in engem Zusammenhang mit dem Aufbau des Daches. Durch die Anlagenteile der Blitzschutz-Systeme darf die Dichtigkeit bzw. Regensicherheit eines Daches nicht beeinträchtigt werden.

(4) Um eine gewerkübergreifende einwandfreie und sichere Ausführung aller Details zu gewährleisten, sollten Blitzschutz-Systemen in enger Zusammenarbeit zwischen dem Planer und den unterschiedlichen Handwerkern (speziell Firmen, die sich auf den Blitzschutzbau spezialisiert haben) erstellt werden.

(5) Blitzschutz-Systeme sind nach den anerkannten Regeln der Blitzschutztechnik zu bauen und zu warten. Zur Sicherstellung der Funktionstauglichkeit unterliegen sie einer regelmäßigen Überprüfung.

5.7 Anforderungen an Werkstoffe

Werkstoffe für Dachdeckungen, Abdichtungen und Außenwandbekleidungen einschließlich aller zugehörigen Schichten müssen für den jeweiligen Anwendungsfall geeignet und aufeinander abgestimmt sein. Sie müssen frostbeständig sein und dürfen sich über die übliche Alterung hinaus nicht ungewöhnlich schnell verändern. Sie müssen sich unter baüublichen Bedingungen ohne ungewöhnliches Risiko oder Erschwernisse sicher verarbeiten lassen.

5.8 Anforderungen an Dachdeckungen

(1) Dachdeckungen müssen regensicher sein. Das wird im Normalfall erreicht, wenn die in den Fachregeln angegebenen werkstoffabhängigen Regeldachneigungen und Werkstoffüberdeckungen eingehalten werden. Bei Unterschreitung der Regeldachneigung müssen zusätzliche Maßnahmen, z. B. Unterdächer, Unterdeckungen, Unterspannungen, geplant und ausgeführt werden.

(2) Durch extreme Witterungseinwirkungen, wie z. B. Treibregen, Flugschnee, Vereisungen und Schneeablagerungen, örtliche Gegebenheiten, klimatische Verhältnisse, steile oder flache Dächer, lange Sparren, Dachverschneidungen etc. kann kurzfristig bzw. vorübergehend Niederschlagsfeuchte unter die Dachdeckung gelangen und zu Durchfeuchtungen der darunterliegenden Räume führen.

Derartige Einwirkungen können nur ausgeschlossen werden, wenn zusätzliche Maßnahmen, wie z. B. Unterdächer, Unterdeckungen, Unterspannungen, geplant und ausgeführt werden.

5.9 Anforderungen an Abdichtungen

(1) Abdichtungen müssen wasserdicht sein. Aufgrund unterschiedlicher Anforderungen sind Dachabdichtungen und Bauwerksabdichtungen zu unterscheiden.

(2) Dachabdichtungen müssen bis zur Oberkante der An- und Abschlüsse wasserdicht sein. Dies erfordert auch wasserdichte Anschlüsse an Dachdurchdringungen sowie die Einhaltung bestimmter Anschlußhöhen.

(3) Bauwerksabdichtungen werden in der Regel als abdichtende Maßnahme zwischen zwei starren Schichten ausgeführt und sind deshalb später nicht mehr frei zugänglich. Im Normalfall sind die thermischen Beanspruchungen nur gering, mechanische Beanspruchungen werden durch Schutzmaßnahmen gemindert. Diese Vorgaben gelten auch für die wasserdichte Ausführung der An- und Abschlüsse sowie Durchdringungen.

5.10 Anforderungen an Außenwandbekleidungen

Außenwandbekleidungen müssen das Außenbauteil Wand vor Witterungseinwirkungen schützen und Durchfeuchtungen innerer Schichten vermindern oder vermeiden.

5.11 Anforderungen an ausgebaute Dachgeschosse

(1) Durch den Dachausbau werden die unterhalb des Daches befindlichen Räume einer Gebäudenutzung zugeführt, die der Nutzung von Räumen in Normalgeschossen gleichzusetzen ist und deshalb den gleichen Anforderungen unterliegen. Insbesondere müssen in gleicher Weise die bauaufsichtlichen Anforderungen, wie z. B. des Wärme-, Brand-, Schall- und Blitzschutzes sowie der Standsicherheit, beachtet werden.

(2) Den höheren Nutzungsanforderungen entsprechend soll keine Feuchtigkeit infolge Treibregen, Flugschnee, Vereisungen oder Schneeablagerungen eindringen, so daß Unterdächer, Unterdeckungen, Unterspannungen als zusätzliche Maßnahme geplant und ausgeführt werden müssen. Wasserdichtigkeit kann nur durch Abdichtungen oder durch Unterdächer mit eingebundener Konterlattung erreicht werden.

6 Pflege und Wartung

(1) Dachdeckungen, Abdichtungen und Außenwandbekleidungen müssen in gewissen Zeitabständen überprüft werden. Hierfür wird der Abschluß eines Inspektions- und Wartungsvertrages empfohlen, um die regelmäßige Überprüfung und Wartung der Bauteile sicherzustellen. Rechtzeitige Pflege kann die Lebensdauer verlängern und vor größeren Schäden bewahren.

(2) Pflege- und Wartungsmaßnahmen sind zur regelmäßigen Überprüfung der Bauteilflächen erforderlich, um evtl. Veränderungen, Beschädigungen oder Folgeschäden rechtzeitig festzustellen. Je früher Veränderungen oder Beschädigungen erkannt werden, um so geringer ist der erforderliche Aufwand für die Beseitigung von Folgeschäden und die Kosten für Reparaturen oder andere bestandserhaltende Maßnahmen.

(3) Die Aufgabe der Inspektion besteht in einer sach- und fachgerechten Überprüfung der vertraglich festgelegten Bauteilflächen, mit der Feststellung des Istzustandes insbesondere auf die Funktionstauglichkeit. Die Inspektion bezieht sich auf die Beschaffenheit der freiliegenden Werkstoffe und auf die sichtbaren Veränderungen durch äußere Einwirkungen.

(4) Eine Wartung beinhaltet die Aufrechterhaltung der Funktionsfähigkeit von Systemteilen, Einbauteilen und bauteilüblicher Elemente, wie z. B. Entwässerungseinrichtungen, Lüftungen, Abdeckungen, Einfassungen u. ä. Die Wartung schließt das Entfernen von funktionsbeeinträchtigenden Schmutzablagerungen ein.

(5) Zusätzliche Funktionsprüfungen haben zur Aufgabe, bestimmte Anlagenteile auf ihre bestimmungsgemäße Funktionstauglichkeit zu überprüfen.

Deutsches Dachdeckerhandwerk
– Regelwerk –

Fachregel für Dächer mit Abdichtungen
– Flachdachrichtlinien –

Aufgestellt und herausgegeben vom

**Zentralverband
des Deutschen Dachdeckerhandwerks
– Fachverband Dach-, Wand- und Abdichtungstechnik – e. V.**

und

**Hauptverband
der Deutschen Bauindustrie e. V.
– Bundesfachabteilung Bauwerksabdichtung –**

Ausgabe September 2001
(mit Änderungen und neuen Abbildungen September 2003)

Vorgänger:

Richtlinien für die Ausführung von Flachdächern	Juli 1962
Richtlinien für die Ausführung von Flachdächern	Mai 1967
Richtlinien für die Ausführung von Flachdächern	Januar 1973
Ergänzung (gleicher Titel)	1974
Richtlinien für die Planung und Ausführung von Dächern mit Abdichtungen – Flachdachrichtlinien	Januar 1982
Richtlinien für die Planung und Ausführung von Dächern mit Abdichtungen – Flachdachrichtlinien	Mai 1991 mit Änderung Mai 1992

Änderung September 2003:
- Textänderungen in den Abschnitten
  2.4 Dachentwässerung
  4.3 Dampfsperre
  5.2.2 Anschlüsse mit Abdichtungen (Abschnitt 11 wurde an Abschnitt 10 angehängt)
  5.7.2 Traufausbildung bei Dachrinnen
- Anhang II – Detailskizzen: komplett neu

© Alle Rechte bei der D + W-Service GmbH für Management, PR und Messewesen, Köln 2001
Nachdruck und Vervielfältigung, auch auszugsweise, nur mit Genehmigung der D + W-Service GmbH und des Verlages gestattet.
Verlag: Verlagsgesellschaft Rudolf Müller GmbH & Co. KG, Stolberger Str. 84, 50933 Köln
Druck: Druckerei Engelhardt GmbH, Neunkirchen

Fachregel für Dächer mit Abdichtungen – Flachdachrichtlinien –

Inhaltsverzeichnis

1	**Allgemeines**	5
1.1	Geltungsbereich	5
1.2	Begriffe	5
1.2.1	Allgemeines	5
1.2.2	Auflast	5
1.2.3	Ausgleichsschicht	5
1.2.4	Bewegungsfuge	5
1.2.5	Dachabdichtung	5
1.2.6	Dachaufbau	5
1.2.7	Dachbegrünung	5
1.2.8	Dacherneuerung	5
1.2.9	Dampfdruckausgleichsschicht	5
1.2.10	Dampfsperre	5
1.2.11	Genutzte Dachfläche	5
1.2.12	Haftbrücke	5
1.2.13	Inspektion	5
1.2.14	Instandhaltung	5
1.2.15	Instandsetzung	6
1.2.16	Kaschierung	6
1.2.17	Nicht genutzte Dachfläche	6
1.2.18	Oberflächenschutz	6
1.2.19	Schutzlage	6
1.2.20	Schutzmaßnahme	6
1.2.21	Trennschicht/-lage	6
1.2.22	Unterlage	6
1.2.23	Wartung	6
1.3	Konstruktionsart	6
1.4	Gestaltungs- und Planungshinweise	6
2	**Anforderungen an Dächer mit Abdichtungen**	7
2.1	Dachneigung, Gefälle	7
2.2	Unterlage/Unterkonstruktion	8
2.2.1	Allgemeines	8
2.2.2	Ortbeton	8
2.2.3	Betonfertigteile	8
2.2.4	Dachschalung	8
2.2.5	Stahltrapezprofile	8
2.3	Oberfläche der Dachabdichtung	9
2.4	Dachentwässerung	9
2.5	Windsogsicherung	9
3	**Werkstoffe und Anforderungen**	9
3.1	Haftbrücken	9
3.2	Trenn- und Ausgleichsschichten	9
3.3	Dampfsperrbahnen	10
3.4	Wärmedämmstoffe	10
3.5	Produkte für Dachabdichtungen	10
3.6	Schutzlagen	11
3.6.1	Schutzlagen gegen mechanische Einwirkungen	11
3.6.2	Schutzlagen gegen Durchwurzelung	11
3.7	Stoffe für den Oberflächenschutz	11
3.7.1	Leichter Oberflächenschutz	11
3.7.2	Schwerer Oberflächenschutz	11
4	**Ausführung**	11
4.1	Haftbrücke	11
4.2	Trenn- und Ausgleichsschicht	11
4.3	Dampfsperre	11
4.4	Wärmedämmung	12
4.5	Dampfdruckausgleichs- und/oder Trennschicht	13
4.6	Dachabdichtung	13
4.6.1	Dachabdichtungen aus Bitumenbahnen	13
4.6.1.1	Abdichtungslagen	13
4.6.1.2	Verklebung	13
4.6.1.3	Überdeckung und Nahtverbindung	14
4.6.2	Dachabdichtungen aus Kunststoff- und Elastomerbahnen	14
4.6.2.1	Abdichtungslagen	14
4.6.2.2	Verklebung	14
4.6.2.3	Überdeckungen	14
4.6.2.4	Nahtverbindungen	15
4.6.3	Flüssigabdichtungen	15
4.6.3.1	Allgemeines	15
4.6.3.2	Überlappungen	16
4.7	Oberflächenschutz	16
4.7.1	Leichter Oberflächenschutz bei Bitumenbahnen	16
4.7.2	Schwerer Oberflächenschutz	16
4.7.2.1	Kiesschüttung	16
4.7.2.2	Begehbare Beläge	16
4.7.3	Dachbegrünung	16

4.8	Maßnahmen zur Aufnahme horizontaler Kräfte 17		6.4	Instandsetzung 25
			6.4.1	Allgemeines..................... 25
4.9	Zusätzliche Maßnahmen bei Gefälle über 3° (5,2 %)......... 17		6.4.2	Instandsetzung von Dachabdichtungen aus Bitumenbahnen 25
			6.4.3	Instandsetzung von Dachabdichtungen aus Kunststoff- und Elastomerbahnen .. 26
4.10	Maßnahmen zur Aufnahme vertikaler Kräfte (Windsogsicherung) 18		6.4.4	Instandsetzung von Dachabdichtungen mit Flüssigabdichtungen............. 26
4.10.1	Allgemeines..................... 18			
4.10.2	Sicherung durch Auflast............ 18		6.5	Dacherneuerung 26
4.10.3	Sicherung durch Kleben 19			
4.10.3.1	Klebung auf Beton, Bitumenbahnen oder auf bzw. von Dämmstoffen 19		**Anhang I** .... 27 Verzeichnis der Abbildungen 27	
4.10.3.2	Klebung auf Trapezprofilen 19			
4.10.4	Sicherung durch mechanische Befestigung 19		**Anhang II** .... 38 Detailskizzen .... 38 Verzeichnis der Abbildungen 38	
4.10.4.1	Allgemeines..................... 19			
4.10.4.2	Befestigungsmittel 20			
4.10.5	Befestigungen von Randhölzern 20			
5	**Dachdetails** 20			
5.1	Allgemeines..................... 20			
5.2	Anschlüsse an aufgehende Bauteile ... 21			
5.2.1	Anschlusshöhe 21			
5.2.2	Anschlüsse mit Abdichtungen 21			
5.2.3	Anschlüsse mit eingeklebten Blechen.. 21			
5.2.4	Anschlüsse mit Verbundblechen 22			
5.3	Anschlüsse an Türen............... 22			
5.4	Anschlüsse an Durchdringungen...... 22			
5.4.1	Allgemeines..................... 22			
5.4.2	Schornsteine (Kamine) 22			
5.4.3	Aufsetzkränze für Lichtkuppelelemente und Rauchgas-und Wärmeabzugsanlagen.............. 22			
5.4.4	Dunstrohre...................... 23			
5.4.5	Stützen, Masten und Verankerungen... 23			
5.5	Dachrandabschlüsse............... 23			
5.6	Bewegungsfugen.................. 24			
5.7	Dachentwässerung 24			
5.7.1	Dachabläufe/Notüberläufe........... 24			
5.7.2	Traufausbildung bei Dachrinnen 24			
6	**Pflege und Wartung**............... 24			
6.1	Allgemeines..................... 24			
6.2	Inspektion 25			
6.3	Wartung........................ 25			

9/2001

1 Allgemeines

1.1 Geltungsbereich

(1) Diese Fachregel gilt für die Planung und Ausführung von Abdichtungen auf
- flachen und geneigten Dachflächen,
- nicht genutzten und extensiv begrünten Dachflächen,
- genutzten Flächen (z. B. Balkonen, Dachterrassen und intensiv begrünten Dachflächen)

mit allen für die Funktionsfähigkeit des Dachaufbaus erforderlichen Schichten sowohl bei Neubauten als auch bei Sanierungen.

(2) Bei genutzten Dächern werden die Fachregeln durch Regelungen der DIN 18195 ergänzt bzw. abgegrenzt.

(3) Die Fachregel gilt nicht für Bauwerksabdichtungen nach DIN 18195, Parkdecks und intensiv begrünte Dachflächen mit einem Wasseranstau über 100 mm Höhe.

(4) Obwohl die Abdichtung von Balkonen zum Geltungsbereich der DIN 18195-5 gehört, kann sie auch nach den „Fachregeln für Dächer mit Abdichtungen" ausgeführt werden. Die Abdichtung entspricht dann einer Abdichtung für hoch beanspruchte Flächen nach DIN 18195-5.

1.2 Begriffe

1.2.1 Allgemeines

Zusätzlich zu den Begriffen aus anderen Regelwerksteilen gelten folgende Definitionen.

1.2.2 Auflast

Eine Auflast ist die Abdeckung einer Dachabdichtung oder eines Dachaufbaus zur Sicherung gegen Windlasten.

1.2.3 Ausgleichsschicht

Die Ausgleichsschicht ist eine Schicht, die Rauigkeiten und Unebenheiten, die im Toleranzbereich des jeweiligen Untergrundes liegen, ausgleichen oder überbrücken kann.

1.2.4 Bewegungsfuge

Eine Bewegungsfuge ist eine Trennung zweier Bauwerksteile oder Bauteile, die ihnen unterschiedliche Bewegungen ermöglicht.

1.2.5 Dachabdichtung

Eine Dachabdichtung ist ein flächiges Bauteil zum Schutz eines Bauwerks gegen Niederschlagswasser. Sie besteht aus einer über die gesamte Dachfläche reichenden, wasserundurchlässigen Schicht. Zur Dachabdichtung gehören auch Anschlüsse, Abschlüsse, Durchdringungen und Fugenausbildungen.

1.2.6 Dachaufbau

Unter einem Dachaufbau versteht man die Folge der einzelnen Funktionsschichten, deren Art und Anordnung von der jeweiligen Konstruktionsart abhängig ist.

1.2.7 Dachbegrünung

Eine Dachbegrünung ist die Bepflanzung einer Dachfläche und stellt einen ökologischen Oberflächenschutz dar.

1.2.8 Dacherneuerung

Dacherneuerung ist der vollständige Neuaufbau eines alten Daches mit Abdichtung unter Abriss des bisherigen Schichtenaufbaus.

1.2.9 Dampfdruckausgleichsschicht

Die Dampfdruckausgleichsschicht ist eine zusammenhängende Luftschicht im Flächenbereich unter der Dachabdichtung zum Ausgleich des Wasserdampfdruckes aus eingebauter und/oder eindiffundierter Feuchtigkeit.

1.2.10 Dampfsperre

Die Funktionsschicht Dampfsperre umfasst eine diffusionshemmende Schicht mit einem für die Funktion des Dachaufbaus ausreichenden Sperrwert.

1.2.11 Genutzte Dachfläche

(1) Eine genutzte Dachfläche ist für den Aufenthalt von Personen oder für die Nutzung durch Verkehr vorgesehen.

(2) Eine Dachfläche, die für intensive Begrünung vorgesehen ist, gilt als genutzte Dachfläche.

1.2.12 Haftbrücke

Die Haftbrücke ist eine Schicht zur Verbesserung der Klebehaftung.

1.2.13 Inspektion

Die Inspektion ist eine Maßnahme zur Feststellung und Beurteilung des Ist-Zustandes. Sie umfasst die Kontrolle des Daches mit der Aufnahme des Zustandes der Dachabdichtung, der An- und Abschlüsse sowie der Durchdringungen.

1.2.14 Instandhaltung

(1) Unter Instandhaltung werden sowohl Maßnahmen zur Feststellung und Beurteilung des Ist-Zustandes als auch Maßnahmen zur Bewahrung und

Wiederherstellung des Soll-Zustandes der Dachabdichtung und des Dachaufbaus, einschließlich der An- und Abschlüsse sowie der Durchdringungen, verstanden.

(2) Die Maßnahmen beinhalten:
- Inspektion,
- Wartung,
- Instandsetzung.

(3) Die Instandhaltung schließt auch die Abstimmung der Instandhaltungsziele und die Festlegung entsprechender Instandhaltungsstrategien ein.

1.2.15 Instandsetzung

Zur Instandsetzung gehören Maßnahmen zur Wiederherstellung des Soll-Zustandes. Dazu kann im Einzelfall eine teilflächige oder auch eine komplette Erneuerung von Schichten oder Teilen zählen.

1.2.16 Kaschierung

Die Kaschierung ist eine Bahn, die vom Hersteller werkseitig auf Dämmstoffe aufgebracht worden ist.

1.2.17 Nicht genutzte Dachfläche

Eine nicht genutzte Dachfläche ist nicht für den dauernden Aufenthalt von Personen, die Nutzung durch Verkehr oder für intensive Begrünung vorgesehen. Sie wird nur zum Zwecke der Pflege und Wartung und allgemeinen Instandhaltung betreten.

1.2.18 Oberflächenschutz

Ein Oberflächenschutz ist die Abdeckung einer Dachabdichtung zum Schutz vor mechanischer, thermischer und/oder atmosphärischer Beanspruchung.

1.2.19 Schutzlage

Die Schutzlage ist eine oberhalb der Dachabdichtung angeordnete, flächig verlegte Lage zum Schutz vor mechanischen Einwirkungen.

1.2.20 Schutzmaßnahme

Unter einer Schutzmaßnahme versteht man einen vorübergehenden Schutz der Dachabdichtung oder einer anderen Funktionsschicht während der Bauausführung.

1.2.21 Trennschicht/-lage

Die Trennschicht oder Trennlage ist eine Schicht oder Lage zur flächigen oder teilflächigen Trennung der Dachabdichtung oder der Dampfsperre zu Bauteilen oder Schichten, um
- die Eigenbeweglichkeit der Dachabdichtung bei Temperaturschwankungen zu ermöglichen,
- die Übertragung von Bewegungen und Spannungen aus den darunter liegenden Schichten zu vermindern und
- den Kontakt chemisch unverträglicher Werkstoffe zu verhindern.

1.2.22 Unterlage

Die Unterlage kann z. B.
- die Tragkonstruktion aus z. B. Beton,
- die Schalung,
- die Wärmedämmschicht oder
- eine vorhandene Dachabdichtung

sein. Sie dient zur Aufnahme der Abdichtung und muss auf den zur Anwendung kommenden Werkstoff der Dachabdichtung abgestimmt sein.

1.2.23 Wartung

Die Wartung ist eine Maßnahme zur Bewahrung des Soll-Zustandes. Sie beinhaltet die Aufrechterhaltung der Funktionsfähigkeit der Dachabdichtung, der An- und Abschlüsse sowie der Durchdringungen.

1.3 Konstruktionsart

(1) Dächer mit Abdichtungen werden unterschieden in:
- nicht belüftete Dächer,
- belüftete Dächer,

die folgende Funktionsschichten haben können:
- Unterlage,
- Haftbrücke,
- Ausgleichsschicht,
- Trennschicht,
- Luftdichtheitsschicht,
- Dampfsperre,
- Wärmedämmung,
- belüfteten Dachraum,
- Unterlage,
- Dampfdruckausgleichsschicht,
- Dachabdichtung,
- Schutzschicht, Filterschicht,
- Oberflächenschutz/Auflast/Nutzschicht.

(2) Bei nicht belüfteten Dächern gibt es darüber hinaus einen Dachaufbau als Umkehrdach. Hier liegt die Wärmedämmung oberhalb der Dachabdichtung.

1.4 Gestaltungs- und Planungshinweise

(1) Dachabdichtungen dürfen bei Witterungsverhältnissen, die sich nachteilig auf die zu erbringende Leistung auswirken können, nur ausgeführt werden, wenn durch besondere Maßnahmen nachteilige Aus-

wirkungen verhindert werden. Diese sind unter Berücksichtigung der Gegebenheiten zum Ausführungszeitpunkt zu planen.

(2) Die Voraussetzungen für eine fachgerechte Anordnung und Ausführung des Dachaufbaus mit allen Details sind bereits bei der Planung der Dachkonstruktion zu schaffen. Dabei ist die Wechselwirkung zwischen Dachabdichtung und den darunter liegenden Schichten sowie die Beanspruchung der Dachabdichtung zu berücksichtigen.

(3) Die Schichtenfolge eines Dachaufbaus, die Art der Abdichtung und ihre Bemessung sind von der Art der Tragkonstruktion, von der Beanspruchung und der Nutzung des Bauwerkes sowie der jeweiligen Unterlage abhängig.

(4) Gefälle und Dachentwässerung sind nach Kapitel 2.1 und 2.4 zu planen.

(5) Die Anschlusshöhe der Abdichtung muss im Hinblick auf Spritzwasser und Überflutungsschutz an aufgehenden Bauteilen, Terrassentüren, Durchdringungen und Dachrandabschlüssen nach Kapitel 5.2 bis 5.5 geplant werden.

(6) Türen als Zugänge zu Dachterrassen und Dachflächen müssen im Bereich der Türschwellen und Türpfosten für einen einwandfreien Abdichtungsanschluss geeignet sein.

(7) Die Anordnung von Bewegungsfugen in der Dachdecke richtet sich nach baulichen, statischen und materialbedingten Erfordernissen. Die Anordnung der Fuge, die zu erwartende Größe und die Richtung der Bewegungen sind vom Planer anzugeben.

(8) Bewegungsfugen sollen nicht unmittelbar im Bereich von Wandanschlüssen angeordnet werden und dürfen insbesondere nicht durch Ecken von Wandanschlüssen oder Randaufkantungen verlaufen. Ist dies unvermeidbar, so sind geeignete konstruktive Maßnahmen, z. B. Hilfskonstruktionen, notwendig (siehe Kapitel 5.6).

(9) Die Wärmedämmung, Dampfsperre und Luftdichtheitsschicht sind wesentliche Bestandteile des Feuchte- und Wärmeschutzes für das Bauwerk. Die Bemessung und Festlegung der Ausführungsart und Details der bauphysikalischen Funktionsschichten, Wärmedämmung, Dampfsperre, Luftdichtheitsschicht und Belüftung erfolgt durch den Planer (siehe „Merkblatt Wärmeschutz bei Dächern").

(10) Bei einem Dach mit Begrünung verändern sich gegenüber einem Dach ohne Begrünung die bauphysikalischen Verhältnisse. Dies muss bei allen Schichten des Dachaufbaus berücksichtigt werden, insbesondere dann, wenn über der Dachabdichtung Wasseranstau geplant ist.

(11) Der Dachaufbau muss die auf ihn einwirkenden, planmäßig zu erwartenden Lasten (z. B. Wind) in tragfähige Bauteile weiterleiten.

(12) Zur Sicherung von Dächern mit Abdichtungen gegen Abheben durch Windkräfte sind Kapitel 4.10 und Anhang I sowie die Angaben der „Hinweise zur Lastenermittlung" zu beachten. Wenn von diesen Anforderungen abgewichen wird, so ist stets ein Einzelnachweis zu erbringen.

(13) Bei Dächern mit Abdichtungen sollen bereits bei der Planung Anschlagpunkte für die notwendigen Absturzsicherungen vorgesehen werden, um Pflege, Wartung und Instandsetzungsarbeiten vornehmen zu können.

(14) Dächer mit Abdichtungen müssen i. d. R. entsprechend den Bestimmungen der Landesbauordnungen widerstandsfähig gegen Flugfeuer und strahlende Wärme sein (harte Bedachung). Ein besonderer Nachweis ist nicht erforderlich, wenn der Dachaufbau z. B. vollständig mit einer mindestens 50 mm dicken Schüttung aus Kies 16/32 bedeckt ist. Bei begrünten Dächern sind die jeweiligen Brandschutzanforderungen der Länder zu beachten.

(15) Extensiver, einfacher intensiver sowie intensiver Begrünungsaufbau besteht i. d. R. aus folgenden Schichten (Reihenfolge der Schichten kann sich systembedingt ändern):

– Schutzschicht gegen Wurzeldurchwuchs,
– Schutzschicht gegen mechanische Beschädigung,
– Entwässerungs- und Dränageschicht,
– Filterschicht,
– Vegetationsschicht.

(16) Für Dachbegrünungen gelten auch die „Richtlinien für die Planung, Ausführung und Pflege von Dachbegrünungen", herausgegeben von der Forschungsgesellschaft Landschaftsentwicklung Landschaftsbau e. V. (FLL).

2 Anforderungen an Dächer mit Abdichtungen

2.1 Dachneigung, Gefälle

(1) Flächen, die für die Auflage einer Dachabdichtung und/oder der damit zusammenhängenden Schichten vorgesehen sind, sollen für die Ableitung des Niederschlagswassers mit Gefälle von mindestens 2 % geplant werden.

(2) Dächer und/oder Dachbereiche (z. B. Kehlen) mit einem Gefälle unter 2 % und begrünte Dächer mit Wasseranstau sind Sonderkonstruktionen. Sie erfordern deshalb besondere Maßnahmen, um eine höhere Beanspruchung in Verbindung mit stehendem Wasser auszugleichen.

(3) Auf Dachflächen mit einer Dachneigung bis ca. 5 % (ca. 3°) ist, bedingt durch die Durchbiegung und/oder zulässige Toleranzen in der Ebenheit der Unterlage, der Dicke der Werkstoffe, durch Überlappungen und Verstärkungen, mit behindertem Wasserablauf und Pfützenbildung zu rechnen.

2.2 Unterlage/Unterkonstruktion

2.2.1 Allgemeines

(1) Die nachfolgenden Anforderungen können über diejenigen anderer Verordnungen, Normen oder Regelwerke hinausgehen. Sie sind jedoch für die Funktionssicherheit des Dachaufbaus notwendig.

(2) Flächen, die für die Aufnahme von Dachabdichtungen oder den damit zusammenhängenden Schichten vorgesehen sind, müssen stetig verlaufen, sauber und frei von Fremdkörpern sein.

(3) Zur Vermeidung von Konvektionswärmeverlusten und damit verbundenem Tauwasseranfall ist bei Gebäuden mit geheizten Innenräumen Luftdichtheit erforderlich (siehe „Merkblatt Wärmeschutz bei Dächern"). Soll die Luftdichtheit durch eine Dampfsperre erreicht werden, z. B. bei Stahltrapezprofilen oder Holzschalungen, sind besondere Anforderungen an die Unterkonstruktion, insbesondere an Anschlüssen und Durchdringungen usw., zu stellen, z. B. Einschränkung der Bewegung zwischen Unterlage und aufgehendem Bauteil (siehe Kapitel 4.3 (3)). Luftdichtheit kann auch durch Maßnahmen auf der Rauminnenseite hergestellt werden.

2.2.2 Ortbeton

Ortbetondecken einschließlich Gefälleschichten müssen ausreichend erhärtet sein. Die Oberfläche soll frei von Kiesnestern, klaffenden Rissen, Graten und abgerieben sein.

2.2.3 Betonfertigteile

(1) Die Fugen zwischen Betonfertigteilen sollen geschlossen sein. Offene Fugen, in die Dampfsperren oder Dachabdichtungen einsinken können, müssen abgedeckt werden, z. B. mit korrosionsgeschützten Blechstreifen, die einseitig gegen Verschieben zu sichern sind.

(2) Über beweglichen Fugen großformatiger Platten sind mindestens 0,20 m breite Trennstreifen lose aufzulegen.

(3) Bimsbetonplatten sollen bei verklebtem Dachaufbau mit einer fest haftenden Zementschlämme o. Ä. überzogen sein.

2.2.4 Dachschalung

(1) Für Dachschalungen sind die „Hinweise Holz und Holzwerkstoffe" zu beachten.

(2) Bei Nagelung oder Verschraubung des Dachaufbaus darf die Nenndicke der Schalung aus Holz 24 mm, aus Holzwerkstoffen 22 mm nicht unterschreiten.

(3) Bei Schalungen aus Holz sollen die Bretter nicht breiter als 160 mm sein.

(4) Über Schalungen aus Holz oder Holzwerkstoffen ist eine Trennschicht nach Kapitel 3.2 notwendig.

(5) Maßnahmen für den Holzschutz dürfen den Dachaufbau nicht schädlich beeinflussen.

2.2.5 Stahltrapezprofile

(1) Stahltrapezprofile müssen den bauaufsichtlichen Vorschriften (DIN 18807) entsprechen. Sie sind nach der „Richtlinie für die Montage von Stahlprofiltafeln für Dach-, Wand- und Deckenkonstruktionen" des Industrieverbandes zur Förderung des Bauens mit Stahlblech e. V. (siehe Anhang zu „Fachregel für Metallarbeiten im Dachdeckerhandwerk") zu verlegen.

(2) Die Durchbiegung der Stahltrapezprofile darf in Feldmitte zwischen den Bindern oder Pfetten 1/300 der Stützweite nicht überschreiten. Bei Dachneigung unter 2 % muss mit Wassersackbildung gerechnet werden. Dachabläufe sollen an Tiefpunkten angeordnet werden.

(3) Die Blechdicke von Trapezprofilen soll im Hinblick auf die mechanische Belastung bei Ausführung der Dachabdichtungsarbeiten mindestens 0,88 mm betragen. Bei dünneren Blechen besteht die Gefahr der Deformierung.

(4) Die Obergurte von Trapezprofilen müssen sich in einer Ebene befinden. Bei verklebten Dachaufbauten sollen die Höhen benachbarter Obergurte untereinander nicht mehr als 2 mm differieren.

(5) Die Eigendurchbiegung der Obergurte quer zur Spannrichtung darf bei verklebten Dachaufbauten maximal 3 mm betragen.

(6) Dachausschnitte müssen nach statischen Erfordernissen ausgebildet sein.

(7) An Ausschnitten für Abläufe und Rohrdurchführungen sind Verstärkungsbleche, Ausbildung gemäß DIN 18807-3, notwendig.

(8) Schubfelder sind statisch wirksame Scheiben, von denen die Gesamtstabilität eines Bauwerkes wesentlich abhängig ist. An diesen dürfen keine nachträglichen Veränderungen, wie z. B. Einschnitte oder Dachausschnitte, ohne statischen Nachweis vorgenommen werden.

(9) Im Bereich von An- und Abschlüssen treten zwischen den Flächen und den aufgehenden Bauteilen bzw. Dachrandkonstruktionen unterschiedliche Bewegungen auf. Um nachteilige Auswirkungen auf den Anschlussbereich zu verhindern, sind zusätzliche Auflager oder Aufkantungen, die mit den Stahltrapez-

profilen selbst verbunden sind, vom Planer vorzusehen.

(10) Der Einbau einer Dampfsperre wird empfohlen. Bei klimatisierten Räumen und/oder bei hoher relativer Luftfeuchtigkeit in Verbindung mit hoher Temperatur im Gebäudeinneren (über 20 °C Temperatur und/oder über 60 % relative Luftfeuchtigkeit) ist eine Dampfsperre erforderlich.

(11) Bei beheizten Gebäuden ist der Einbau einer Luftdichtheitsschicht erforderlich (siehe Abschnitt 2.2.1 (3)).

2.3 Oberfläche der Dachabdichtung

(1) Die Oberfläche eines Daches wird unter anderem durch atmosphärische Einwirkungen, wie z. B. UV-Strahlen, hohe bzw. niedrige Temperaturen, Temperaturschwankungen und Feuchtigkeit, beansprucht. Entweder bietet die Dachabdichtung selbst einen ausreichenden Schutz oder die Oberlage ist mit einem Oberflächenschutz zu versehen.

(2) Der Oberflächenschutz bietet je nach Ausführung einen Schutz gegen mechanische Beschädigungen, direkte Sonneneinstrahlung und kann die technische Nutzungsdauer der Dachabdichtung erhöhen (siehe Kapitel 4.7).

(3) Schwerer Oberflächenschutz wirkt ausgleichend bei Temperaturschwankungen und bietet Schutz gegen Flugfeuer und strahlende Wärme sowie UV-Strahlung. Er verbessert auch den Schutz gegen mechanische Beanspruchung sowie gegen Verkrustungen bei Ablagerungen. Schwerer Oberflächenschutz dient bei lose verlegten Abdichtungen gleichzeitig als Sicherung gegen Abheben durch Windkräfte.

2.4 Dachentwässerung

(1) Die Dachentwässerung ist unter Beachtung der Bemessungsnormen so anzuordnen, dass die Niederschläge auf kurzem Wege abgeleitet werden können. Die Entwässerung kann mit Dachabläufen oder über vorgehängte Dachrinnen mit entsprechender Traufausbildung erfolgen (siehe „Fachregel für Metallarbeiten im Dachdeckerhandwerk").

(2) Dachflächen mit nach innen abgeführter Entwässerung müssen unabhängig von der Größe der Dachfläche bei einem Ablauf mindestens einen Notüberlauf oder mehrere Abläufe erhalten. Für die Bemessung der Abläufe und Notüberläufe sind die Hinweise für die Bemessung von Entwässerungen zu beachten. Dachflächen ohne Gefälle erfordern besondere Maßnahmen, z. B. Anordnung der Abläufe an den Stellen maximaler Durchbiegung.

(3) Bei Dachentwässerung mit Druckströmung ist mit einem vorübergehenden Wasseranstau auf der Dachabdichtung zu rechnen. Dabei sind Dachabläufe mit Los-/Festflansch zu empfehlen.

(4) Abgetrennte Teilflächen, z. B. durch Bewegungsfugen, Aufkantungen, sollen getrennt entwässert werden.

(5) Bei genutzten Dachflächen soll die Entwässerung sowohl an der Oberfläche als auch in der Abdichtungsebene sichergestellt sein.

(6) Die Abläufe innen liegender Dachentwässerungen sollen an Tiefpunkten der Dachfläche angeordnet werden und so ausgebildet sein, dass die Dachabdichtung wasserdicht angeschlossen werden kann. Sie sollen einen Abstand von mindestens 0,30 m von Dachaufbauten, Fugen oder anderen Durchdringungen der Dachabdichtung haben. Maßgebend ist dabei die äußere Begrenzung des Flansches.

(7) Dachabläufe müssen zu Wartungszwecken frei zugänglich sein.

2.5 Windsogsicherung

(1) Dachabdichtungen und die dazugehörigen Schichten sind gegen Abheben durch Windlasten zu sichern (siehe „Hinweise zur Lastenermittlung").

(2) Die erforderlichen Maßnahmen und die Ausführungsart zur Sicherung der Dachabdichtung und der dazugehörigen Schichten gegen Abheben durch Windkräfte sind bei der Planung festzulegen und in Ausschreibungen detailliert anzugeben (siehe Kapitel 4.10).

3 Werkstoffe und Anforderungen

3.1 Haftbrücken

Als Haftbrücken sind z. B. geeignet:
- Voranstriche aus Bitumenlösung oder Bitumenemulsion,
- Grundierungen, abgestimmt auf die nachfolgenden Schichten.

3.2 Trenn- und Ausgleichsschichten

(1) Als Trenn- und Ausgleichsschichten sind z. B. geeignet:
- Lochglasvlies-Bitumenbahnen,
- Bitumen-Dachbahnen,
- Bitumen-Dachdichtungsbahnen,
- Rohglasvlies,
- Kunststoffvlies,
- Schaumstoffmatten.

(2) Die Trenn- und Ausgleichsschicht kann auch durch lose Verlegung oder teilflächige Verklebung der nachfolgenden Lage hergestellt werden.

3.3 Dampfsperrbahnen

(1) Als Dampfsperrbahnen sind z. B. geeignet:
- Bitumendampfsperrbahnen mit Metallbandeinlage,
- Bitumen-Dachbahnen,
- Bitumen-Dachdichtungsbahnen,
- Bitumen-Schweißbahnen,
- Kunststoffdampfsperrbahnen,
- Kunststoffdachbahnen,
- Elastomerdachbahnen,
- Verbundfolien.

(2) Dampfsperrbahnen müssen den Produktdatenblättern im Regelwerk des Dachdeckerhandwerks entsprechen.

3.4 Wärmedämmstoffe

(1) Als Wärmedämmstoffe sind z. B. geeignet:
- Polystyrol-Partikelschaum EPS,
- Polystyrol-Extruderschaum XPS,
- Polyurethan-Hartschaum PUR,
- Phenol-Hartschaum PF,
- Mineralfaser-Dämmstoff MF,
- Schaumglas SG,
- Kork BK/IK,
- Platten aus expandierten Mineralien,
- Holzfaserdämmstoffe,
- Schüttungen aus expandierten bituminierten Mineralien.

(2) Für die Wärmedämmung von Dächern mit Abdichtungen dürfen nur solche Dämmstoffe verwendet werden, die bauaufsichtlich eingeführten Normen oder bauaufsichtlichen Zulassungen entsprechen. Sie müssen amtlich überwacht werden. Leicht entflammbare Dämmstoffe dürfen nicht verwendet werden.

(3) Wärmedämmstoffe müssen den Produktdatenblättern im Regelwerk des Dachdeckerhandwerks entsprechen.

(4) Beim Einsatz von Dämmstoffplatten in nicht belüfteten Dächern müssen druckbelastbare Dämmplatten, bei genutzten Dächern solche mit erhöhter Druckbelastbarkeit, verwendet werden.

(5) Wärmedämmstoffe mit geringer Druckbelastbarkeit sind nur bei durchlüfteten Dächern zulässig.

(6) Falzungen an Dämmplatten müssen so ausgebildet sein, dass sich Bewegungen nicht großflächig auswirken können.

(7) Die Seitenlängen von Hartschaum-Dämmplatten sollten nicht größer als 1,25 m sein.

(8) Wenn Dämmplatten mechanisch befestigt werden, müssen Druckbelastbarkeit und Oberflächenbeschaffenheit der Dämmung und das Befestigungssystem aufeinander abgestimmt werden (siehe Abschnitt 4.10.4). Bei Mineralfaser-Dämmstoffen ist das Verhalten unter Punktlast bei Deformation zusätzlich zu berücksichtigen.

3.5 Produkte für Dachabdichtungen

(1) Als Dachabdichtung sind z. B. geeignet:
- Bitumenbahnen mit Trägereinlage und Deckschichten aus
  - oxidiertem Bitumen,
  - Polymerbitumen, modifiziert mit thermoplastischen Elastomeren PYE,
  - Polymerbitumen, modifiziert mit thermoplastischen Kunststoffen PYP,
- Kunststoffbahnen aus
  - chloriertem Polyethylen PE-C,
  - Ethylencopolymerisat-Bitumen ECB,
  - Ethylen-Vinyl-Acetat Terpolymer EVA,
  - flexiblen Polyolefinen FPO,
  - Polyisobutylen PIB,
  - Polyvinylchlorid PVC-P,
- Elastomerbahnen aus
  - Ethylen-Propylen-Terpolymer-Kautschuk EPDM,
  - Butylkautschuk IIR,
  - Nitrilkautschuk NBR,
  - chlorsulfoniertem Polyethylen CSM,
  - thermoplastischen Elastomeren TPE,
- Flüssigabdichtungen aus
  - flexiblen ungesättigten Polyesterharzen FUP,
  - flexiblen Polyurethanharzen PU,
  - flexiblen reaktiven Methylmethacrylaten PMMA.

(2) Für die Abdichtung von Dächern dürfen nur solche Produkte verwendet werden, die der Bauregelliste oder allgemeinen bauaufsichtlichen Prüfzeugnissen amtlich anerkannter Prüfstellen entsprechen (Ü-/CE-Zeichen). Flüssigabdichtungen müssen nach der EOTA-Leitlinie zugelassen sein.

(3) Produkte für Dachabdichtungen müssen den Produktdatenblättern im Regelwerk des Dachdeckerhandwerks entsprechen.

(4) Die Verträglichkeit der Werkstoffe bzw. Bahnen untereinander muss sichergestellt sein.

(5) Nicht genormte Bahnen oder Abdichtungssysteme können entsprechend ihrer Zuordnungsfähigkeit zu den entsprechenden Werkstoffgruppen eingesetzt werden.

Fachregel für Dächer mit Abdichtungen – Flachdachrichtlinien –

(6) Bahnenförmige Produkte oder Abdichtungssysteme, die für Begrünung vorgesehen sind, sollen durchwurzelungsfest sein (siehe Abschnitt 4.7.3 (9)).

(7) Bitumenbahnen mit Trägereinlagen aus Metallbändern sind nur für die Abdichtung von befahrbaren oder begrünten Dachflächen zulässig.

(8) Bitumenbahnen mit Trägereinlagen aus Rohfilz sind für Dachabdichtungen nicht geeignet.

3.6 Schutzlagen

3.6.1 Schutzlagen gegen mechanische Einwirkungen

Als Schutzlagen sind Lagen mit hoher Perforationsfestigkeit geeignet, z. B.:
- Kunststoffvlies, mindestens 300 g/m²,
- Bahnen aus PVC-halbhart, mindestens 1 mm dick,
- Bahnen aus PVC-P, mindestens 1,3 mm dick,
- Bautenschutzmatten und -platten aus Gummigranulat, mindestens 6 mm dick, oder
- Kunststoffgranulat, mindestens 4 mm,
- Dränagematten und -platten,
- Platten aus PS-Extruderschaum.

3.6.2 Schutzlagen gegen Durchwurzelung

Schutzlagen gegen Durchwurzelung können aus z. B. Kunststoffbahnen, Elastomerbahnen oder Bitumenbahnen bestehen. Die Eignung als Durchwurzelungsschutz muss nachgewiesen sein (z. B. Untersuchung nach dem FLL-Prüfverfahren).

3.7 Stoffe für den Oberflächenschutz

3.7.1 Leichter Oberflächenschutz

(1) Bei Dachabdichtungen mit Bitumenbahnen muss die obere Lage aus einer Polymerbitumenbahn bestehen. Elastomerbitumen (PYE) muss, Plastomerbitumen (PYP) kann mit Splitt, Granulat oder einer geeigneten Beschichtung bedeckt sein.

(2) Streich-, roll- oder spritzbare Stoffe für den Oberflächenschutz müssen mit den Werkstoffen des Untergrundes verträglich sein und dürfen das Brandverhalten des Daches nicht nachteilig verändern.

(3) Heller Oberflächenschutz wirkt abstrahlend und vermindert dadurch die Aufheizung.

3.7.2 Schwerer Oberflächenschutz

(1) Vorzugsweise wird Kies mit Körnung 16/32 mm verwendet. Abweichend von normativen Festlegungen für Zuschlagstoffe für Beton sind ein erhöhter Anteil von Unter- oder Überkorn sowie höhere Feinanteile oder auch nicht frostbeständige Anteile zulässig. Gebrochenes Korn im Kies ist unvermeidbar.

(2) Plattenbeläge können aus frostbeständigen Beton-, Keramik- oder Natursteinplatten u. Ä. auf z. B.
- Kies- oder kalkfreiem Splitt, im Mittel 30 mm dick,
- Stelzlagern,
- Bautenschutzmatten oder -platten

hergestellt werden.

(3) Pflasterbeläge können mit Betonformsteinen als Verbundpflaster auf Sand-, Kies- oder kalkfreiem Splitt, im Mittel mindestens 30 mm dick, hergestellt werden.

(4) Dachbegrünungen werden als extensive oder intensive Begrünung hergestellt (siehe auch „Richtlinie für die Planung, Pflege und Ausführung von Dachbegrünungen" der FLL).

4 Ausführung

4.1 Haftbrücke

Das Aufbringen der Haftbrücke kann durch Streichen, Rollen oder Spritzen auf die gereinigte Unterlage teil- oder ganzflächig erfolgen. Vor dem Aufbringen weiterer Schichten muss die Haftbrücke durchgetrocknet sein.

4.2 Trenn- und Ausgleichsschicht

Eine Trenn- und Ausgleichsschicht kann hergestellt werden durch
- lose verlegte Trennschichten,
- lose Verlegung oder punkt- oder unterbrochen streifenweise Verklebung der nachfolgenden Schicht.

4.3 Dampfsperre

(1) Dampfsperren können lose aufgelegt, punktweise, streifenweise oder vollflächig auf der Unterlage aufgeklebt werden. Die Überdeckungen sollen verklebt werden.

(2) Dampfsperren sind
- an Anschlüssen und Abschlüssen mit Aufkantung bis Oberkante Dämmschicht/Dämmstoffkeil hochzuführen und anzuschließen,
- an Durchdringungen anzuschließen.

(3) Wenn die Dampfsperre zusätzlich die Funktion einer Luftdichtheitsschicht erfüllen soll, ist diese an Überdeckungen, An- und Abschlüsse und Durchdringungen dicht anzuschließen.

(4) Bei der Bewertung der Dampfsperre für nicht klimatisierte, normal genutzte Räume können Durchdringungen von mechanischen Befestigungen vernachlässigt werden.

(5) Dampfsperrbahnen sind auf Trapezprofilen generell in Spannrichtung gleichlaufend zu den Obergurten zu verlegen. Die Längsnaht muss auf einem Obergurt liegen.

(6) Bitumen-Dampfsperrbahnen nur mit Metallbandeinlage müssen auf Betondecken auf einer zusätzlich aufzubringenden Lochglasvlies-Bitumenbahn oder einer Bitumenbahn vollflächig aufgeklebt werden.

(7) Dampfsperren aus Kunststoffbahnen müssen auf rauem Untergrund auf einer zusätzlichen Ausgleichsschicht oder mit werkseitig aufgebrachter Ausgleichsschicht verlegt werden.

(8) Ist bei Porenbetondecken, Stegzementdielen u. Ä. eine zusätzliche Wärmedämmung vorgesehen, so ist ein Nachweis über die Notwendigkeit einer Dampfsperre hinsichtlich Tauwasserausfall zu führen (siehe „Merkblatt Wärmeschutz bei Dächern").

(9) Schaumglasplatten sind dampfdiffusionsdicht. Sie können die Funktion einer Dampfsperre übernehmen, wenn die Fugen mit Bitumenmasse oder Klebstoff geschlossen sind.

4.4 Wärmedämmung

(1) Lose verlegte Dämmplatten im durchlüfteten Dach sollen gegen Verschieben gesichert werden.

(2) Dämmplatten und rollbare oder klappbare Wärmedämmbahnen können werkstoffspezifisch unter Berücksichtigung der Sicherung von Dachabdichtungen gegen Abheben durch Windkräfte vollflächig oder teilflächig verklebt, mechanisch befestigt oder lose verlegt werden (siehe auch Abschnitt 4.10.4.1 (8)).

(3) Soll die Wasserunterläufigkeit verhindert werden, sind Schaumglasplatten auf geschlossener Unterlage (z. B. Beton) vollflächig in Bitumen oder mit einem anderen geeigneten Klebstoff zu verlegen. In diesem Fall sind gemäß Herstellervorschriften an die Ebenheit des Untergrundes besondere Anforderungen zu stellen.

(4) Platten- oder bahnenförmige Dämmstoffe sollen eng aneinander verlegt werden. Dämmplatten und -bahnen sind im Verband zu verlegen. Fugen aus zulässigen Maßabweichungen und temperaturbedingten Längenänderungen lassen sich nicht vermeiden. An Fugen von Wärmedämmungen oder im Bereich von Randhölzern, Zargen u. Ä. ergibt sich ein von den Werten der Fläche geringfügig abweichender Wärmedurchlasswiderstand. Dadurch können bei Reif, dünner Schneedecke oder Feuchtigkeit auf der Dachfläche Abzeichnungen erkennbar werden, die die Funktionsfähigkeit nicht beeinträchtigen.

(5) Roll- und Klappdämmbahnen sind auf Trapezprofilen generell in Spannrichtung (gleichlaufend zu den Obergurten) zu verlegen.

(6) Dämmplatten, auf die Dachabdichtungen unmittelbar aufgeklebt werden, dürfen auf der Oberseite keine Ausgleichskanäle aufweisen.

(7) Dämmplatten aus Polystyrol-Hartschaum, auf die die erste Lage der Dachabdichtung geschweißt oder mit Heißbitumen aufgeklebt wird, sollen oberseitig mit Überlappungen kaschiert sein. Die Überlappungen müssen nicht verklebt werden.

(8) Polyurethan-Hartschaumplatten sollen vollflächig auf dem Untergrund verklebt werden.

(9) Gefälledämmungen (Dämmstoffe mit entsprechendem Zuschnitt) oder gebundene Schüttungen aus expandierten Mineralien eignen sich zur Herstellung von Gefällekeilen oder flächigem Gefälle oberhalb der Dampfsperre.

(10) Werden Dämmschichten über der Abdichtung angeordnet, die damit direkter Feuchtigkeitseinwirkung ausgesetzt sind, müssen entsprechend geeignete Werkstoffe, z. B. Polystyrol-Extruderschaum, verwendet werden. Bei diesem Dämmsystem sind die bauaufsichtlichen Auflagen zu beachten.

Wesentliche Punkte sind:
– Dämmschichten über der Abdichtung werden vorzugsweise auf schwerer Unterlage (z. B. Ortbeton) verwendet.
– Die Verlegung des Dämmstoffes erfolgt einlagig mit Stufenfalz.
– Über der Dämmschicht ist zusätzlich eine Filtermatte oder ein Filtervlies erforderlich, um zu vermeiden, dass Fremdkörper unter die Dämmplatten gelangen.
– Auf den Dämmplatten ist eine Auflast erforderlich. Bei der Bemessung der Auflast sind die jeweilige Windlast und der Auftrieb zu berücksichtigen. Die Lagesicherheit der Dachabdichtung ist gesondert nachzuweisen.
– Die Dachentwässerung ist so zu legen, dass ein langfristiges Überstauen der Wärmedämmung ausgeschlossen ist.
– Zur Verminderung von Wärmeverlusten kann eine Erhöhung der Dämmstoffdicke erforderlich werden.
– Schichten oberhalb der Wärmedämmung müssen diffusionsoffen sein.

(11) Dämmschichten über der Abdichtung können zusätzlich zu einer Dämmung unter der Abdichtung eingesetzt werden.

(12) Bei Stahltrapezprofilen muss die notwendige Überbrückung der lichten Weite zwischen den Obergurten berücksichtigt werden. Die Dicke der Wärmedämmung sollte ungeachtet des erforderlichen Wärmeschutzes mindestens nach Tabelle 1 gewählt werden.

Tabelle 1: Empfohlene Mindestdicken auf Trapezprofilen

Größe lichte Weite zwischen den Obergurten in mm	Wärmedämmstoff Mindestdicke in mm			
	PS	PUR	Mineralfaser	Schaumglas
70	40	40	50	40
100	50	50	80	50
130	60	60	100	60
150	70	60	120	70
160	80	70	120	80
170	90	80	140	90
180	100	80	140	90

4.5 Dampfdruckausgleichs- und/oder Trennschicht

(1) Dampfdruckausgleich soll durch eine zusammenhängende Luftschicht erreicht werden, wenn mit Feuchtigkeit unter der Dachabdichtung gerechnet werden muss, deren Wasserdampfdruck sich nicht verteilen kann. Dazu kann die erste Lage der Dachabdichtung punkt- oder unterbrochen streifenweise aufgeklebt oder lose verlegt werden.

(2) Werden Dämmplatten verwendet, deren temperaturbedingte Längenänderung sich nachteilig auf die Dachabdichtung auswirken kann, ist eine vollflächige Trennung zwischen Dämmschicht und Dachabdichtung vorzusehen.

(3) Im Einzelfall kann zur Erfüllung der Brandschutzanforderungen der Einbau einer Trennlage aus nicht brennbaren Werkstoffen, z. B. Rohglasvlies, erforderlich werden.

4.6 Dachabdichtung

4.6.1 Dachabdichtungen aus Bitumenbahnen

4.6.1.1 Abdichtungslagen

(1) Dachabdichtungen mit Bitumenbahnen sind mindestens zweilagig auszuführen. Die einzelnen Lagen sind parallel zueinander und mit Versatz zu verlegen. Die Lagen müssen miteinander vollflächig verklebt werden.

(2) Die erste Lage kann lose verlegt oder teilflächig verklebt werden. Auf geeigneter Unterlage, z. B. Beton, oder kaschierter Wärmedämmung kann die erste Lage vollflächig aufgeklebt werden. Auf unkaschierten Schaumglasplatten kann eine vollflächige Verklebung im Gießverfahren oder auf Bitumenheißabstrich erfolgen.

(3) Eine hohlraumfreie Verklebung ist unter Baustellenbedingungen nicht immer erzielbar. Einzelne, z. B. durch Unebenheiten entstehende, geringfügige Hohlräume können nicht ausgeschlossen werden.

(4) Als obere Lage sind Polymerbitumenbahnen zu verwenden.

(5) Bitumenbahnen, die als Kaschierung von roll- und klappbaren Wärmedämmungen verwendet werden, sind als erste Abdichtungslage dann zulässig, wenn sie aus Bahnen des Produktdatenblattes Tabelle 1 „Genormte Bitumenbahnen" bestehen oder sich entsprechend zuordnen lassen und eine Lieferlänge von mindestens 2,50 m aufweisen. Dabei sollen die Überlappungen der Kaschierung mindestens 80 mm breit sein und müssen dicht verklebt werden.

(6) Bitumenbahnen mit niedriger Höchstzugkraft und geringer Dehnung, z. B. mit Einlagen aus Glasvlies, sind nur als zusätzliche Lagen zu verwenden.

(7) Dachabdichtungen mit einer Neigung unter 2 % sind Sonderkonstruktionen und sollen nur in Ausnahmefällen vorgesehen werden. In diesen Fällen sind entweder beide Lagen aus Polymerbitumenbahnen herzustellen oder es sind unter der oberen Lage Polymerbitumenbahn zwei Lagen Bitumenbahnen einzubauen, von denen höchstens eine Lage eine Bahn mit niedriger Höchstzugkraft und geringer Dehnung sein darf. Zusätzlich sollte ein schwerer Oberflächenschutz (z. B. Kies) vorgesehen werden. Teilbereiche mit Gefälle unter 2 % (z. B. Rinnen) sind entsprechend auszubilden.

4.6.1.2 Verklebung

(1) Eine Verklebung kann bei Bitumenbahnen erfolgen durch

– Gießverfahren,
– Schmelzverfahren,
– Bürstenstreichverfahren,
– Kaltklebeverfahren.

(2) Beim Gieß-, Schmelz- oder Bürstenstreichverfahren sollte als Sichtkontrolle an den Nähten und Stößen Klebemasse hervortreten.

(3) Für das Gießverfahren und das Bürstenstreichverfahren werden Bitumenklebemassen (Oxidations- oder Polymerbitumen) verwendet, deren Standfestigkeit auf die Konstruktion und das Gefälle abzustimmen ist (siehe Kapitel 4.9). Die Aufbereitungstemperatur von Oxidationsbitumen soll ca. 100 K und bei Polymerbitumen ca. 70 K über dem Erweichungspunkt nach Ring und Kugel liegen. Aufbereitungstemperaturen über 230 °C sollen vermieden werden.

(4) Für die Verklebung von Polymerbitumen-Dachdichtungsbahnen ist Oxidationsbitumen 100/25 oder Polymerbitumen zu verwenden.

(5) Beim Gießverfahren wird vor die fest aufgerollte Bahn Bitumenklebemasse so reichlich aufgegossen, dass beim Einrollen der Bahn vor der Rolle in ganzer Bahnenbreite ein Klebemassewulst entsteht.

(6) Beim Schmelzverfahren werden Bitumenschweißbahnen erhitzt, die zu verklebenden Bitumenschichten angeschmolzen und die Bahnen unter Andrücken eingerollt.

(7) Beim Bürstenstreichverfahren wird auf Bürstenstrichbreite so reichlich Bitumenklebemasse aufgetragen, dass bei dem Einrollen der Bahnen unter Andrücken in gesamter Rollenbreite ein Klebemassewulst entsteht.

(8) Bei der Kaltverklebung werden Bitumenbahnen verwendet, die werkseitig auf der Bahnenunterseite mit einer Selbstklebemasse versehen sind, oder Bitumenbahnen werden vor Ort streifenweise mit Kaltkleber aufgeklebt.

(9) Die teilflächige Verklebung ist eine flecken- oder unterbrochen streifenweise Befestigung auf dem Untergrund. Diese erfolgt durch drei bis vier Klebepunkte pro Quadratmeter oder drei bis vier Klebestreifen pro Meter Bahnenbreite (siehe auch Abschnitt 4.10.3).

4.6.1.3 Überdeckung und Nahtverbindung

(1) Bitumenbahnen müssen an den Längs- und Quernähten mindestens 80 mm überdeckt werden. Werden Bitumenbahnen im Überdeckungsbereich mechanisch befestigt, muss die Überdeckungsbreite entsprechend erhöht werden.

(2) Bei Polymerbitumen-Schweißbahnen in der Oberlage sollte im Eckbereich der Quernaht an der unterdeckenden Bahn ein Schrägschnitt angeordnet werden.

(3) Die Überdeckung der Bahnen kann z. B. bei An- und Abschlüssen sowie Einbauteilen auch gegen den Wasserlauf ausgeführt werden.

(4) Kreuzstöße sind zu vermeiden, z. B. durch versetzt angeordnete Überdeckungen.

(5) Die Nahtverbindungen erfolgen durch Verkleben. Befestigungsmittel können eingeklebt werden.

4.6.2 Dachabdichtungen aus Kunststoff- und Elastomerbahnen

4.6.2.1 Abdichtungslagen

(1) Dachabdichtungen mit Kunststoff- und Elastomerbahnen werden i. d. R. einlagig ausgeführt.

(2) Bei einlagigen Dachabdichtungen muss die verwendete Bahn (Lage) die an die Abdichtung zu stellenden Anforderungen und Eigenschaften insgesamt allein erfüllen.

(3) Bei genutzten Flächen sind Dachabdichtungen aus Bahnen mit einer Dicke von mindestens 1,5 mm, bei ECB mindestens 2,0 mm auszuführen.

(4) Dachabdichtungen mit einer Neigung unter 2% sind Sonderkonstruktionen und sollen nur in Ausnahmefällen vorgesehen werden. In diesen Fällen ist die Qualität der Dachabdichtung zu verbessern. Dazu ist z. B. eine Erhöhung der Bahnendicke geeignet. Teilbereiche mit Neigung unter 2% (z. B. Rinnen) sind entsprechend auszubilden.

(5) Unter der Dachabdichtung ist eine Trenn- oder Ausgleichsschicht zu verlegen, wenn die Unterlage dies erfordert. Geeignet sind als Trennlage z. B. Rohglasvlies 120 g/m² bzw. Kunststoffvlies 150 g/m² und als Ausgleichsschicht z. B. Kunststoffvlies mindestens 300 g/m². Als Trennlage oder Ausgleichsschicht kann auch eine entsprechende Kaschierung der Abdichtungslage verwendet werden. Als Brandschutz können Trennlagen aus z. B. Rohglasvlies 120 g/m² verwendet werden.

(6) Bei mechanischer Beanspruchung, z. B. Dachabdichtungen unter Plattenbelägen oder Begrünungen, ist über der Abdichtung eine Schutzlage aus z. B. 300 g/m² schwerem Kunststoffvlies vorzusehen.

4.6.2.2 Verklebung

Bei der Verklebung von Kunststoff- und Elastomerbahnen auf dem Untergrund dürfen Selbstklebebahnen oder produktbezogene Systemkleber verwendet werden.

4.6.2.3 Überdeckungen

(1) Bei Kunststoff- und Elastomerbahnen beträgt die Überdeckung für Baustellennähte mindestens 40 mm. Bei mechanisch befestigten Bahnen mit Saumbefestigung muss die Überdeckungsbreite erhöht werden.

(2) Die Überdeckung der Bahnen kann z. B. bei An- und Abschlüssen sowie Einbauteilen auch gegen den Wasserlauf ausgeführt werden.

(3) Kreuzstöße sind zu vermeiden, z. B. durch versetzt angeordnete Bahnen.

4.6.2.4 Nahtverbindungen

(1) Bei Kunststoffbahnen erfolgt die Nahtverbindung durch
- Quellschweißen,
- Heißluftschweißen,
- Dichtungsbänder/Abdeckbänder,
- Hochfrequenzschweißen (industrielle Fertigung),
- Heizkeilschweißen.

(2) Bei Elastomerbahnen erfolgt die Nahtverbindung durch
- Kontaktklebstoff,
- Dichtungsbänder/Abdeckbänder,
- Heißvulkanisieren (Hot Bonding).

(3) Bei Elastomerbahnen, die zum Zeitpunkt der Verarbeitung thermoplastische Eigenschaften haben, erfolgt die Nahtverbindung durch
- Quellschweißen,
- Heißluftschweißen,
- Heizkeilschweißen.

(4) Die zu verbindenden Flächen müssen frei von Verunreinigungen sein. An T-Stößen sind wegen möglicher Kapillarbildung systemgerechte Maßnahmen erforderlich, z. B. Abschrägen der Bahnen.

(5) Nähte sind zusätzlich zu sichern, wenn dies vom Bahnenhersteller gefordert wird.

(6) Beim Quellschweißverfahren wird der Werkstoff mit einem hierfür geeigneten Quellschweißmittel angelöst. Durch Zusammendrücken erfolgt eine homogene Verbindung.

(7) Beim Heißluftschweißen wird der zu verschweißende Werkstoff mit Heißluft plastifiziert. Durch Zusammendrücken erfolgt eine homogene Verbindung.

(8) Für die Breite der Schweißnähte gilt Tabelle 2.

(9) Kontaktklebstoffe werden in der vorgeschriebenen Schichtdicke aufgetragen und nach einer temperatur- und lüftungsabhängigen Abtrockenzeit mit leichtem Druck zusammengefügt. Es dürfen nur Klebstoffe und Reinigungsmittel verwendet werden, die vom Hersteller für den jeweiligen Werkstoff zugelassen sind. Die Breite der Überdeckung und Verklebung soll mindestens 50 mm betragen.

(10) Kunststoff- und Elastomerbahnen können fabrikmäßig bereits mit einem Dichtungsband ausgerüstet werden. Dieses ist im Nahtbereich aufgebracht und mit einem Schutzband abgedeckt. An der Baustelle wird nach dem Ausrichten und Reinigen der Bahnen das Schutzband abgezogen und die Naht unter Druck zusammengefügt. Dabei entsteht eine selbsttätige Verklebung. Die gleiche Verbindung kann auch auf der Baustelle durch Einlegen eines Dichtungsbandes ausgeführt werden. Die Klebeflächen sind vorher zu reinigen. Die Breite des Dichtungsbandes soll mindestens 40 mm betragen.

(11) Nahtverbindung durch Heißvulkanisieren (Hot Bonding) wird vorzugsweise zur Vorfertigung von Planen angewendet.

4.6.3 Flüssigabdichtungen

4.6.3.1 Allgemeines

(1) Flüssigabdichtungen gelten als einlagige Abdichtung, deshalb muss das verwendete System die an die Abdichtung zu stellenden Anforderungen und Eigenschaften insgesamt allein erfüllen.

(2) Werden Flüssigabdichtungen auf Unterlagen aus Holz oder unkaschierte Wärmedämmstoffe verlegt, sollen Trennschichten/-lagen angeordnet werden.

(3) Flüssigabdichtungen sollen vollflächig haftend aufgetragen werden. Eine Vorbehandlung des Untergrundes ist erforderlich (z. B. Säubern, Trocknen, gegebenenfalls Grundieren).

Tabelle 2: Breite der Schweißnähte

Schweißverfahren	Werkstoff	Mindestschweißbreite
Quellschweißen	PE-C	30 mm
	EVA	30 mm
	PIB	30 mm
	PVC-P	30 mm
	CSM	30 mm
Heißluftschweißen oder Heizkeilschweißen	PE-C	20 mm
	ECB	30 mm
	EVA	20 mm
	FPO	20 mm
	PVC-P	20 mm
	CSM	20 mm
	TPE	20 mm

(4) Flüssigabdichtungen sollen mindestens zweischichtig mit Armierung ausgeführt werden. Das kann durch Streichen, Rollen oder Spritzen erfolgen. Als Armierung sollen Kunststofffaservliese mindestens 110 g/m² eingesetzt werden. Die Einlage ist in eine vorgelegte Menge Flüssigabdichtung einzuarbeiten und frisch in frisch abzudecken.

(5) Die Dicke der fertigen Flüssigabdichtung muss mindestens 1,5 mm, bei genutzten Dachflächen mindestens 2 mm betragen.

(6) Dächer mit einer Neigung unter 2 % sind Sonderkonstruktionen und sollen nur in Ausnahmefällen vorgesehen werden. In diesen Fällen sind eine Erhöhung der Abdichtungsdicke auf mindestens 2 mm und eine Versiegelung der Oberfläche erforderlich. Teilbereiche mit Gefälle unter 2 % (z. B. Rinnen) sind entsprechend auszubilden.

4.6.3.2 Überlappungen

(1) Die einzelnen Bahnen der Einlage müssen sich mindestens 50 mm überlappen.

(2) Bei längeren Arbeitsunterbrechungen ist der Übergangsbereich vorzubehandeln.

4.7 Oberflächenschutz

4.7.1 *Leichter Oberflächenschutz bei Bitumenbahnen*

Der leichte Oberflächenschutz wird durch Verwendung von vorgefertigten, z. B. beschieferten, Bahnen oder durch Einstreuen von z. B. Schiefersplitt in eine Polymerbitumenkaltmasse erreicht.

4.7.2 *Schwerer Oberflächenschutz*

4.7.2.1 Kiesschüttung

(1) Die Kiesschüttung muss zum Zeitpunkt des Einbaues mindestens 50 mm dick sein. Übernimmt die Kiesschüttung gleichzeitig die Sicherung gegen Abheben durch Windsogkräfte, so ist die Dicke der Schüttung auch abhängig von den anzusetzenden Soglasten (siehe auch Abschnitt 4.10.2).

(2) Bei einlagigen Abdichtungen wird die Anordnung einer Schutzlage empfohlen.

(3) Bei pneumatischer Förderung des Kieses ist mit erhöhtem Bruchanteil und einer hohen Aufprallgeschwindigkeit zu rechnen. In diesem Fall ist bei einlagigen Bahnenabdichtungen die Anordnung einer Schutzlage erforderlich.

4.7.2.2 Begehbare Beläge

(1) Begehbare Beläge können aus Platten, Pflaster, Formsteinen oder aus Holz hergestellt werden.

(2) Auf mehrlagigen Abdichtungen kann, auf einlagigen Abdichtungen muss eine Schutzlage verlegt werden.

(3) Bei Dachterrassen oder anderen genutzten Flächen ist durch bautechnische Maßnahmen, z. B. durch die Anordnung von Gefälle und/oder durch Dränageschichten, für eine wirksame Abführung des auf die Abdichtung einwirkenden Wassers zu sorgen.

(4) Die Oberfläche von Terrassenbelägen mit geschlossenen Fugen soll ein Gefälle von mindestens 1 % aufweisen.

(5) Stelzlager für Plattenbeläge sind nur auf stabilem und annähernd ebenem Untergrund anwendbar. Bei der Verlegung auf Abdichtungen ist eine entsprechende Schutzlage erforderlich.

4.7.3 *Dachbegrünung*

(1) Bei Dachbegrünung wird unterschieden zwischen extensiver Begrünung und intensiver Begrünung.

(2) Als extensive Begrünung werden flächige Bepflanzungen mit relativ dünnem Schichtenaufbau bezeichnet. Sie wird mit niedrig wachsenden Pflanzen ausgeführt. Die extensive Begrünung stellt als Oberflächenschutzschicht eine Alternative zur Bekiesung dar. Die Funktion als Auflast zur Sicherung gegen Abheben durch Windsogkräfte muss gesondert nachgewiesen werden.

(3) Bei intensiver Begrünung werden Pflanzen verwendet, die einen dickeren Schichtenaufbau und ständige Pflege benötigen. Das Gewicht des Begrünungsaufbaus muss sowohl beim Nachweis der Lagesicherheit der Dachabdichtung als auch beim statischen Nachweis für die Unterkonstruktion beachtet werden. Einzelne Bäume oder Gehölze können dabei zu Punktlasten führen und müssen gegebenenfalls gegenüber Windeinwirkung verspannt werden.

(4) Zur Lagesicherung der Dachbegrünung können insbesondere in der Anwuchsphase zusätzliche Maßnahmen, z. B. Abdeckung mit Erosionsschutzgewebe, erforderlich werden.

(5) Die Dicke des Schichtenaufbaus ist abhängig von der Art der vorgesehenen Begrünung. Die Tragfähigkeit der Unterkonstruktion muss berücksichtigt werden.

(6) Das Abdichtungssystem (Dampfsperre – Wärmedämmung – Abdichtung) sollte so geplant und ausgeführt werden, dass im Falle von Undichtigkeiten keine Wasserwanderung möglich ist bzw. die schadhafte Stelle ohne zu großen Aufwand geortet werden kann. Dies ist z. B. durch vollflächige Verklebung aller Schichten des Dachaufbaus oder durch Abschottungen in Felder möglich.

Fachregel für Dächer mit Abdichtungen – Flachdachrichtlinien –

(7) Bei Begrünung in Verbindung mit Anstaubewässerung kann es zweckmäßig sein, die Abdichtung ohne Gefälle auszubilden. Die Dachabdichtung und der Begrünungsaufbau sind entsprechend auszuführen. Bei einer geplanten Anstauhöhe über 100 mm ist eine Abdichtung gegen drückendes Wasser auszuführen und DIN 18195-6 zu beachten.

(8) Wasserbecken in bepflanzten Bereichen müssen immer gesondert gestaltet und abgedichtet werden.

(9) Die Funktion der Durchwurzelungsschutzlage kann mit den Abdichtungslagen erfüllt werden. Bei zwei- oder dreilagigen Abdichtungen ist die Durchwurzelungsschutzlage als oberste Lage zu verlegen. Die Durchwurzelungsschutzlage kann auch als zusätzliche Lage verlegt werden. Hierbei ist zu beachten, dass die Durchwurzelungsschutzlage, insbesondere im flächigen, aber auch im Wandanschlussbereich und bei Dachdurchdringungen, nicht von Wurzeln hinterwandert werden kann.

(10) An- und Abschlüsse sowie Durchdringungen sollen von Bewuchs freigehalten werden. Dafür sind Streifen mit Kiesschüttungen oder Plattenbeläge zweckmäßig.

4.8 Maßnahmen zur Aufnahme horizontaler Kräfte

(1) Bei Dächern mit Abdichtungen treten Horizontalkräfte in der Abdichtungsebene auf. Diese sind abhängig von Unterkonstruktion, Wärmedämmung, Auflast und Abdichtungsart.

(2) Zur Vermeidung nachteiliger Auswirkungen auf den Dachaufbau sind Maßnahmen zur Aufnahme horizontaler Kräfte erforderlich

– bei lose verlegten einlagigen Abdichtungen,
– bei Unterkonstruktionen aus Stahltrapezprofilen (außer bei vollflächig verklebtem Schichtenaufbau mit Schaumglas) sowie
– bei Dachaufbauten ohne schweren Oberflächenschutz und Wärmedämmstoffen aus Hartschaum, die mit Kaltkleber mit Nachklebeeffekt verklebt sind.

(3) Bei Dachabdichtungen, die gegen Abheben durch Windkräfte mittels mechanischer Befestigung gesichert sind, kann auf zusätzliche Maßnahmen zur Aufnahme geringer horizontaler Kräfte verzichtet werden, wenn die Anzahl, Anordnung und Art der mechanischen Befestigung geeignet ist, durch hohen Anpressdruck und damit verbundene Reibungskräfte die horizontalen Kräfte aufzunehmen.

(4) Zur Aufnahme der Horizontalkräfte soll die Dachabdichtung an Dachrändern, Anschlüssen an aufgehende Bauteile, Bewegungsfugen, Lichtbänder, Lichtkuppeln usw. mechanisch befestigt werden. Diese Befestigungen sind nur dann voll wirksam, wenn sie in der Abdichtungsebene, am Übergang zu senkrechten oder geneigten Flächen, angeordnet und ausgeführt werden. Einbinden oder Einklemmen in höher liegende Randprofile oder unter Randabdeckungen sowie Verklebungen sind keine Befestigungen in diesem Sinne.

(5) Maßnahmen zur Aufnahme horizontaler Kräfte sind von der Gebäudehöhe unabhängig.

(6) Die Befestigung der Abdichtung mit der Unterkonstruktion erfolgt durch Linienbefestigung oder durch lineare Befestigung.

(7) Linienbefestigungen können mit Metallbändern, Profilen aus Metall oder Verbundblech ausgeführt werden. Diese sollten mit mindestens drei Befestigern pro Meter mit der tragenden Unterkonstruktion verbunden werden.

(8) Lineare Befestigungen sind in Reihe angeordnete punktweise Einzelbefestigungen. Diese sollten mit mindestens drei Befestigungselementen pro Meter ausgeführt werden.

4.9 Zusätzliche Maßnahmen bei Gefälle über 3° (5,2 %)

(1) Bei Flächen mit einem Gefälle über 3° (5,2 %) sind zusätzliche Maßnahmen notwendig, die verhindern, dass die Schichten des Dachaufbaus, insbesondere bei Erwärmung durch Sonneneinstrahlung, in Richtung des Gefälles abgleiten.

(2) Folgende Maßnahmen können einzeln oder kombiniert erforderlich werden:

– Sicherung der Dachbahnen am oberen Rand durch versetzte Nagelung mit höchstens 0,10 m Nagelabstand,
– Befestigung unter Verwendung von Metallbändern bzw. Verbundblechen,
– Durchziehen der Bahnen über den First und kopfseitige Befestigung,
– Einbauen von Stützkonstruktionen zur Fixierung von Dämmschichten und Abdichtungslagen,
– Einbauen von zusätzlichen Nagelleisten bei nicht nagelbarem Untergrund,
– mechanische Befestigung in der Fläche, z. B. mit Tellerdübeln.

(3) In Bezug auf die Abdichtung können zusätzlich folgende Maßnahmen erforderlich werden:

– Verwendung von Bahnen mit hoher Wärmestandfestigkeit,
– für Klebeschichten Verwendung von standfester Klebemasse oder anderen geeigneten Klebern,
– Verwendung von Dachbahnen mit hoher Zugfestigkeit (z. B. mit Glasgewebe- oder Polyestervlies-Trägereinlage),

- Verlegung der Bahnen in Gefällerichtung,
- Unterteilen der Bahnenlängen,
- Bahnenteilung im Übergangsbereich wegen unterschiedlicher Verhältnisse durch starke Erwärmung infolge Sonneneinstrahlung und Schattenwirkung, z. B. Shedflächen.

4.10 Maßnahmen zur Aufnahme vertikaler Kräfte (Windsogsicherung)

4.10.1 Allgemeines

(1) Die Sicherung von Dachabdichtungen und den dazugehörigen Schichten gegen Abheben durch Windkräfte kann erfolgen durch
- Auflast,
- Verklebung,
- mechanische Befestigung.

(2) Für die Festlegung der Windlasten sind DIN 1055-4, DIN V ENV 1991-2-4 und die „Hinweise zur Lastenermittlung" zu berücksichtigen.

(3) Die Größe der Windbelastung für Dachabdichtungen ist abhängig von
- der Lage des Gebäudes,
- der Gebäudehöhe,
- der Gebäudeart,
- der Dachform,
- der Dachneigung,
- den Dachbereichen (Ecke – Rand – Fläche) und
- der Unterlage (geschlossen oder offen).

(4) Die Bundesrepublik Deutschland ist in vier Windzonen eingeteilt. Eine Karte der Windzonen ist dem Anhang I (siehe Abb. 1.3) beigefügt. Bei Gebäuden, die auf der Grenzlinie zwischen zwei Windzonen stehen, ist immer die nächst höhere Windzone anzusetzen. Die Windlasten bei bestimmten Höhenlagen sind einer höheren Windzone entsprechend Tabelle 3 zuzuordnen.

Tabelle 3: Zuordnung von Höhenlagen in Windzonen

Höhe über NN	Windzone
bis 600 m	Zone I
über 600–830 m	Zone II
über 830 m	Zone III

(5) DIN 1055-4 teilt Flächen in Innen-, Rand- und Eckbereiche ein. Hierfür ergeben sich unterschiedliche Beiwerte für die Windlastermittlung.

(6) In Anhang I sind handwerkliche Ausführungsarten für Flachdächer (Dachneigung ≤ 10° bzw. 17,6 %) als Beispiele aufgeführt. Die Tabellen erfassen Gebäude bis 30 m Höhe. Von den Tabellenwerten kann bei Einzelnachweis abgewichen werden.

(7) Eine genaue Einzelfallberechnung kann nach den „Hinweisen zur Lastenermittlung" erfolgen. Eine Einzelfallberechnung ist erforderlich bei
- Gebäuden in exponierter Lage,
- Gebäuden mit Höhen über 30 m,
- Dächern mit Abdichtungen und einer Dachneigung über 10°(17,6 %),
- Gebäuden in Windzone IV.

(8) Bei solchen Gebäuden ist jeweils im Einzelfall vorzugeben, welche Maßnahmen zur Sicherung von Dachabdichtungen gegen Abheben durch Windkräfte notwendig und zweckmäßig sind.

(9) Schichten unter der Dachabdichtung, die luftdurchlässiger als die Dachabdichtung sind, werden als offene Unterlage bezeichnet. Dies sind z. B. Stahltrapezprofile ohne dichtende Maßnahmen im Stoß- und Überdeckungsbereich sowie in An- und Abschlussbereichen.

(10) Schichten unter der Dachabdichtung, die luftundurchlässiger als die Dachabdichtung sind, werden als geschlossene Unterlagen bezeichnet. Dies sind z. B.
- Ortbetondecken,
- Dachschalungen mit Bahnenabdeckung, die kraftschlüssig mit der Unterlage verbunden sind.

Geschlossene Unterlagen verringern die anzusetzenden Windlasten.

4.10.2 Sicherung durch Auflast

(1) Als Auflast zur Sicherung gegen abhebende Windkräfte werden z. B. verwendet:
- Schüttungen aus Kies 16/32, Mindestdicke im Einbauzustand 50 mm,
- Plattenbeläge aus Betongehwegplatten oder gleichwertigen Platten, mindestens 400/400/40 mm zur Abdeckung von Kies oder direkt auf einer Schutzlage verlegt,
- Betonformsteine, auf Kies und/oder Schutzlage verlegt,
- Betonplatten, an der Einbaustelle betoniert oder vorgefertigt, Größe und Bewehrung nach statischen Erfordernissen bis maximal 2,50 x 2,50 m, auf Schutz- und zwei Gleitlagen verlegt,
- Vegetationssubstrate mit entsprechendem Nachweis.

(2) Erfahrungsgemäß können in Abhängigkeit von der Gebäudehöhe die Auflasten im Anhang I (Abb. 1.4 bis 1.10) als ausreichende Sicherung gegen Abheben durch Windkräfte angesehen werden. Dabei entspricht die angegebene Soglast der erforderlichen

Auflast in kN/m² (z. B. Soglast 1,5 kN/m² benötigt 150 kg/m² Auflast).

(3) Im Rand- und Eckbereich können bei Schüttgütern Verwehungen auftreten. Dort empfiehlt sich die Verwendung von Plattenbelägen oder Betonformsteinen. Bei Vegetationssubstraten siehe Abschnitt 4.7.3 (4).

4.10.3 Sicherung durch Kleben

4.10.3.1 Klebung auf Beton, Bitumenbahnen oder auf bzw. von Dämmstoffen

(1) Der Untergrund muss für eine gute Klebehaftung geeignet sein. Gegebenenfalls ist eine Haftbrücke notwendig.

(2) Erfahrungsgemäß können für geschlossene Gebäude bis 20 m Höhe bei Verlegung ohne Auflast Ausführungen nach Tabelle 4 als ausreichende Sicherung gegen Abheben durch Windkräfte angesehen werden:

(3) Bei Kaltverklebung sind die entsprechenden Angaben der Hersteller zu beachten. Für Adhäsivkleber und Polyurethankleber sind insbesondere folgende Herstellerangaben erforderlich:

– Haltbarkeitsdatum,
– Anwendungs- und Klimarandbedingungen,
– Verarbeitungsvorschriften, z. B. Angaben zur Menge, Verteilung, Untergrundvorbehandlung.

(4) Die Abreißfestigkeit jeder zu klebenden Lage oder Schicht und die Eigenfestigkeit der Klebstoffverbindungen müssen so groß sein, dass die angesetzten Windlasten lagesicher abgeleitet werden können.

(5) Wenn eine der zu klebenden Lagen oder Schichten keine ausreichende Abreißfestigkeit aufweist, sind andere Maßnahmen, z. B. mechanische Befestigung, anzuwenden.

4.10.3.2 Klebung auf Trapezprofilen

(1) Für die Klebung von Dampfsperren oder Dämmstoffen unmittelbar auf Trapezprofilen oder Dämmstoffen auf Dampfsperren über Trapezprofilen können kalt verarbeitbare Klebemassen verwendet werden.

(2) Bei Belastung während der Ausführung können die einzelnen Profilrippen vorübergehend abgesenkt werden. Heiße Klebemassen aus Oxidationsbitumen sind insbesondere bei der Verklebung von Hartschaumdämmplatten wegen der damit verbundenen Abrissgefahr nicht geeignet. Bei Adhäsivkleber kann der notwendige Klebekontakt erst nach der Entlastung eintreten (Nachklebeeffekt).

4.10.4 Sicherung durch mechanische Befestigung

4.10.4.1 Allgemeines

(1) Mechanische Befestigung wird vorzugsweise bei Dachabdichtungen auf Trapezprofilen angewendet. Die Befestigung kann als lineare Befestigung (punktweise mit Einzelbefestigungen) oder Linienbefestigung (mit durchlaufenden Metallprofilen oder -bändern) erfolgen.

(2) Lineare Befestigungen bei Abdichtungslagen werden im Überdeckungsbereich angeordnet oder mit zusätzlichen Dachbahnstreifen überdeckt.

(3) Linienbefestigungen bei Abdichtungslagen werden in erforderlichen Abständen angeordnet und mit zusätzlichen Dachbahnstreifen überdeckt. Bei Kunststoffbahnen können auch Verbundbleche verwendet werden.

(4) Mechanische Befestigungen müssen im jeweiligen Bereich gleichmäßig verteilt angeordnet werden.

(5) Die Anzahl der Befestigungen ergibt sich aus den zu berücksichtigenden Windlasten, der Ausführungsart und den Bemessungslasten der Befestigungsmittel. Als Befestigungsmittel gelten Befestigungselemente oder Nagelbefestigungen. Diese müssen auf Ausführungsart und Werkstoffe des Dachaufbaus abgestimmt sein. Aus Anhang I (Abb. 1.4 bis 1.10) ist die Anordnung und Anzahl der Befestigungselemente und Nägel zu entnehmen, die unter den zugrunde gelegten Randbedingungen erforderlich sind. Die Anzahl von Befestigungselementen soll unabhängig von der errechneten Anzahl mindestens 2 Stück pro m² betragen.

(6) Bei abweichender Befestigungsart mit größeren Befestigungsabständen kann es notwendig werden, die Befestigungen und die Einleitung der Kräfte in die Tragkonstruktion als Einzellasten statisch besonders nachzuweisen.

(7) Erfolgt die mechanische Befestigung von Bitumenbahnen mit Nagelung, haben sich folgende Nagelreihenabstände bewährt:

– Innenbereich 0,90 m,
– Rand- und Eckbereich 0,30 m.

Tabelle 4: Klebung bis 20 m Höhe bei geschlossenen Gebäuden

	Heißbitumen	Kaltbitumen	Polyurethan
Innenbereich	10 % der Fläche	2 Streifen 4 cm breit/m²	nach Angaben des Herstellers
Randbereich	20 % der Fläche	3 Streifen 4 cm breit/m²	
Eckbereich	40 % der Fläche	4 Streifen 4 cm breit/m²	

(8) Mit der Befestigung der Dachabdichtung können gleichzeitig auch Dämmschicht und Dampfsperre befestigt werden. Werden Dämmplatten nicht ausreichend durch die Befestigung der Dachbahnen erfasst, ist es notwendig, die Dämmplatten für sich getrennt, mechanisch oder durch Kleben, zu befestigen.

(9) Bei mechanischer Befestigung müssen die zu befestigenden Bahnen hohe Ausreißfestigkeit, darüber liegende Bahnen hohe Durchtrittsfestigkeit aufweisen.

(10) Werden Dämmstoffe aus Mineralfasern eingebaut, sind trittsichere Befestigungselemente zu verwenden.

(11) An mechanischen Befestigungen auf Stahltrapezprofilen, insbesondere über Räumen mit hoher Luftfeuchtigkeit, kann bei niedrigen Außentemperaturen Tauwasserbildung auftreten.

(12) Um die Bemessungslast pro Befestiger sicherzustellen, soll bei Trapezprofilen der Abstand der Befestigungen auf gleichen Obergurten nicht kleiner als 200 mm sein (siehe DIN 18807-3).

4.10.4.2 Befestigungsmittel

(1) Befestigungsmittel zur Windsogsicherung müssen für diesen Zweck geeignet und auf die jeweiligen Werkstoffe sowie die Ausführungsart abgestimmt sein. Die Eignung von Befestigungssystemen ist vom jeweiligen Hersteller durch Vorlage eines Prüfungszeugnisses einer anerkannten Prüfstelle oder durch eine Europäische Technische Zulassung nachzuweisen.

(2) Dabei sind folgende Faktoren zu berücksichtigen:
- Betriebsfestigkeit (Bemessungslast) unter Berücksichtigung der Einbauvoraussetzungen, z. B. Unterkonstruktion, Schraubenart, Sicherheit gegen Rückdrehen bei dynamischer Belastung, Senkrecht- oder Schrägzug je nach Einbau,
- Befestigungsart (punkt- oder linienförmig),
- Sicherheit gegen Durchdrücken der Schrauben bei Punktbelastung im Bereich des Befestigungsmittels (Trittsicherheit),
- Art des Korrosionsschutzes bzw. Korrosionsbeständigkeit von Befestigungselementen aus Metall,
- Widerstand von Befestigungselementen aus Kunststoff gegen Alterung.

(3) Die Bemessungslast für Befestigungssysteme zum Befestigen von Dachaufbauten sollte mindestens 0,40 kN/Stck. betragen. Der Rechenwert ist vom Hersteller anzugeben. Die im Anhang I aufgeführten Tabellen basieren auf einer Berechnung mit einer Bemessungslast von 0,40 kN/Stck.

(4) Werden Befestigungselemente durch alte Bitumenbahnenabdichtungen mit mineralischer Bestreuung geschraubt (Instandsetzung), wird die Verwendung korrosionsbeständiger Schrauben empfohlen. Dies gilt insbesondere dann, wenn im vorhandenen Dachaufbau Feuchtigkeit enthalten ist.

(5) Auf Porenbeton erfolgt die Befestigung von Bahnen mit Befestigungsmitteln, die für diesen Zweck geeignet sind.

(6) Für die Befestigung von Bitumenbahnen auf Holzschalung sind korrosionsgeschützte Stifte DIN EN 10230 mit extra großem Flachkopf, Kopfdurchmesser $\geq$ 9 mm, zu verwenden, die mindestens 25 mm lang, bei dickeren Bahnen oder Mehrfachüberdeckungen entsprechend länger sein müssen.

(7) Der Schaft von Befestigungsmitteln aus Kupfer oder Edelstahl muss aufgeraut sein.

(8) Auf Holzwerkstoffen erfolgt die Befestigung von Bahnen mit Befestigungsmitteln, die für Holzwerkstoffe geeignet sind.

4.10.5 Befestigungen von Randhölzern

Für die Befestigung von Randhölzern bzw. -bohlen u. Ä. am Dachrand und im Bereich von Deckenöffnungen haben sich die Ausführungsbeispiele gemäß den „Hinweisen Holz und Holzwerkstoffe" in der Praxis bewährt. Andere Befestigungsarten müssen gleichwertig sein. Die Ausführungsart ist bei der Planung festzulegen und in der Leistungsbeschreibung anzugeben.

5 Dachdetails

5.1 Allgemeines

(1) Dachdetails sollten so ausgebildet und gestaltet sein, dass diese zur Überprüfung und Wartung stets zugänglich sind.

(2) An- und Abschlüsse von Dachabdichtungen müssen bis zu ihrem oberen Ende wasserdicht sein und den zu erwartenden mechanischen und thermischen Beanspruchungen sowie der Bewitterung Rechnung tragen.

(3) Es wird unterschieden zwischen Anschlüssen an Bauteile, die mit der Unterlage fest verbunden sind (starrer Anschluss), und Anschlüssen an Bauteile, die gegenüber der Unterlage Bewegungen verschiedener Art unterworfen sind (beweglicher Anschluss).

(4) Eine starre Verbindung der Abdichtung an Bauteilen, die statisch voneinander getrennt sind, ist auf jeden Fall zu vermeiden, um eine Überbeanspruchung im Anschlussbereich durch Zug-, Schub- und Scherkräfte auszuschließen. Bei Anschlüssen an bewegliche Bauteile sind deshalb entsprechende konstruktive Maßnahmen vorzusehen.

(5) An- und Abschlüsse sollen aus den gleichen Werkstoffen wie die Dachabdichtung hergestellt werden. Werden unterschiedliche Werkstoffe verwendet, so müssen diese für den jeweiligen Zweck geeignet und untereinander dauerhaft verträglich sein.

5.2 Anschlüsse an aufgehende Bauteile

5.2.1 Anschlusshöhe

Die Höhe der Abdichtung soll im Hinblick auf Spritzwasser- und Überflutungsschutz
- bei Dachneigungen bis 5° (8,8 %) mindestens 0,15 m und
- bei Dachneigungen über 5° (8,8 %) mindestens 0,10 m

über Oberfläche Belag, z. B. Kiesschüttung, Vegetationsschicht, betragen. In schneereichen Gebieten ist gegebenenfalls eine größere Anschlusshöhe erforderlich.

5.2.2 Anschlüsse mit Abdichtungen

(1) Anschlussbahnen müssen gegen Abrutschen gesichert werden. Die Sicherung soll mit mechanischer Befestigung im oberen Randbereich erfolgen.

(2) Bei Flüssigabdichtungen mit ausreichender Haftung am Untergrund kann auf eine mechanische Befestigung am oberen Rand verzichtet werden.

(3) Das obere Ende von Anschlüssen muss regensicher verwahrt werden. Bei nicht regensicheren vorgesetzten Außenwandbekleidungen muss der Anschluss hinter dieser an der Wand hochgeführt werden. Bei Vorsatzmauerwerk, Wärmedämmverbundsystemen oder Putzschichten muss die Hinterläufigkeit der Abdichtung vermieden werden. Hierfür sind z. B. Z-förmige Feuchtigkeitssperren, eingelassene Überhangstreifen oder Z-Profile geeignet. Schädliche Wärmebrücken sind zu vermeiden.

(4) Die Ausführung des regensicheren Anschlusses am aufgehenden Bauteil mit Überhangstreifen oder vorgefertigten Metallprofilen erfolgt entsprechend den „Fachregeln für Metallarbeiten im Dachdeckerhandwerk".

(5) Flächen, an denen die Dachbahnen des Anschlusses hochgeführt, aufgeklebt oder befestigt werden, müssen eine glatte, ebene Oberfläche aufweisen. Betonflächen im Anschlussbereich dürfen keine Kiesnester, Risse oder ausgebrochene Kanten aufweisen. Bei unebenem oder stark strukturiertem Mauerwerk muss der Anschlussbereich mit einer fest haftenden Putzschicht versehen sein.

(6) Bei senkrechten Fugen im Anschlussbereich, z. B. bei Fugen von Betonfertigteilen oder Bauwerksfugen, muss der Anschluss so ausgebildet werden, dass eine Bewegung über dem Fugenbereich möglich ist. Pressschienen dürfen über beweglichen Fugen nicht durchlaufen. Die Fugen selbst müssen so ausgebildet sein, z. B. durch Wasserabweiser, dass der Anschlussbereich nicht durch Niederschlagswasser hinterwandert werden kann.

(7) Bei zu erwartenden geringfügigen Bewegungen im Anschlussbereich (z. B. bei Betonfertigteilen, Holzaufkantung o. Ä.) dürfen Anschlussbahnen im Übergangsbereich von der Dachfläche zur Anschlussfläche nicht fest mit dem Untergrund verbunden werden. Gegebenenfalls kann der Einbau von Trennstreifen notwendig sein.

(8) Einlagige Dachabdichtungen mit Kunststoff- oder Elastomerbahnen sind im Anschlussbereich bei Anschlusshöhen von mehr als 0,50 m an der senkrechten Fläche aufzukleben oder mechanisch (Linienbefestigung oder lineare Befestigung) zu befestigen.

(9) Bei genutzten Dachflächen ist der Anschlussbereich gegen mechanische Beschädigung zu schützen, z. B. durch Schutz- oder Abdeckbleche, Steinplatten oder dergleichen.

(10) Bei Dachabdichtungen aus Bitumenbahnen soll der Anschlussbereich mit einer Haftbrücke versehen werden. Anschlüsse aus Bitumenbahnen sind mindestens zweilagig auszuführen. Am Übergang vom Dach zum aufgehenden Bauteil soll ein Keil, z. B. aus Dämmstoff, angeordnet werden. Die Lagen der Flächenabdichtung sollen im Bereich des Keiles abgesetzt werden. Die Anschlussbahnen sind im Rückversatz in die Lagen der Dachabdichtung eingebunden und an den senkrechten oder schrägen Anschlussflächen bis zur erforderlichen Höhe hochgeführt. Die Verlegung der Anschlussbahnen soll senkrecht zum Anschluss erfolgen. Dabei sollten die Anschlussbahnen die Rollenbreite nicht überschreiten.

5.2.3 Anschlüsse mit eingeklebten Blechen

(1) Zuschnitte von einzuklebenden Blechen erfolgen nach den „Fachregeln für Metallarbeiten im Dachdeckerhandwerk".

(2) Bei Abdichtungen aus Bitumenbahnen muss die Einklebefläche von Blechanschlüssen mindestens 120 mm breit, frei von Verunreinigungen und trocken sein. Die Einklebefläche muss mit einem Voranstrich auf Lösungsmittelbasis vorgestrichen werden. Die Abdichtung muss vollflächig aufgeklebt und auf dem Flansch zweilagig sein, z. B. durch einen mindestens 0,25 m breiten Streifen aus Polymerbitumenbahnen mit Polyestervlieseinlage. Sind Scherbewegungen gegenüber der Dachabdichtung nicht vermeidbar, ist am Übergang vom Kleberand zur Dachabdichtung ein mindestens 100 mm breiter, lose verlegter Trennstreifen anzuordnen. Die aufgeklebte Abdichtung sollte 10 mm vor der Aufkantung enden.

5.2.4 Anschlüsse mit Verbundblechen

(1) Bei Dachabdichtungen mit Kunststoffbahnen können An- und Abschlüsse auch mit Verbundblechen hergestellt werden. Bei der Ausbildung der Stöße sind die thermischen Längenänderungen zu berücksichtigen.

(2) Kunststoffbahnen sind nach Abschnitt 4.6.2.4 mit den Verbundblechen zu verbinden.

5.3 Anschlüsse an Türen

(1) Die Anschlusshöhe soll 0,15 m über Oberfläche Belag oder Kiesschüttung betragen. Dadurch soll möglichst verhindert werden, dass bei Schneematschbildung, Wasserstau durch verstopfte Abläufe, Schlagregen, Winddruck oder bei Vereisung Niederschlagswasser über die Türschwelle eindringt.

(2) Eine Verringerung der Anschlusshöhe ist möglich, wenn bedingt durch die örtlichen Verhältnisse zu jeder Zeit ein einwandfreier Wasserablauf im Türbereich sichergestellt ist. Dies ist dann der Fall, wenn sich im unmittelbaren Türbereich Terrassenabläufe oder andere Entwässerungsmöglichkeiten befinden. In solchen Fällen sollte die Anschlusshöhe jedoch mindestens 0,05 m betragen (oberes Ende der Abdichtung oder von Anschlussblechen unter dem Wetterschenkel/Sockelprofil).

(3) Barrierefreie Übergänge sind Sonderkonstruktionen. In diesen Fällen ist eine Koordination zwischen Planer und Ausführenden erforderlich. Die Abdichtung allein kann die Dichtigkeit am Türanschluss nicht sicherstellen. Deshalb sind zusätzliche Maßnahmen erforderlich, z. B.:

– Terrassenabläufe im Türbereich,
– beheizbarer, wannenförmiger Entwässerungsrost mit direktem Anschluss an die Entwässerung,
– Gefälle,
– Spritzwasserschutz durch Überdachung,
– Türrahmen mit Flanschkonstruktion,
– Abdichtung des Innenraumes,
– Dachaufbau mit vollflächig verklebten Schichten.

(4) Rollladenführungen müssen so konstruiert sein, dass die Abdichtung oder die Anschlussbleche unter diese geführt werden können. Entwässerungsöffnungen von Schlagregenschienen o. Ä. müssen zur Außenseite des Anschlusses entwässern. Obere Anschlussenden oder Kanten von Wetterschenkeln müssen sich mindestens 30 mm in der Höhe überdecken. Türpfosten müssen so gestaltet sein, dass ein einwandfreier Dichtungsanschluss in gleicher Höhe möglich ist.

(5) Der Anschluss an Türschwellen kann durch Hochziehen der Dachabdichtung wie an Wandanschlüssen oder durch das Einbauen von Türanschlussblechen erfolgen. Anschlüsse müssen hinter Rollladenschienen und Deckleisten durchgeführt werden.

(6) Bei Anschlüssen an Türkonstruktionen aus Kunststoffen sind bei Verwendung von Bitumenwerkstoffen mit erhitztem Bitumen, mit Flamme oder mit Heißluft, Verformungen oder Verfärbungen der Kunststoffteile nicht vermeidbar.

(7) Hochgezogene Abdichtungen sollen am Türrahmen entsprechend Abschnitt 5.2.2 gesichert werden.

(8) Anschlüsse mit Blechen an Türrahmen müssen in allen Ecken sorgfältig eingepasst, alle Nähte dicht gelötet und seitlich mindestens 0,12 m in die gerade Wandanschlussfläche fortgeführt werden.

5.4 Anschlüsse an Durchdringungen

5.4.1 Allgemeines

(1) Durchdringungen sind wie Anschlüsse auszubilden. Sie können mit Klebeflanschen, Dichtungsmanschetten, Klemmflanschen oder Flüssigabdichtungen ausgeführt werden.

(2) Flanschkonstruktionen sind in DIN 18195-9 beschrieben. Klebeflansche und Dichtungsmanschetten müssen mindestens 0,12 m breit und gegebenenfalls mit Voranstrich versehen sein.

(3) Der Abstand von Dachdurchdringungen untereinander und zu anderen Bauteilen, z. B. Wandanschlüssen, Bewegungsfugen oder Dachrändern, soll mindestens 0,30 m betragen, damit die jeweiligen Anschlüsse fachgerecht und dauerhaft hergestellt werden können. Maßgebend ist dabei die äußere Begrenzung des Flansches.

(4) Bei Anschlussflächen/Flanschen muss die Einklebefläche frei von Verunreinigungen und trocken sein.

5.4.2 Schornsteine (Kamine)

An Schornsteine (Kamine) erfolgt der Anschluss von Dachabdichtungen sinngemäß wie die Ausbildung von Wandanschlüssen (siehe Kapitel 5.2).

5.4.3 Aufsetzkränze für Lichtkuppelelemente und Rauchgas- und Wärmeabzugsanlagen

(1) Lichtkuppelelemente bestehen aus einem Aufsetzkranz und darauf getrennt angeordneten Lichtschalen. Einteilige Lichtkuppeln mit Kleberand dürfen nicht verwendet werden.

(2) Die Oberkante des Aufsetzkranzes soll sich mindestens 0,15 m über Oberfläche Belag befinden. Aufsetzkränze müssen auf dem Untergrund nach Herstellerangaben befestigt werden.

(3) Bei größeren Aufsetzkränzen ist die Gefahr von Schäden als Folge der temperaturbedingten Bewegungen größer als bei Aufsetzkränzen mit kleineren Abmessungen. Das Nennmaß des Aufsetzkranzes soll deshalb 2,50 m nicht überschreiten.

(4) Anschlüsse an Lichtbänder werden entsprechend Abschnitt 5.2.2 ausgeführt.

(5) Anschlüsse von Dachabdichtungen an Aufsetzkränze können sowohl durch Eindichten des horizontalen Flansches als auch durch vollständiges Einfassen des Aufsetzkranzes bis zum oberen Rand hergestellt werden.

(6) Wird ein Anschluss an den Aufsetzkranz durch Eindichten des Klebeflansches hergestellt, muss dieser mindestens 0,12 m breit sein. Es wird empfohlen, in diesem Fall den Aufsetzkranz ca. 0,05 m aus der Abdichtungsebene anzuheben. Der Übergang wird keilförmig ausgebildet.

(7) Bei Anschlüssen mit Bitumenbahnen muss die Einklebefläche mit einer Haftbrücke versehen werden. Die Abdichtung muss vollflächig aufgeklebt und auf dem Klebeflansch des Aufsetzkranzes zweilagig (Rückversatz) sein.

(8) Wird der Aufsetzkranz bei Dachabdichtungen aus Bitumenbahnen vollständig eingefasst, sollte bei einer Ausführung mit Bohlenkranz die erste Lage der Dachabdichtung unter den Befestigungsflansch geführt werden. In diesem Fall muss ein Anschlussstreifen, ca. 0,25 m breit, von der Flächenabdichtung auf den Klebeflansch geführt werden. Die Einfassung des Aufsetzkranzes wird über die zweite Lage geführt; sie muss auf dem Klebeflansch abgesetzt werden.

(9) Bei Aufsetzkränzen, die direkt auf der Unterkonstruktion befestigt werden und bei denen die Wärmedämmung oberhalb des Klebeflansches an den Aufsetzkranz geführt wird, ist der Anschluss entsprechend Abschnitt 5.2.2 auszuführen.

(10) Bei Dachabdichtungen aus Kunststoff- oder Elastomerbahnen können Aufsetzkränze bis zum oberen Rand eingefasst werden. Der Anschluss an den Aufsetzkranz erfolgt durch Aufkleben mit einem für den jeweiligen Werkstoff geeigneten Kleber oder mit mechanisch befestigten Verbundblechen. Für die Ausbildung der Ecken sollten Formteile verwendet werden.

5.4.4 Dunstrohre

Der Anschluss der Dachabdichtung an Dunstrohre erfolgt mit vorgefertigten Formstücken aus Metall, Einbauelementen aus Kunststoff, Anschlussmanschetten oder mit Kunststoff-, Elastomerbahnen oder Flüssigabdichtungen. Die Klebeflansche sind in die Dachabdichtung einzubinden. Das obere Ende von Formstücken muss gegen hinterlaufendes Wasser gesichert sein.

5.4.5 Stützen, Masten und Verankerungen

(1) Stützen, Masten und Verankerungen müssen im Untergrund oder in der Dachkonstruktion verankert sein. Durch Windeinwirkung können an derartigen Masten starke Bewegungen auftreten. Deshalb müssen diese Anschlüsse beweglich ausgebildet werden.

(2) Blechanschlüsse sollen zweiteilig mit Rohrhülse und angeschweißter Kappe oder Manschette ausgebildet werden. Einfassungen in der Nähe von Dachkanten sollen mindestens 0,15 m über Oberfläche Belag hochgeführt werden. Klebeflansche müssen in der Dichtungsebene angeordnet sein und nach jeder Seite ca. 0,12 m breite Klebeflächen aufweisen. Betonestrich und Plattenbeläge dürfen nicht direkt an Stützen oder Einfassungen anschließen. Sie müssen durch eine Fuge von diesen getrennt sein, damit durch temperaturbedingte Bewegungen des Belages der Anschluss oder die Verankerung der Stütze nicht gefährdet wird.

5.5 Dachrandabschlüsse

(1) An Dachkanten von Dachabdichtungen ist, ausgenommen im Bereich von Dachrinnen, ein Randabschluss erforderlich. Geeignet sind:

– Randaufkantungen mit Dachrandabdeckungen,
– Randaufkantungen mit Dachrandabschlussprofilen,
– Dachrandabschlussprofile.

(2) Die Höhe der Abdichtung an Dachrandabschlüssen soll

– bei Dachneigungen bis 5° (8,8 %) mindestens 0,10 m,
– bei Dachneigungen über 5° (8,8 %) mindestens 0,05 m

über Oberfläche Belag betragen. Dachrandabschlüsse müssen ein Gefälle zur Dachseite aufweisen.

(3) Die Abdichtungsbahnen des Anschlusses sollen bei Dachrandaufkantungen bis zur Außenkante geführt und befestigt werden. Bei höheren Anschlüssen siehe Abschnitt 5.2.2.

(4) Abmessungen und Ausführung von Dachrandabdeckungen und Abschlussprofilen sind in den „Fachregeln für Metallarbeiten im Dachdeckerhandwerk" geregelt.

(5) Dachrandabschlussprofile und Dachrandabdeckungen einschließlich ihrer Teile und Befestigungen müssen den üblicherweise zu erwartenden Beanspruchungen aus Windbelastung standhalten.

(6) Dachrandabschlussprofile müssen so konstruiert sein und montiert werden, dass sich die thermischen Längenänderungen der Profile nicht nachteilig auf die Abdichtung auswirken können.

(7) Dachrandabschlussprofile, die direkt in die Dachabdichtung eingeklebt werden, sind ungeeignet, weil die an den Stoßstellen auftretenden temperaturbedingten Bewegungen zu Rissen in der Dachabdichtung führen können.

5.6 Bewegungsfugen

(1) An Bewegungsfugen dürfen sich Bewegungen aus Gebäudeteilen nicht so auswirken, dass die Funktionsfähigkeit einzelner Schichten beeinträchtigt wird.

(2) Bei Bewegungsfugen im verklebten Dachaufbau soll die Abdichtung aus der wasserführenden Ebene herausgehoben und möglichst zu Hochpunkten der Dachfläche ausgebildet werden, z. B. durch Anhebung auf Dämmstoffkeilen oder durch Aufkantungen.

(3) Durch Bewegungsfugen getrennte Teile der Dachfläche sind unabhängig voneinander einzeln zu entwässern.

(4) Bei großen Dehnungs-, Setzungs- oder Scherbewegungen, z. B. in Bergsenkungsgebieten, sind Bewegungsfugen als Flanschkonstruktion mit Fugenbändern aus elastomeren Werkstoffen zweckmäßig.

(5) Im Einzelnen müssen sich Art und Ausbildung der Abdichtung über Bewegungsfugen nach den jeweiligen örtlichen Gegebenheiten richten. Für die Ausbildung der Dachabdichtung über Bewegungsfugen sind Werkstoffe zu verwenden, die nicht nur Bewegungen rechtwinklig, sondern auch Bewegungen parallel zur Bewegungsfuge aufnehmen können.

(6) Bei Dachabdichtungen aus Bitumenbahnen sind über Bewegungsfugen Polymerbitumenbahnen mit hoher Reißfestigkeit, hoher Flexibilität und Standestigkeit zu verwenden.

(7) Bewegungsfugen sollen auch im Bereich der Dampfsperre entsprechend berücksichtigt werden.

(8) Die Ausbildung von Bewegungsfugen mit Flüssigabdichtungen kann je nach Art der Bewegung mit
– einer doppelten Schlaufenbildung,
– einseitig fixiertem Trenn- oder Schleppstreifen
erfolgen.

5.7 Dachentwässerung

5.7.1 Dachabläufe/Notüberläufe

(1) Fabrikmäßig vorgefertigte Dachabläufe müssen DIN EN 1253 entsprechen (Bemessung der Dachabläufe und Notüberläufe siehe Kapitel 2.4).

(2) Dachabläufe und Notüberläufe sind in der Unterkonstruktion zu befestigen.

(3) Flansche von Dachabläufen in der Abdichtungsebene sollen in der Unterlage eingelassen werden.

(4) Der Anschluss an Dachabläufe und Notüberläufe kann mit Los- und Festflansch, Klebeflansch, integrierten Anschlussbahnen oder Flüssigabdichtungen ausgeführt werden. Die Anschlussbahnen müssen auf die Dachabdichtung abgestimmt sein.

(5) Zum Anschluss der Dampfsperre eignen sich zweiteilige Dachabläufe.

(6) Bei Terrassenflächen sind über Dachabläufen herausnehmbare Gitterroste anzuordnen. Gitterroste, die im Terrassenbelag fest eingebunden sind, dürfen nicht gleichzeitig mit dem Dachablauf fest verbunden sein. Die unabhängige Eigenbeweglichkeit des Terrassenbelages gegenüber dem Ablauf muss sichergestellt sein, um Schäden zu vermeiden.

5.7.2 Traufausbildung bei Dachrinnen

(1) Erfolgt die Entwässerung von Dachflächen über vorgehängte Rinnen, so ist als Übergang ein Traufblech anzuordnen. Dies kann eingeklebt oder als Stützblech überklebt werden (siehe Abschnitt 5.2.3).

(2) Zur Befestigung der Traufstreifen können Randbohlen oder wärmegedämmte Metallprofile verwendet werden. Um den Wasserablauf nicht zu behindern, sollen sie niedriger als die vorhandene Dämmschicht sein und müssen an der Dachseite mindestens 20 mm über den Rand des Traufstreifens vorstehen. Auf die hintere Traufblechkante ist bei verklebter Abdichtung mit Bitumenbahnen und Flüssigabdichtungen ein Trennstreifen aufzulegen. Bei einlagigen Abdichtungen kann auf einen Trennstreifen verzichtet werden, wenn ein ausreichend breiter unverklebter Bereich eingehalten wird.

(3) Traufbleche können auf der Unterkonstruktion mit versetzter Nagelung in höchstens 50 mm Abstand befestigt werden.

(4) Rinnenhalter sollen in die Deckunterlagen oder Randbohlen eingelassen oder die Zwischenräume aufgefüttert werden.

(5) Bei ungeschützten Dachabdichtungen mit Bitumenbahnen (z. B. APP) und bitumenhaltigen Kunststoffbahnen (z. B. ECB) sind Maßnahmen zum Korrosionsschutz der Entwässerungsteile erforderlich.

6 Pflege und Wartung

6.1 Allgemeines

Zur Erhaltung von Dachabdichtungen sind Pflege- und Wartungsmaßnahmen erforderlich. Die rechtzeitige Durchführung dieser Maßnahmen setzt eine regelmäßige Überprüfung der Dachabdichtung voraus. Dies ist im Rahmen einer Begehung und Besichtigung durch einen Fachkundigen durchzuführen. Der Umfang der Maßnahmen ist abhängig von der Alterungsbeständigkeit der Dachabdichtung, die im Wesentlichen durch deren Qualität und die Art des Oberflächenschutzes bestimmt wird. Es wird empfohlen, dazu einen entsprechenden Inspektions-

Fachregel für Dächer mit Abdichtungen – Flachdachrichtlinien – 25

und/oder Wartungsvertrag abzuschließen. Pflege von Dachbegrünungen ist regelmäßig durchzuführen.

6.2 Inspektion

(1) Die Inspektion ist die Feststellung des Zustandes der Dachabdichtung nach Augenschein, einschließlich der An- und Abschlüsse sowie der Durchdringungen.

(2) Die Ergebnisse der Inspektion sind schriftlich zu dokumentieren. Das Protokoll soll Angaben zu den festgestellten Schäden, gegebenenfalls zu erforderlichen weiter gehenden Untersuchungen und zur Art und Dringlichkeit von notwendigen Maßnahmen enthalten.

6.3 Wartung

(1) Die Wartung umfasst beispielsweise folgende Aufgaben:
- die Beseitigung von Verschmutzungen, Laub und unerwünschtem Pflanzenbewuchs,
- die Reinigung der Dachabläufe,
- Ausgleichen von Kiesverwehungen,
- Reinigung von Be- und Entlüftungsöffnungen.

(2) Die Häufigkeit von Wartungsmaßnahmen ist abhängig von der Dachneigung, den jeweiligen thermischen, mechanischen, chemischen, biologischen und sonstigen Umwelteinwirkungen als Beanspruchung der Dachabdichtung und der damit zusammenhängenden Alterung.

6.4 Instandsetzung

6.4.1 Allgemeines

(1) Instandsetzungsarbeiten werden erforderlich, wenn in Teilbereichen Schäden vorliegen, welche die Funktionsfähigkeit der Dachabdichtung und der Funktionsschichten des Dachaufbaus einschränken. Hierzu gehören z. B.:
- Ergänzung oder Erneuerung von Wärmedämmung,
- Ausbessern von Schadstellen in der Abdichtung,
- Ergänzung oder Erneuerung von Teilen des Oberflächenschutzes,
- Befestigung und Verfugung von An- und Abschlüssen,
- Ergänzung oder Erneuerung des Korrosionsschutzes an Metallteilen und Verwahrungen,
- Reparatur oder Austausch von Einbauteilen.

(2) Ist durch fortgeschrittene Alterung, durch unterlassene Pflege oder durch Beschädigungen die Funktionsfähigkeit der Dachabdichtung nicht mehr gegeben, ist die Dachabdichtung zu erneuern. Dies setzt eine weiter gehende stichpunktartige Überprüfung auch der darunter liegenden Schichten voraus. Im Rahmen dieser Überprüfung ist festzustellen, ob die eventuell unter der Dachabdichtung liegenden Funktionsschichten, wie z. B. die Wärmedämmschicht und die Dampfsperre, noch funktionsfähig sind. Gegebenenfalls sind schadhafte Teile dieser Schichten ebenfalls zu erneuern.

(3) Eine Ergänzung der Wärmedämmung ist z. B. erforderlich, wenn durch Dämmstoffwanderung Fehlstellen entstanden sind.

(4) Einzelne Blasen in der Dachabdichtung sind aufzuschneiden, zu trocknen und abzudichten.

(5) Risse in der Dachabdichtung werden vor dem Überkleben erforderlichenfalls mit einem lose verlegten oder einseitig fixierten Trennstreifen abgedeckt, der die Übertragung von Spannungen auf die neuen Abdichtungslagen verhindern soll.

(6) Beschädigungen werden durch Aufschweißen oder Aufkleben von Bahnen beseitigt, die denen der Dachabdichtung entsprechen. Es wird empfohlen, systemgerechte Bahnen und Klebe- oder Schweißmittel zu verwenden.

(7) Schadstellen in der Oberlage der Dachabdichtung müssen vor dem Aufbringen von Anstrichen ausgebessert werden.

(8) Das Aufbringen von reflektierenden Anstrichen ist abhängig von der Art des verwendeten Werkstoffes. Es dürfen nur solche Anstrichmittel verwendet werden, die vom Bahnenhersteller für die Anwendung empfohlen werden.

6.4.2 Instandsetzung von Dachabdichtungen aus Bitumenbahnen

(1) Wenn die Schichten der Dachabdichtung noch funktionsfähig sind, kann die Abdichtung durch z. B. vollflächiges Aufkleben einer Polymerbitumenbahn verbessert werden.

(2) Bei Dachabdichtungen, die ganz oder teilweise aus Dach- oder Dachdichtungsbahnen mit Trägereinlagen aus Rohfilzpappe bestehen oder starke Blasenbildung aufweisen, muss auch bei sorgfältigster Vorbehandlung des Untergrundes mit einer erneuten Blasenbildung gerechnet werden. Der Einbau einer Dampfdruckausgleichsschicht oder Wärmedämmschicht zwischen der schadhaften und der neu aufzubringenden Dachabdichtung ist deshalb notwendig.

(3) Eine zusätzliche Wärmedämmschicht verbessert den Wärmeschutz des Gebäudes.

(4) Zur Vorbereitung des Untergrundes sind größere Wellen, Blasen oder Falten aufzuschneiden und nicht verklebte Teile sind zu entfernen. Grobe Verkrustungen sind abzustoßen, Schmutzablagerungen zu ent-

fernen. Auf die Unterlage für die neu aufzubringende Dachabdichtung ist eine Haftbrücke aufzubringen, wenn eine Verklebung mit Bitumen vorgesehen ist.

(5) Die neue Dachabdichtung ist nach Kapitel 4.6 auszuführen.

6.4.3 Instandsetzung von Dachabdichtungen aus Kunststoff- und Elastomerbahnen

(1) Bei Erneuerung einer schadhaft gewordenen Dachabdichtung aus Kunststoff- oder Elastomerbahnen kann es erforderlich sein, die schadhafte Dachabdichtung zu entfernen.

(2) Eine zusätzliche Wärmedämmschicht verbessert den Wärmeschutz des Gebäudes.

(3) Die neue Dachabdichtung ist nach Kapitel 4.6 auszuführen.

6.4.4 Instandsetzung von Dachabdichtungen mit Flüssigabdichtungen

Dachabdichtungen aus Flüssigabdichtungen können nach entsprechender Vorbereitung systemgerecht überarbeitet werden.

6.5 Dacherneuerung

Ist die Funktionsfähigkeit eines Dachaufbaus insgesamt nicht mehr gewährleistet, ist dieser abzutragen und zu erneuern.

Fachregel für Dächer mit Abdichtungen – Flachdachrichtlinien –

Anhang I

Verzeichnis der Abbildungen:

Abb. 1.1	Einteilung der Dachbereiche
Abb. 1.2	Verhältnis von Höhe zur Breite
Abb. 1.3	Karte der Windzonen
Abb. 1.4	Erläuterungen
Abb. 1.5	Sicherungsmaßnahmen für Auflast und mechanischer Befestigung bei geschlossener Unterlage Windzone I
Abb. 1.6	Sicherungsmaßnahmen mit Auflast und mechanischer Befestigung bei geschlossener Unterlage Windzone II
Abb. 1.7	Sicherungsmaßnahmen mit Auflast und mechanischer Befestigung bei geschlossener Unterlage Windzone III
Abb. 1.8	Sicherungsmaßnahmen mit Auflast und mechanischer Befestigung bei offener Unterlage mit Innendruck Windzone I
Abb. 1.9	Sicherungsmaßnahmen mit Auflast und mechanischer Befestigung bei offener Unterlage mit Innendruck Windzone II
Abb. 1.10	Sicherungsmaßnahmen mit Auflast und mechanischer Befestigung bei offener Unterlage mit Innendruck Windzone III

1) Als Flachdächer im Sinne von DIN 1055 gelten Dächer mit Dachneigungen bis 10° (17,6 %). Bei größeren Dachneigungen gelten die Angaben für geneigte Dächer. Die Einteilung der Dachfläche in Rand-, Eck- und Flächenbereiche erfolgt entsprechend den „Hinweisen zur Lastenermittlung".

2) Beim Flachdach wird das Verhältnis Gebäudelänge b zu Gebäudebreite a gebildet, um Eck- Rand- und Flächenbereiche festzulegen. Bei Dächern mit Überstand sind bei der Ermittlung der Rand- und Eckbereiche die Abmessungen des Dachgrundrisses zugrunde zu legen.

3) Die Breite des Randbereiches beträgt a/8, jedoch mindestens 1 m. Bei Wohn- und Bürogebäuden sowie bei geschlossenen Hallen mit Gebäudebreiten a ≤ 30 m darf in der Dachfläche der Randbereich auf 2 m begrenzt werden.

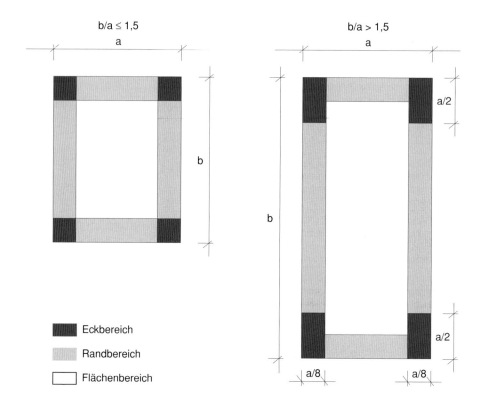

Vereinfachte Flächeneinteilung bei Flachdach (siehe auch „Hinweis zur Lastenermittlung")

a ist immer kürzere Bauteillänge.

Beispiel:

Gebäudebreite a = 7 m: a/8 = 7/8 = 0,87 m → Randstreifen mindestens 1,00 m
Gebäudebreite a = 12 m: a/8 = 12/8 = 1,50 m → Randstreifen 1,50 m
Gebäudebreite a = 20 m: a/8 = 20/8 = 2,50 m → Randstreifen begrenzt auf 2,00 m
Gebäudebreite a = 30 m: a/8 = 30/8 = 3,75 m → Randstreifen begrenzt auf 2,00 m

Abb. 1.1
Einteilung der Dachbereiche

Für eine Windlastberechnung muss das Verhältnis von Höhe h zu Breite a ermittelt werden.

h ist die Referenzhöhe h_{ref}.

a ist immer die kürzere Bauteillänge.

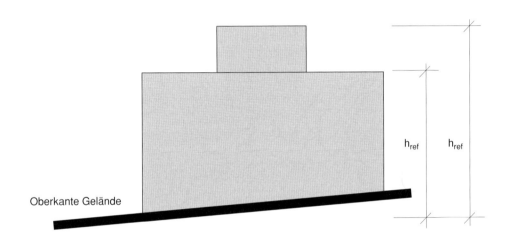

Referenzhöhe (h_{ref}) beim Flachdach (siehe auch „Hinweis zur Lastenermittlung")

Abb. 1.2
Verhältnis von Höhe zur Breite

Abb. 1.3
Karte der Windzonen[3]

[3] Karte entnommen aus DIN 4131

Fachregel für Dächer mit Abdichtungen – Flachdachrichtlinien –

	Erläuterungen zu den Abb. 1.5 bis 1.10
Innendruck	Bei offenen Gebäuden ist ein Innendruck zu berücksichtigen, der sich bei offener Unterlage auf den Dachbau als zusätzliche Last auswirkt.
Soglast	Soglast entspricht Auflast in kN/m². Kies Körnung 16/32 ist pro Zentimeter Schütthöhe mit 0,18 kN/m² zu bemessen.
Befestiger	Die Bemessungslast für Befestiger entspricht 0,4 kN/Stück. Angaben in Stück/m²
Nägel	Für die Bemessung der Nägel wurden Breitkopfstifte in mindestens 22 mm trockene Schalung angesetzt. Angaben in Stück/m²

Abb. 1.4
Erläuterungen

Gebäudeform b/a ≤ 1,5; h/a ≤ 0,4 — Zone I

Höhe in m	Bereich	Soglast	Befestiger	Nägel
5	Ecke	1,50	3,8	21
5	Rand	0,75	2,0	11
5	Fläche	0,45	2,0	7
10	Ecke	1,80	4,5	26
10	Rand	0,90	2,3	13
10	Fläche	0,54	2,0	8
15	Ecke	1,98	5,0	28
15	Rand	0,99	2,5	14
15	Fläche	0,59	2,0	9
20	Ecke	2,10	5,3	30
20	Rand	1,05	2,7	15
20	Fläche	0,63	2,0	9
25	Ecke	2,22	5,6	31
25	Rand	1,11	2,8	16
25	Fläche	0,67	2,0	10
30	Ecke	2,28	5,7	32
30	Rand	1,14	2,9	16
30	Fläche	0,68	2,0	10

■ Eckbereich ▨ Randbereich □ Fläche

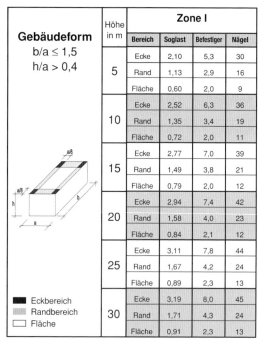

Gebäudeform b/a ≤ 1,5; h/a > 0,4 — Zone I

Höhe in m	Bereich	Soglast	Befestiger	Nägel
5	Ecke	2,10	5,3	30
5	Rand	1,13	2,9	16
5	Fläche	0,60	2,0	9
10	Ecke	2,52	6,3	36
10	Rand	1,35	3,4	19
10	Fläche	0,72	2,0	11
15	Ecke	2,77	7,0	39
15	Rand	1,49	3,8	21
15	Fläche	0,79	2,0	12
20	Ecke	2,94	7,4	42
20	Rand	1,58	4,0	23
20	Fläche	0,84	2,1	12
25	Ecke	3,11	7,8	44
25	Rand	1,67	4,2	24
25	Fläche	0,89	2,3	13
30	Ecke	3,19	8,0	45
30	Rand	1,71	4,3	24
30	Fläche	0,91	2,3	13

■ Eckbereich ▨ Randbereich □ Fläche

Gebäudeform b/a > 1,5; h/a ≤ 0,4 — Zone I

Höhe in m	Bereich	Soglast	Befestiger	Nägel
5	Ecke	1,88	4,7	27
5	Rand	0,75	2,0	11
5	Fläche	0,45	2,0	7
10	Ecke	2,25	5,7	32
10	Rand	0,90	2,3	13
10	Fläche	0,54	2,0	8
15	Ecke	2,48	6,2	35
15	Rand	0,99	2,5	14
15	Fläche	0,59	2,0	9
20	Ecke	2,63	6,6	37
20	Rand	1,05	2,7	15
20	Fläche	0,63	2,0	9
25	Ecke	2,78	7,0	39
25	Rand	1,11	2,8	16
25	Fläche	0,67	2,0	10
30	Ecke	2,85	7,2	40
30	Rand	1,14	2,9	16
30	Fläche	0,68	2,0	10

■ Eckbereich ▨ Randbereich □ Fläche

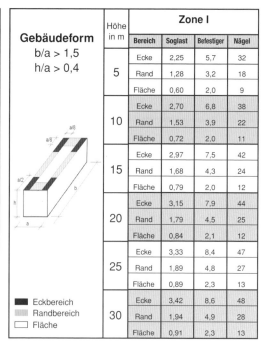

Gebäudeform b/a > 1,5; h/a > 0,4 — Zone I

Höhe in m	Bereich	Soglast	Befestiger	Nägel
5	Ecke	2,25	5,7	32
5	Rand	1,28	3,2	18
5	Fläche	0,60	2,0	9
10	Ecke	2,70	6,8	38
10	Rand	1,53	3,9	22
10	Fläche	0,72	2,0	11
15	Ecke	2,97	7,5	42
15	Rand	1,68	4,3	24
15	Fläche	0,79	2,0	12
20	Ecke	3,15	7,9	44
20	Rand	1,79	4,5	25
20	Fläche	0,84	2,1	12
25	Ecke	3,33	8,4	47
25	Rand	1,89	4,8	27
25	Fläche	0,89	2,3	13
30	Ecke	3,42	8,6	48
30	Rand	1,94	4,9	28
30	Fläche	0,91	2,3	13

■ Eckbereich ▨ Randbereich □ Fläche

Abb. 1.5
Sicherungsmaßnahmen mit Auflast und mechanischer Befestigung bei geschlossener Unterlage Windzone I

Fachregel für Dächer mit Abdichtungen – Flachdachrichtlinien –

Gebäudeform b/a ≤ 1,5 ; h/a ≤ 0,4

Höhe in m	Zone II Bereich	Soglast	Befestiger	Nägel
5	Ecke	1,95	4,9	28
5	Rand	0,98	2,5	14
5	Fläche	0,59	2,0	9
10	Ecke	2,25	5,7	32
10	Rand	1,13	2,9	16
10	Fläche	0,68	2,0	10
15	Ecke	2,46	6,2	35
15	Rand	1,23	3,1	18
15	Fläche	0,74	2,0	11
20	Ecke	2,61	6,6	37
20	Rand	1,31	3,3	19
20	Fläche	0,78	2,0	11
25	Ecke	2,76	6,9	39
25	Rand	1,38	3,5	20
25	Fläche	0,83	2,1	12
30	Ecke	2,88	7,2	41
30	Rand	1,44	3,6	21
30	Fläche	0,86	2,2	13

■ Eckbereich
▨ Randbereich
☐ Fläche

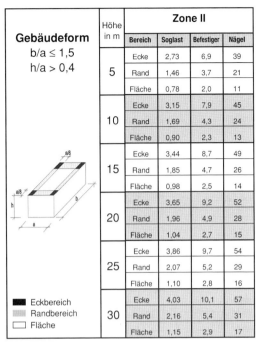

Gebäudeform b/a ≤ 1,5 ; h/a > 0,4

Höhe in m	Zone II Bereich	Soglast	Befestiger	Nägel
5	Ecke	2,73	6,9	39
5	Rand	1,46	3,7	21
5	Fläche	0,78	2,0	11
10	Ecke	3,15	7,9	45
10	Rand	1,69	4,3	24
10	Fläche	0,90	2,3	13
15	Ecke	3,44	8,7	49
15	Rand	1,85	4,7	26
15	Fläche	0,98	2,5	14
20	Ecke	3,65	9,2	52
20	Rand	1,96	4,9	28
20	Fläche	1,04	2,7	15
25	Ecke	3,86	9,7	54
25	Rand	2,07	5,2	29
25	Fläche	1,10	2,8	16
30	Ecke	4,03	10,1	57
30	Rand	2,16	5,4	31
30	Fläche	1,15	2,9	17

Gebäudeform b/a > 1,5 ; h/a ≤ 0,4

Höhe in m	Zone II Bereich	Soglast	Befestiger	Nägel
5	Ecke	2,44	6,1	35
5	Rand	0,98	2,5	14
5	Fläche	0,59	2,0	9
10	Ecke	2,81	7,1	40
10	Rand	1,13	2,9	16
10	Fläche	0,68	2,0	10
15	Ecke	3,08	7,7	43
15	Rand	1,23	3,1	18
15	Fläche	0,74	2,0	11
20	Ecke	3,26	8,2	46
20	Rand	1,31	3,3	19
20	Fläche	0,78	2,0	11
25	Ecke	3,45	8,7	49
25	Rand	1,38	3,5	20
25	Fläche	0,83	2,1	12
30	Ecke	3,60	9,0	51
30	Rand	1,44	3,6	21
30	Fläche	0,86	2,2	13

■ Eckbereich
▨ Randbereich
☐ Fläche

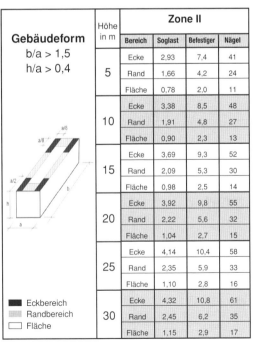

Gebäudeform b/a > 1,5 ; h/a > 0,4

Höhe in m	Zone II Bereich	Soglast	Befestiger	Nägel
5	Ecke	2,93	7,4	41
5	Rand	1,66	4,2	24
5	Fläche	0,78	2,0	11
10	Ecke	3,38	8,5	48
10	Rand	1,91	4,8	27
10	Fläche	0,90	2,3	13
15	Ecke	3,69	9,3	52
15	Rand	2,09	5,3	30
15	Fläche	0,98	2,5	14
20	Ecke	3,92	9,8	55
20	Rand	2,22	5,6	32
20	Fläche	1,04	2,7	15
25	Ecke	4,14	10,4	58
25	Rand	2,35	5,9	33
25	Fläche	1,10	2,8	16
30	Ecke	4,32	10,8	61
30	Rand	2,45	6,2	35
30	Fläche	1,15	2,9	17

Abb. 1.6
Sicherungsmaßnahmen mit Auflast und mechanischer Befestigung bei geschlossener Unterlage Windzone II

Gebäudeform b/a ≤ 1,5; h/a ≤ 0,4 — Zone III

Höhe in m	Bereich	Soglast	Befestiger	Nägel
5	Ecke	2,55	6,4	36
5	Rand	1,28	3,2	18
5	Fläche	0,77	2,0	11
10	Ecke	3,00	7,5	42
10	Rand	1,50	3,8	21
10	Fläche	0,90	2,3	13
15	Ecke	3,30	8,3	47
15	Rand	1,65	4,2	24
15	Fläche	0,99	2,5	14
20	Ecke	3,48	8,7	49
20	Rand	1,74	4,4	25
20	Fläche	1,04	2,7	15
25	Ecke	3,66	9,2	52
25	Rand	1,83	4,6	26
25	Fläche	1,10	2,8	16
30	Ecke	3,81	9,6	54
30	Rand	1,91	4,8	27
30	Fläche	1,14	2,9	16

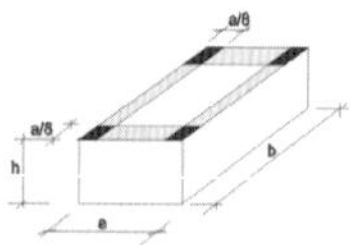

- Eckbereich
- Randbereich
- Fläche

Gebäudeform b/a ≤ 1,5; h/a > 0,4 — Zone III

Höhe in m	Bereich	Soglast	Befestiger	Nägel
5	Ecke	3,57	9,0	50
5	Rand	1,91	4,8	27
5	Fläche	1,02	2,6	15
10	Ecke	4,20	10,5	59
10	Rand	2,25	5,7	32
10	Fläche	1,20	3,0	17
15	Ecke	4,62	11,6	65
15	Rand	2,48	6,2	35
15	Fläche	1,32	3,3	19
20	Ecke	4,87	12,2	69
20	Rand	2,61	6,6	37
20	Fläche	1,39	3,5	20
25	Ecke	5,12	12,9	72
25	Rand	2,75	6,9	39
25	Fläche	1,46	3,7	21
30	Ecke	5,33	13,4	75
30	Rand	2,86	7,2	40
30	Fläche	1,52	3,9	22

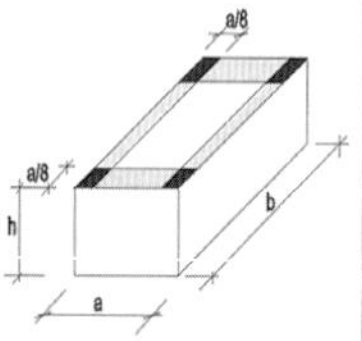

- Eckbereich
- Randbereich
- Fläche

Gebäudeform b/a > 1,5; h/a ≤ 0,4 — Zone III

Höhe in m	Bereich	Soglast	Befestiger	Nägel
5	Ecke	3,19	8,0	45
5	Rand	1,28	3,2	18
5	Fläche	0,77	2,0	11
10	Ecke	3,75	9,4	53
10	Rand	1,50	3,8	21
10	Fläche	0,90	2,3	13
15	Ecke	4,13	10,4	58
15	Rand	1,65	4,2	24
15	Fläche	0,99	2,5	14
20	Ecke	4,35	10,9	61
20	Rand	1,74	4,4	25
20	Fläche	1,04	2,7	15
25	Ecke	4,58	11,5	64
25	Rand	1,83	4,6	26
25	Fläche	1,10	2,8	16
30	Ecke	4,76	12,0	67
30	Rand	1,91	4,8	27
30	Fläche	1,14	2,9	16

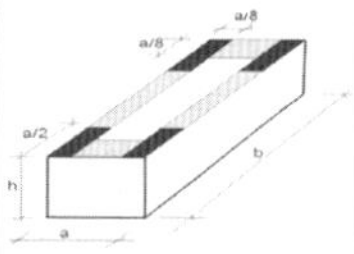

- Eckbereich
- Randbereich
- Fläche

Gebäudeform b/a > 1,5; h/a > 0,4 — Zone III

Höhe in m	Bereich	Soglast	Befestiger	Nägel
5	Ecke	3,83	9,6	54
5	Rand	2,17	5,5	31
5	Fläche	1,02	2,6	15
10	Ecke	4,50	11,3	63
10	Rand	2,55	6,4	36
10	Fläche	1,20	3,0	17
15	Ecke	4,95	12,4	70
15	Rand	2,81	7,1	40
15	Fläche	1,32	3,3	19
20	Ecke	5,22	13,1	74
20	Rand	2,96	7,4	42
20	Fläche	1,39	3,5	20
25	Ecke	5,49	13,8	77
25	Rand	3,11	7,8	44
25	Fläche	1,46	3,7	21
30	Ecke	5,72	14,3	80
30	Rand	3,24	8,1	46
30	Fläche	1,52	3,9	22

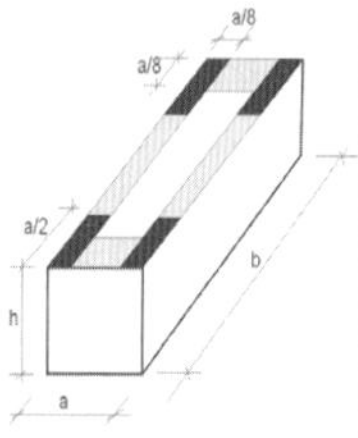

- Eckbereich
- Randbereich
- Fläche

Abb. 1.7
Sicherungsmaßnahmen mit Auflast und mechanischer Befestigung bei geschlossener Unterlage Windzone III

Fachregel für Dächer mit Abdichtungen – Flachdachrichtlinien –

Gebäudeform b/a ≤ 1,5; h/a ≤ 0,4

Höhe in m	Bereich	Zone I (mit Innendruck) Soglast	Befestiger	Nägel
5	Ecke	2,10	5,3	30
5	Rand	1,35	3,4	19
5	Fläche	1,05	2,7	15
10	Ecke	2,52	6,3	36
10	Rand	1,62	4,1	23
10	Fläche	1,26	3,2	18
15	Ecke	2,77	7,0	39
15	Rand	1,78	4,5	25
15	Fläche	1,39	3,5	20
20	Ecke	2,94	7,4	42
20	Rand	1,89	4,8	27
20	Fläche	1,47	3,7	21
25	Ecke	3,11	7,8	44
25	Rand	2,00	5,0	28
25	Fläche	1,55	3,9	22
30	Ecke	3,19	8,0	45
30	Rand	2,05	5,2	29
30	Fläche	1,60	4,0	23

■ Eckbereich
▨ Randbereich
☐ Fläche

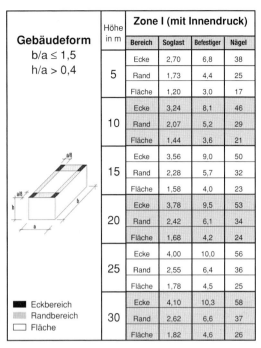

Gebäudeform b/a ≤ 1,5; h/a > 0,4

Höhe in m	Bereich	Zone I (mit Innendruck) Soglast	Befestiger	Nägel
5	Ecke	2,70	6,8	38
5	Rand	1,73	4,4	25
5	Fläche	1,20	3,0	17
10	Ecke	3,24	8,1	46
10	Rand	2,07	5,2	29
10	Fläche	1,44	3,6	21
15	Ecke	3,56	9,0	50
15	Rand	2,28	5,7	32
15	Fläche	1,58	4,0	23
20	Ecke	3,78	9,5	53
20	Rand	2,42	6,1	34
20	Fläche	1,68	4,2	24
25	Ecke	4,00	10,0	56
25	Rand	2,55	6,4	36
25	Fläche	1,78	4,5	25
30	Ecke	4,10	10,3	58
30	Rand	2,62	6,6	37
30	Fläche	1,82	4,6	26

Gebäudeform b/a > 1,5; h/a ≤ 0,4

Höhe in m	Bereich	Zone I (mit Innendruck) Soglast	Befestiger	Nägel
5	Ecke	2,48	6,2	35
5	Rand	1,35	3,4	19
5	Fläche	1,05	2,7	15
10	Ecke	2,97	7,5	42
10	Rand	1,62	4,1	23
10	Fläche	1,26	3,2	18
15	Ecke	3,27	8,2	46
15	Rand	1,78	4,5	25
15	Fläche	1,39	3,5	20
20	Ecke	3,47	8,7	49
20	Rand	1,89	4,8	27
20	Fläche	1,47	3,7	21
25	Ecke	3,66	9,2	52
25	Rand	2,00	5,0	28
25	Fläche	1,55	3,9	22
30	Ecke	3,76	9,5	53
30	Rand	2,05	5,2	29
30	Fläche	1,60	4,0	23

■ Eckbereich
▨ Randbereich
☐ Fläche

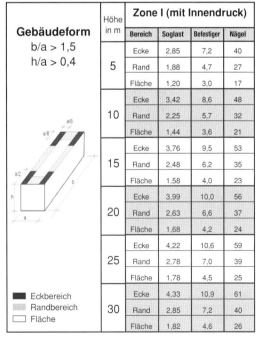

Gebäudeform b/a > 1,5; h/a > 0,4

Höhe in m	Bereich	Zone I (mit Innendruck) Soglast	Befestiger	Nägel
5	Ecke	2,85	7,2	40
5	Rand	1,88	4,7	27
5	Fläche	1,20	3,0	17
10	Ecke	3,42	8,6	48
10	Rand	2,25	5,7	32
10	Fläche	1,44	3,6	21
15	Ecke	3,76	9,5	53
15	Rand	2,48	6,2	35
15	Fläche	1,58	4,0	23
20	Ecke	3,99	10,0	56
20	Rand	2,63	6,6	37
20	Fläche	1,68	4,2	24
25	Ecke	4,22	10,6	59
25	Rand	2,78	7,0	39
25	Fläche	1,78	4,5	25
30	Ecke	4,33	10,9	61
30	Rand	2,85	7,2	40
30	Fläche	1,82	4,6	26

Abb. 1.8
Sicherungsmaßnahmen mit Auflast und mechanischer Befestigung bei offener Unterlage mit Innendruck Windzone I

Gebäudeform b/a ≤ 1,5; h/a ≤ 0,4

Höhe in m	Bereich	Zone II (mit Innendruck) Soglast	Befestiger	Nägel
5	Ecke	2,73	6,9	39
5	Rand	1,76	4,4	25
5	Fläche	1,37	3,5	20
10	Ecke	3,15	7,9	45
10	Rand	2,03	5,1	29
10	Fläche	1,58	4,0	23
15	Ecke	3,44	8,7	49
15	Rand	2,21	5,6	31
15	Fläche	1,72	4,4	25
20	Ecke	3,65	9,2	52
20	Rand	2,35	5,9	33
20	Fläche	1,83	4,6	26
25	Ecke	3,86	9,7	55
25	Rand	2,48	6,3	35
25	Fläche	1,93	4,9	28
30	Ecke	4,03	10,1	57
30	Rand	2,59	6,5	37
30	Fläche	2,02	5,1	29

Gebäudeform b/a ≤ 1,5; h/a > 0,4

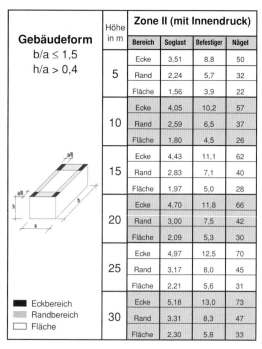

Höhe in m	Bereich	Zone II (mit Innendruck) Soglast	Befestiger	Nägel
5	Ecke	3,51	8,8	50
5	Rand	2,24	5,7	32
5	Fläche	1,56	3,9	22
10	Ecke	4,05	10,2	57
10	Rand	2,59	6,5	37
10	Fläche	1,80	4,5	26
15	Ecke	4,43	11,1	62
15	Rand	2,83	7,1	40
15	Fläche	1,97	5,0	28
20	Ecke	4,70	11,8	66
20	Rand	3,00	7,5	42
20	Fläche	2,09	5,3	30
25	Ecke	4,97	12,5	70
25	Rand	3,17	8,0	45
25	Fläche	2,21	5,6	31
30	Ecke	5,18	13,0	73
30	Rand	3,31	8,3	47
30	Fläche	2,30	5,8	33

■ Eckbereich
▨ Randbereich
☐ Fläche

Gebäudeform b/a > 1,5; h/a ≤ 0,4

Höhe in m	Bereich	Zone II (mit Innendruck) Soglast	Befestiger	Nägel
5	Ecke	3,22	8,1	45
5	Rand	1,76	4,4	25
5	Fläche	1,37	3,5	20
10	Ecke	3,71	9,3	52
10	Rand	2,03	5,1	29
10	Fläche	1,58	4,0	23
15	Ecke	4,06	10,2	57
15	Rand	2,21	5,6	31
15	Fläche	1,72	4,4	25
20	Ecke	4,31	10,8	61
20	Rand	2,35	5,9	33
20	Fläche	1,83	4,6	26
25	Ecke	4,55	11,4	64
25	Rand	2,48	6,3	35
25	Fläche	1,93	4,9	28
30	Ecke	4,75	11,9	67
30	Rand	2,59	6,5	37
30	Fläche	2,02	5,1	29

Gebäudeform b/a > 1,5; h/a > 0,4

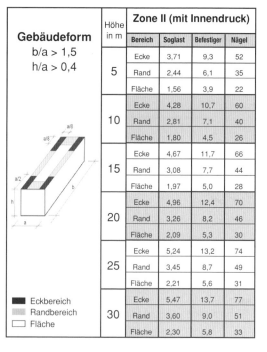

Höhe in m	Bereich	Zone II (mit Innendruck) Soglast	Befestiger	Nägel
5	Ecke	3,71	9,3	52
5	Rand	2,44	6,1	35
5	Fläche	1,56	3,9	22
10	Ecke	4,28	10,7	60
10	Rand	2,81	7,1	40
10	Fläche	1,80	4,5	26
15	Ecke	4,67	11,7	66
15	Rand	3,08	7,7	44
15	Fläche	1,97	5,0	28
20	Ecke	4,96	12,4	70
20	Rand	3,26	8,2	46
20	Fläche	2,09	5,3	30
25	Ecke	5,24	13,2	74
25	Rand	3,45	8,7	49
25	Fläche	2,21	5,6	31
30	Ecke	5,47	13,7	77
30	Rand	3,60	9,0	51
30	Fläche	2,30	5,8	33

■ Eckbereich
▨ Randbereich
☐ Fläche

Abb. 1.9
Sicherungsmaßnahmen mit Auflast und mechanischer Befestigung bei offener Unterlage mit Innendruck
Windzone II

Fachregel für Dächer mit Abdichtungen – Flachdachrichtlinien –

Gebäudeform b/a ≤ 1,5 ; h/a ≤ 0,4

Höhe in m	Zone III (mit Innendruck)			
	Bereich	Soglast	Befestiger	Nägel
5	Ecke	3,57	9,0	50
5	Rand	2,30	5,8	33
5	Fläche	1,79	4,5	25
10	Ecke	4,20	10,5	59
10	Rand	2,70	6,8	38
10	Fläche	2,10	5,3	30
15	Ecke	4,62	11,6	65
15	Rand	2,97	7,5	42
15	Fläche	2,31	5,8	33
20	Ecke	4,87	12,2	69
20	Rand	3,13	7,9	44
20	Fläche	2,44	6,1	35
25	Ecke	5,12	12,9	72
25	Rand	3,29	8,3	47
25	Fläche	2,56	6,5	36
30	Ecke	5,33	13,4	75
30	Rand	3,43	8,6	48
30	Fläche	2,67	6,7	38

■ Eckbereich
▨ Randbereich
☐ Fläche

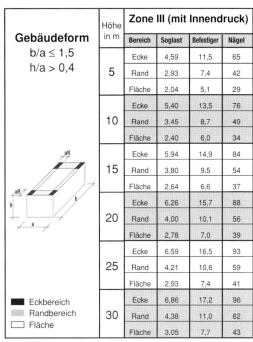

Gebäudeform b/a ≤ 1,5 ; h/a > 0,4

Höhe in m	Zone III (mit Innendruck)			
	Bereich	Soglast	Befestiger	Nägel
5	Ecke	4,59	11,5	65
5	Rand	2,93	7,4	42
5	Fläche	2,04	5,1	29
10	Ecke	5,40	13,5	76
10	Rand	3,45	8,7	49
10	Fläche	2,40	6,0	34
15	Ecke	5,94	14,9	84
15	Rand	3,80	9,5	54
15	Fläche	2,64	6,6	37
20	Ecke	6,26	15,7	88
20	Rand	4,00	10,1	56
20	Fläche	2,78	7,0	39
25	Ecke	6,59	16,5	93
25	Rand	4,21	10,6	59
25	Fläche	2,93	7,4	41
30	Ecke	6,86	17,2	96
30	Rand	4,38	11,0	62
30	Fläche	3,05	7,7	43

Gebäudeform b/a > 1,5 ; h/a ≤ 0,4

Höhe in m	Zone III (mit Innendruck)			
	Bereich	Soglast	Befestiger	Nägel
5	Ecke	4,21	10,6	59
5	Rand	2,30	5,8	33
5	Fläche	1,79	4,5	25
10	Ecke	4,95	12,4	70
10	Rand	2,70	6,8	38
10	Fläche	2,10	5,3	30
15	Ecke	5,45	13,7	77
15	Rand	2,97	7,5	42
15	Fläche	2,31	5,8	33
20	Ecke	5,74	14,4	81
20	Rand	3,13	7,9	44
20	Fläche	2,44	6,1	35
25	Ecke	6,04	15,1	85
25	Rand	3,29	8,3	47
25	Fläche	2,56	6,5	36
30	Ecke	6,29	15,8	88
30	Rand	3,43	8,6	48
30	Fläche	2,67	6,7	38

■ Eckbereich
▨ Randbereich
☐ Fläche

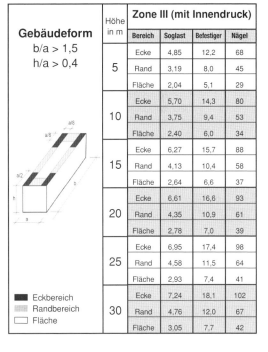

Gebäudeform b/a > 1,5 ; h/a > 0,4

Höhe in m	Zone III (mit Innendruck)			
	Bereich	Soglast	Befestiger	Nägel
5	Ecke	4,85	12,2	68
5	Rand	3,19	8,0	45
5	Fläche	2,04	5,1	29
10	Ecke	5,70	14,3	80
10	Rand	3,75	9,4	53
10	Fläche	2,40	6,0	34
15	Ecke	6,27	15,7	88
15	Rand	4,13	10,4	58
15	Fläche	2,64	6,6	37
20	Ecke	6,61	16,6	93
20	Rand	4,35	10,9	61
20	Fläche	2,78	7,0	39
25	Ecke	6,95	17,4	98
25	Rand	4,58	11,5	64
25	Fläche	2,93	7,4	41
30	Ecke	7,24	18,1	102
30	Rand	4,76	12,0	67
30	Fläche	3,05	7,7	42

Abb. 1.10
Sicherungsmaßnahmen mit Auflast und mechanischer Befestigung bei offener Unterlage mit Innendruck Windzone III

9/03

Anhang II

Detailskizzen

Die folgenden Skizzen von Dachdetails bei Dächern mit Abdichtungen sind Beispiele für die Ausführung. Sie sind nicht maßstabsgetreue bildliche Darstellungen der einzelnen Techniken, sondern dienen der Veranschaulichung der Textbeschreibung.

Die Detailzeichnungen sind Prinzipskizzen, bei denen nicht alle im Textteil aufgeführten Varianten und Funktionsmerkmale dargestellt sind.

Verzeichnis der Abbildungen:

1 Symbole

Abb. 1	Zeichensymbole

2 Konstruktionsarten

Abb. 2.1	Konstruktionsart: Nicht belüftetes Dach, Wärmedämmung mit Gefälle, Abdichtung mit Bitumenbahnen, verklebte Verlegung
Abb. 2.2	Konstruktionsart: Nicht belüftetes Dach, Wärmedämmung mit Gefälle, Abdichtung mit Kunststoff-/Elastomerbahnen, lose Verlegung mit Auflast
Abb. 2.3	Konstruktionsart: Nicht belüftetes Dach, Abdichtung mit Kunststoff- oder Elastomerbahnen, mechanisch befestigt
Abb. 2.4	Konstruktionsart: Nicht belüftetes Dach als Umkehrdach, Abdichtung mit Kunststoff-/Elastomerbahnen, lose Verlegung mit Auflast
Abb. 2.5	Konstruktionsart: Belüftetes Dach, Abdichtung mit Bitumenbahnen

3 Gefälle

Abb. 3	Konstruktive Maßnahme für Gefällegebung

4 Starre Wandanschlüsse

Abb. 4.1	Starrer Wandanschluss mit Bitumenbahnen – ungedämmte Wand
Abb. 4.2	Starrer Wandanschluss mit Bitumenbahnen – gedämmte Wand mit Wärmedämmverbundsystem
Abb. 4.3	Starrer Wandanschluss mit Bitumenbahnen – gedämmte Wand mit hinterlüfteter Außenwandbekleidung
Abb. 4.4	Starrer Wandanschluss mit Bitumenbahnen – zweischaliges Mauerwerk mit Wärmedämmung und bauseitiger Horizontalsperre
Abb. 4.5	Starrer Wandanschluss mit Kunststoffbahnen und Verbundblech – ungedämmte Wand
Abb. 4.6	Starrer Wandanschluss mit Kunststoff-/Elastomerbahnen – gedämmte Wand mit Wärmedämmverbundsystem
Abb. 4.7	Starrer Wandanschluss mit Flüssigabdichtung – ungedämmte Wand

5 Bewegliche Wandanschlüsse

Abb. 5.1	Beweglicher Wandanschluss mit Hilfskonstruktion – Ausführung mit Bitumenbahnen
Abb. 5.2	Beweglicher Wandanschluss mit Betonaufkantung – Ausführung mit Bitumenbahnen
Abb. 5.3	Beweglicher Wandanschluss mit Hilfskonstruktion – Ausführung mit Kunststoffbahnen

6 Türanschlüsse

Abb. 6.1	Terrassentüranschluss – Ausführung mit Bitumenbahnen, Anschlusshöhe mind. 15 cm
Abb. 6.2	Terrassentüranschluss mit Entwässerungsrinne – Ausführung mit Bitumenbahnen
Abb. 6.3	Terrassentüranschluss mit Entwässerungsrinne – Ausführung mit Kunststoffbahnen und Verbundblech
Abb. 6.4	Terrassentüranschluss mit Entwässerungsrinne – Ausführung mit Flüssigabdichtung

Fachregel für Dächer mit Abdichtungen – Flachdachrichtlinien –

7   Dachrandabschlüsse

Abb. 7.1	Starrer Dachrandabschluss – Ausführung mit Bitumenbahnen
Abb. 7.2	Beweglicher Dachrandabschluss – Ausführung mit Bitumenbahnen
Abb. 7.3	Dachrandabschluss mit mehrteiligem Profil – Ausführung mit Bitumenbahnen
Abb. 7.4	Dachrandabschluss mit mehrteiligem Profil – Ausführung mit Kunststoff/Elastomerbahnen
Abb. 7.5	Starrer Dachrandabschluss – Ausführung mit Kunststoff/Elastomerbahnen
Abb. 7.6	Dachrandabschluss mit Abdeckprofil – Ausführung mit Kunststoffbahnen
Abb. 7.7	Starrer Dachrandabschluss – Ausführung mit Flüssigabdichtung
Abb. 7.8	Dachrandabschluss mit vorgehängter Rinne – Ausführung mit Bitumenbahnen
Abb. 7.9	Dachrandabschluss mit vorgehängter Rinne – Ausführung mit Kunststoffbahnen

8   Lichtkuppelanschlüsse

Abb. 8.1	Lichtkuppelanschluss, Aufsetzkranz direkt auf der Unterkonstruktion – Ausführung mit Bitumenbahnen
Abb. 8.2	Lichtkuppelanschluss, Aufsetzkranz auf Randbohle – Ausführung mit Bitumenbahnen
Abb. 8.3	Lichtkuppelanschluss, Aufsetzkranz auf Randbohle – Ausführung mit Kunststoffbahnen
Abb. 8.4	Lichtkuppelanschluss, Aufsetzkranz auf Randbohle – Ausführung mit Flüssigabdichtung

9   Anschlüsse an Lichtbänder

Abb. 9.1	Lichtbandanschluss mit Stahlzarge – Ausführung mit Bitumenbahnen
Abb. 9.2	Lichtbandanschluss mit Stahlzarge – Ausführung mit Kunststoffbahnen

10   Rohrdurchführungen und Abläufe

Abb. 10.1	Zweiteiliger Anschluss an Rohrdurchführung – Ausführung mit Bitumenbahnen
Abb. 10.2	Anschluss an Rohrdurchführung mit vorgefertigter Manschette – Ausführung mit Kunststoffbahnen
Abb. 10.3	Anschluss an Rohrdurchführung mit handwerklich gefertigter Manschette – Ausführung mit Kunststoffbahnen
Abb. 10.4	Dachablauf mit Aufstockelement – Ausführung mit Bitumenbahnen
Abb. 10.5	Dachablauf mit Aufstockelement – Ausführung mit Kunststoffbahnen

11   Bewegungsfuge

Abb. 11.1	Bewegungsfuge mit Polymerbitumenbahnen
Abb. 11.2	Bewegungsfuge mit Hilfskonstruktion und Abdeckung – Ausführung mit Bitumenbahnen
Abb. 11.3	Bewegungsfuge mit Hilfskonstruktion und Abdeckung – Ausführung mit Kunststoff-/Elastomerbahnen, verklebt verlegt

Fachregel für Dächer mit Abdichtungen – Flachdachrichtlinien –

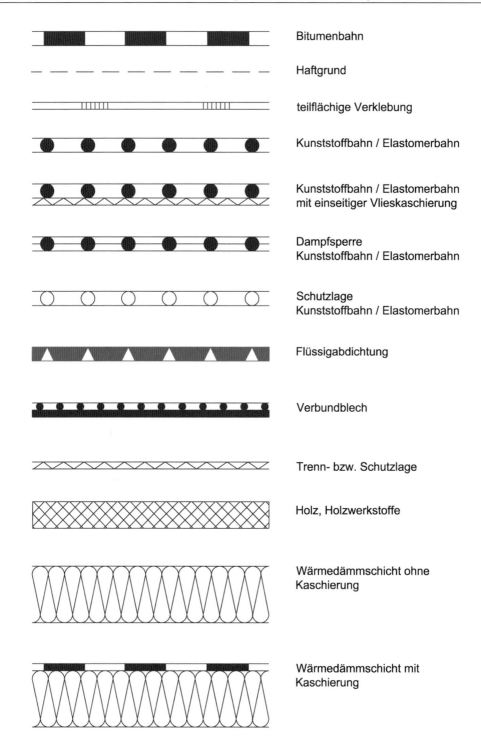

Abb. 1
Zeichensymbole

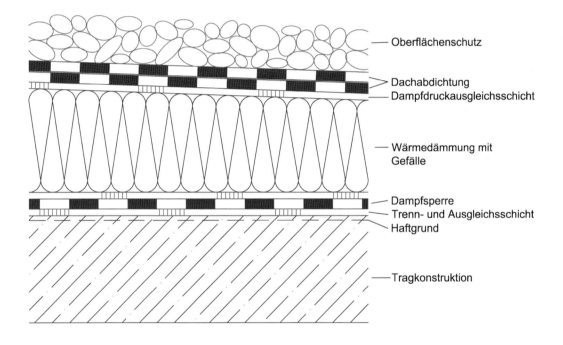

Abb. 2.1
Konstruktionsart: Nicht belüftetes Dach, Wärmedämmung mit Gefälle, Abdichtung mit Bitumenbahnen, verklebte Verlegung

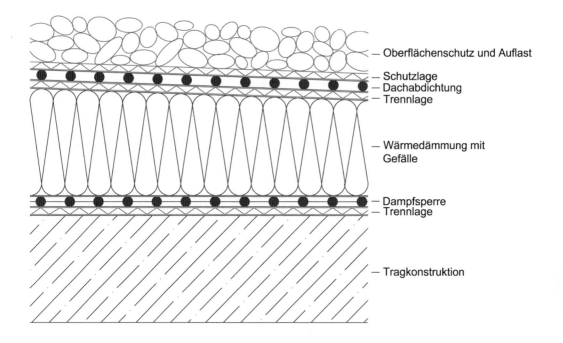

Abb. 2.2
Konstruktionsart: Nicht belüftetes Dach, Wärmedämmung mit Gefälle, Abdichtung mit Kunststoff-/Elastomerbahnen, lose Verlegung mit Auflast

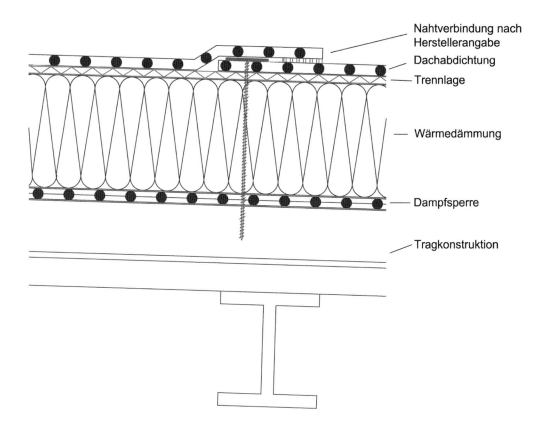

Abb. 2.3
Konstruktionsart: Nicht belüftetes Dach, Abdichtung mit Kunststoff- oder Elastomerbahnen, mechanisch befestigt

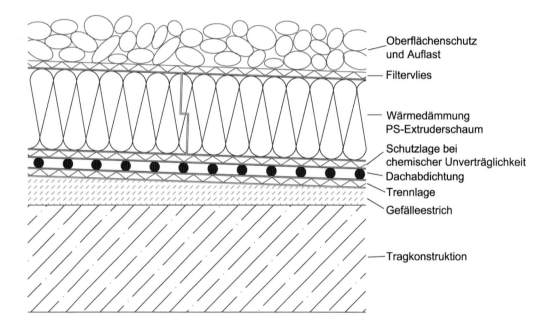

Abb. 2.4
Konstruktionsart: Nicht belüftetes Dach als Umkehrdach, Abdichtung mit Kunststoff-/Elastomerbahnen, lose Verlegung mit Auflast

Fachregel für Dächer mit Abdichtungen – Flachdachrichtlinien –

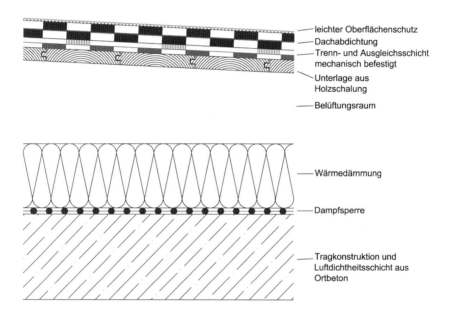

Abb. 2.5
Konstruktionsart: Belüftetes Dach, Abdichtung mit Bitumenbahnen

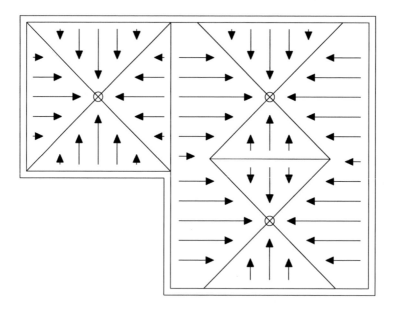

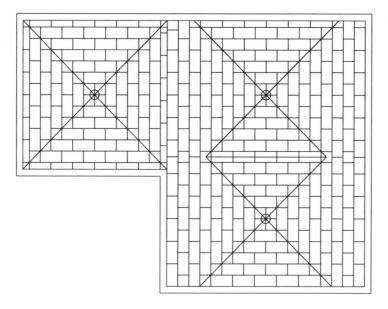

Abb. 3
Konstruktive Maßnahme für Gefällegebung

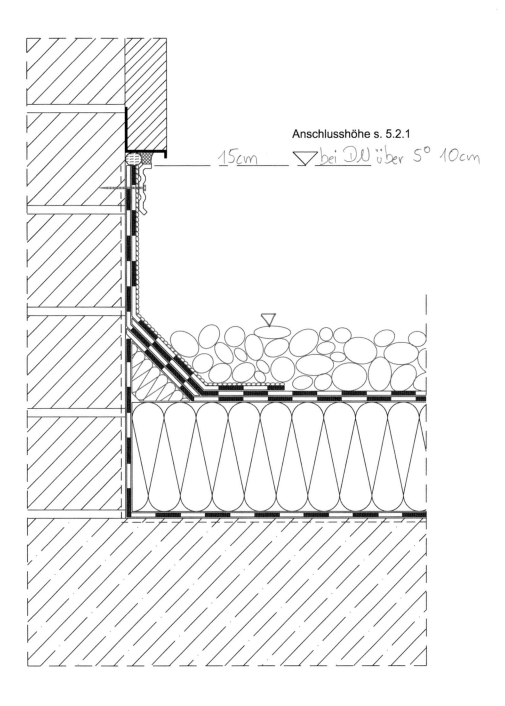

Abb. 4.1
Starrer Wandanschluss mit Bitumenbahnen – ungedämmte Wand

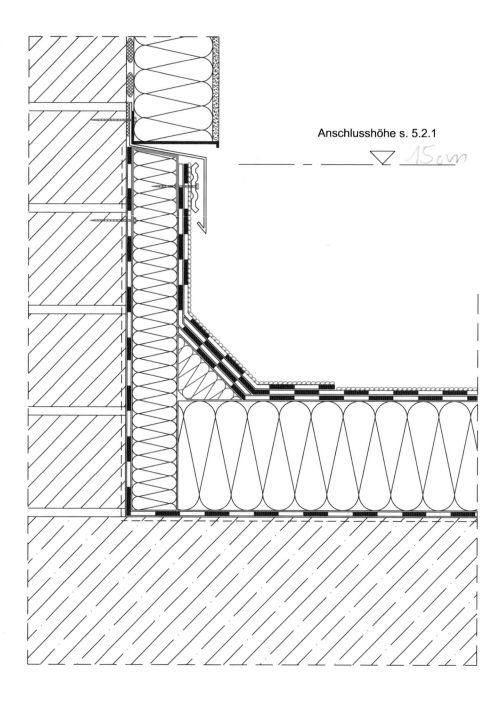

Abb. 4.2
Starrer Wandanschluss mit Bitumenbahnen – gedämmte Wand mit Wärmedämmverbundsystem

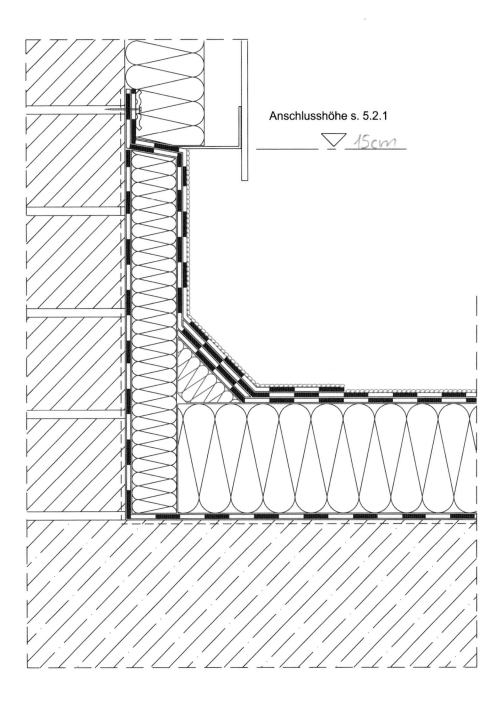

Abb. 4.3
Starrer Wandanschluss mit Bitumenbahnen – gedämmte Wand mit hinterlüfteter Außenwandbekleidung

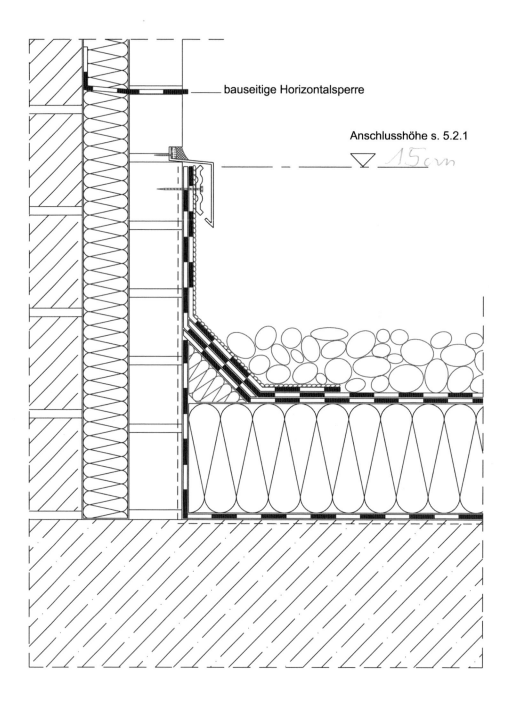

Abb. 4.4
Starrer Wandanschluss mit Bitumenbahnen – zweischaliges Mauerwerk mit Wärmedämmung und bauseitiger Horizontalsperre

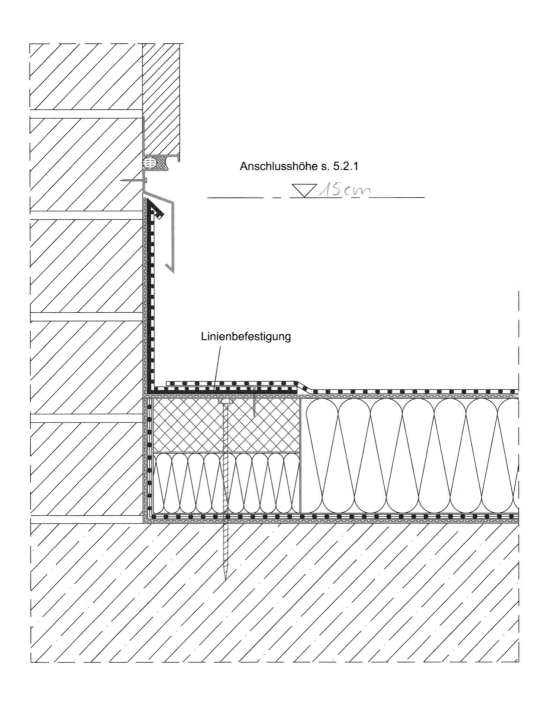

Abb. 4.5
Starrer Wandanschluss mit Kunststoffbahnen und Verbundblech – ungedämmte Wand

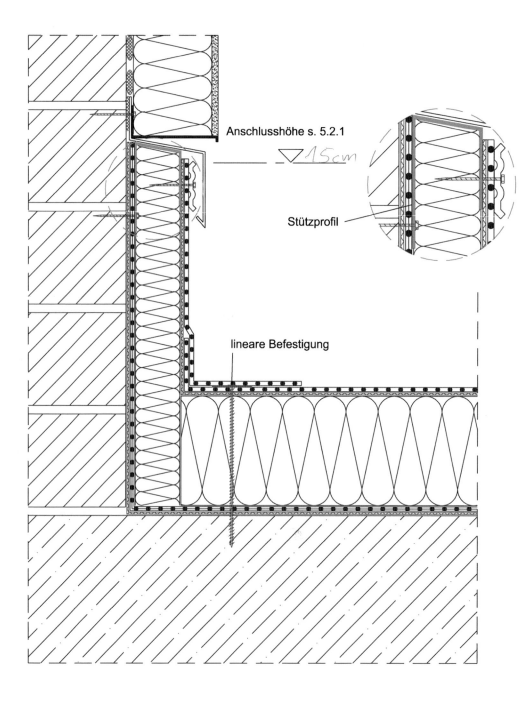

Abb. 4.6
Starrer Wandanschluss mit Kunststoff-/Elastomerbahnen – gedämmte Wand mit Wärmedämmverbundsystem

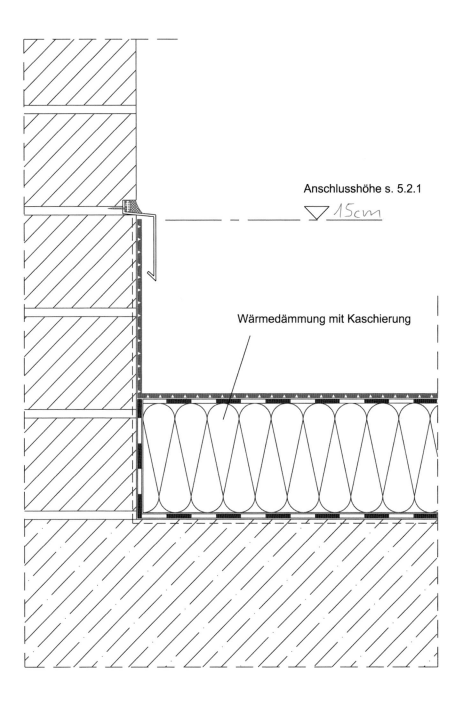

Abb. 4.7
Starrer Wandanschluss mit Flüssigabdichtung – ungedämmte Wand

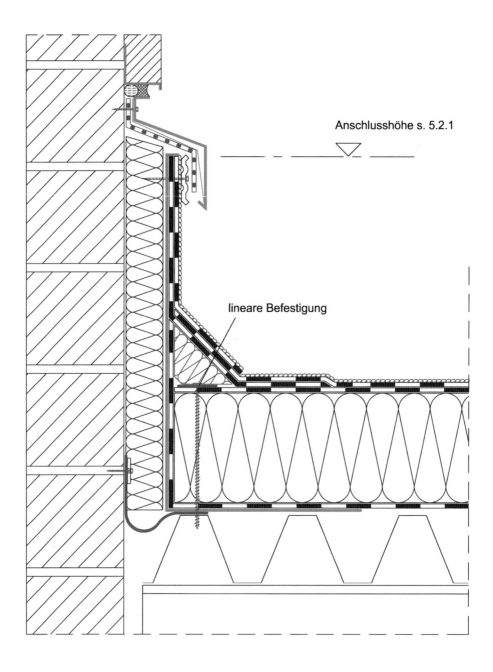

Abb. 5.1
Beweglicher Wandanschluss mit Hilfskonstruktion – Ausführung mit Bitumenbahnen

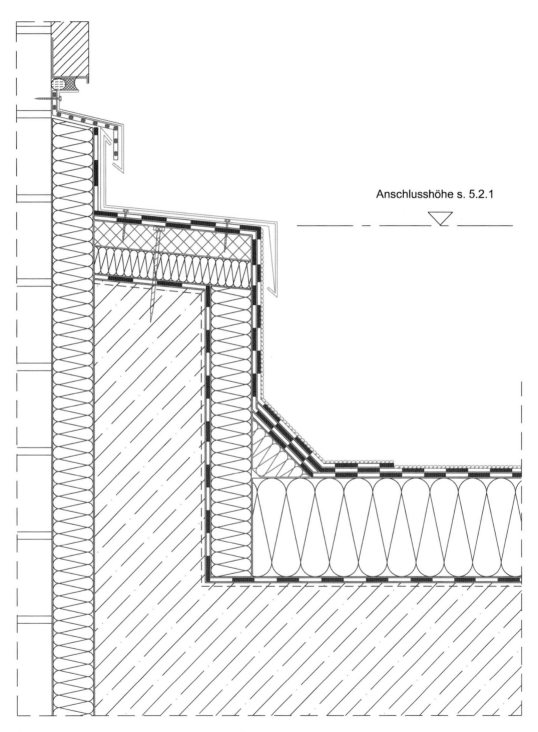

Abb. 5.2
Beweglicher Wandanschluss mit Betonaufkantung – Ausführung mit Bitumenbahnen

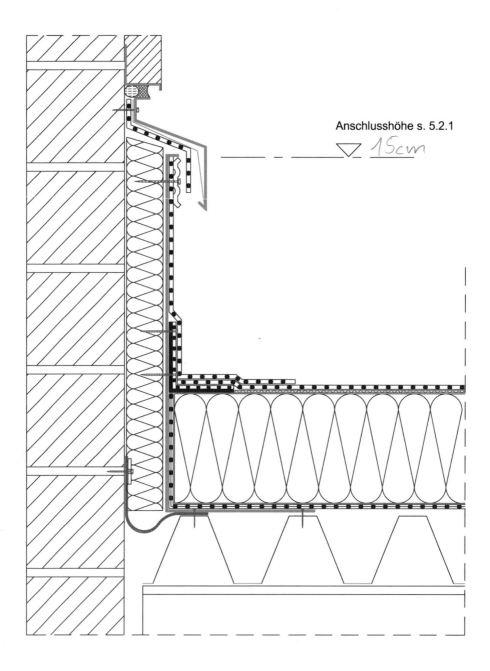

Abb. 5.3
Beweglicher Wandanschluss mit Hilfskonstruktion – Ausführung mit Kunststoffbahnen

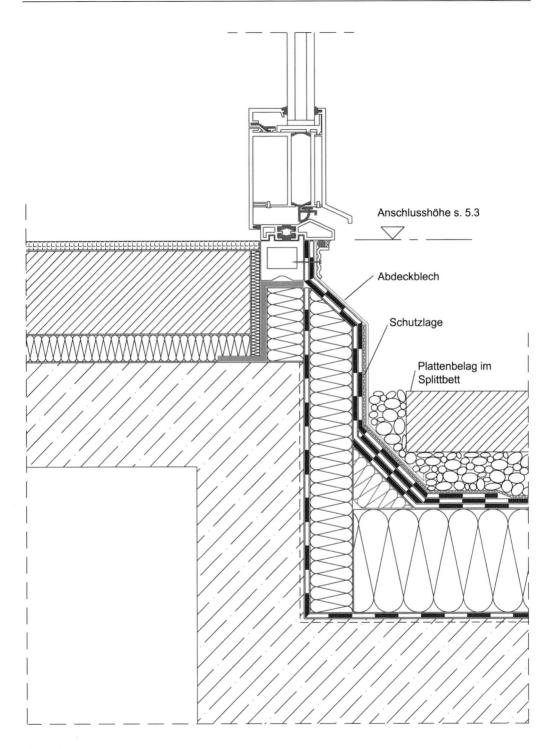

Abb. 6.1
Terrassentüranschluss – Ausführung mit Bitumenbahnen, Anschlusshöhe mind. 15 cm

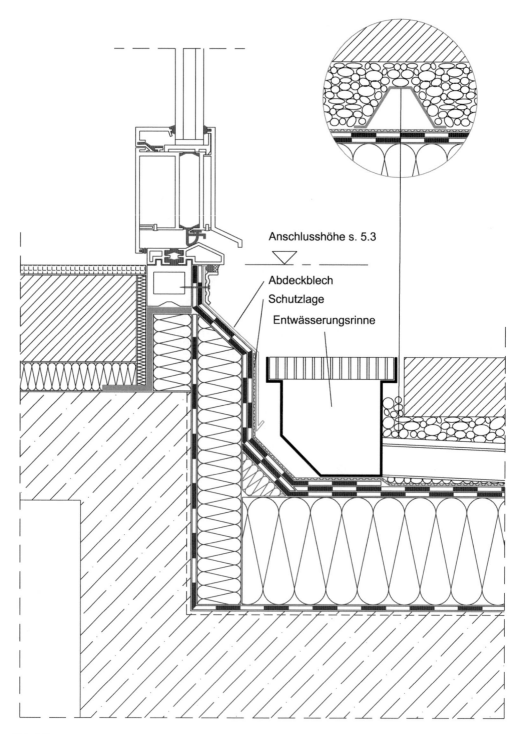

Abb. 6.2
Terrassentüranschluss mit Entwässerungsrinne – Ausführung mit Bitumenbahnen

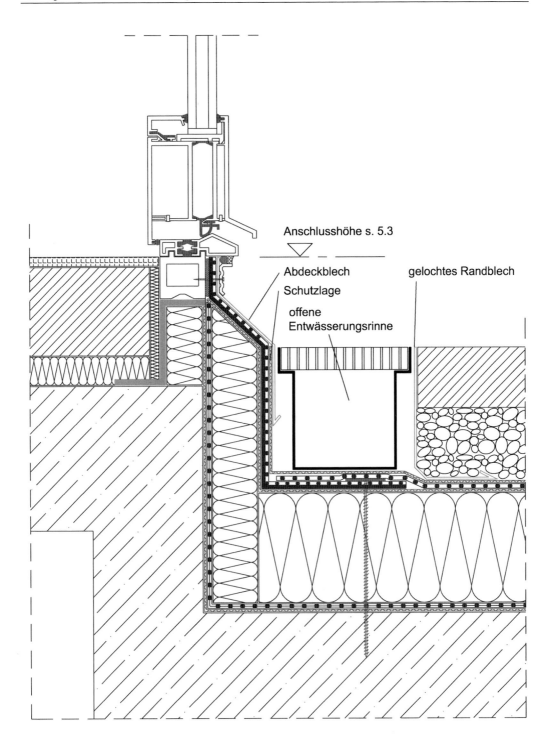

Abb. 6.3
Terrassentüranschluss mit Entwässerungsrinne – Ausführung mit Kunststoffbahnen und Verbundblech

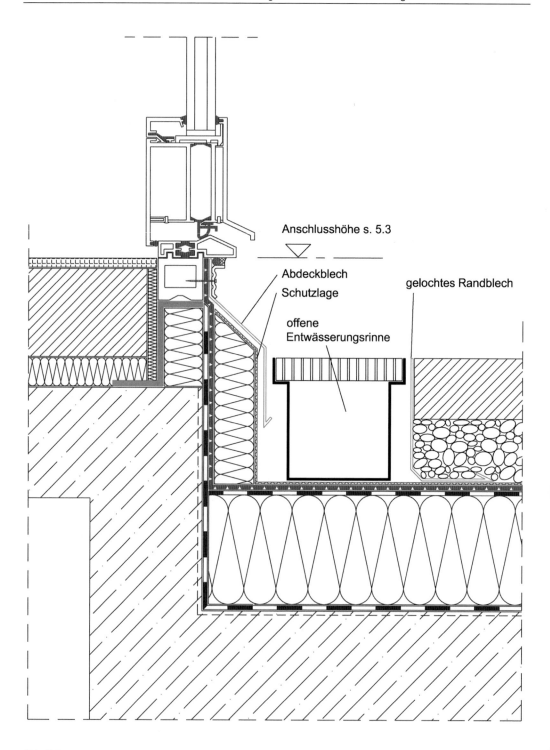

Abb. 6.4
Terrassentüranschluss mit Entwässerungsrinne – Ausführung mit Flüssigabdichtung

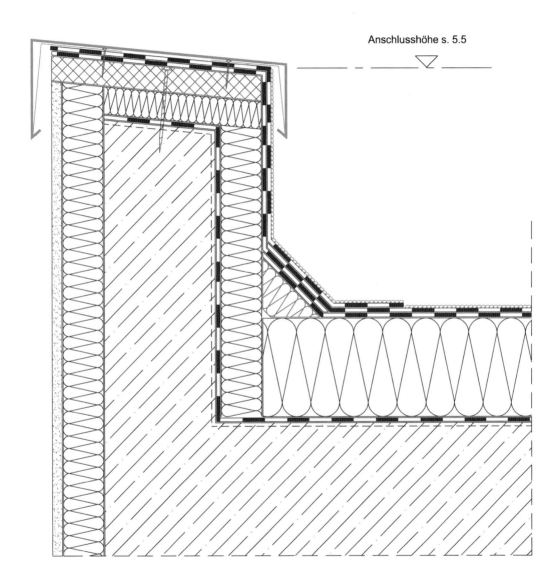

Abb. 7.1
Starrer Dachrandabschluss – Ausführung mit Bitumenbahnen

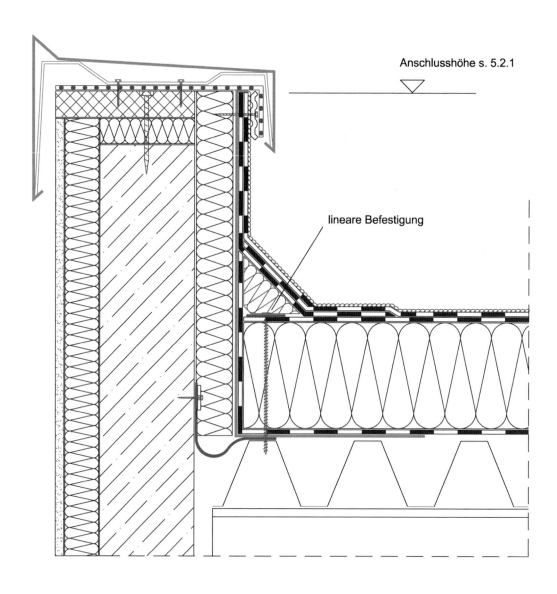

Abb. 7.2
Beweglicher Dachrandabschluss – Ausführung mit Bitumenbahnen

Fachregel für Dächer mit Abdichtungen – Flachdachrichtlinien –

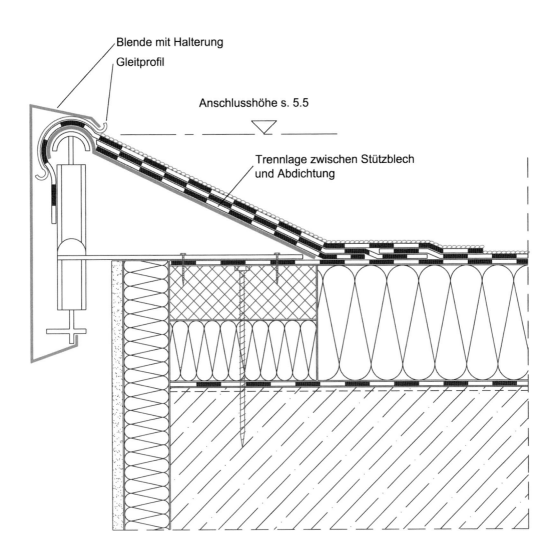

Abb. 7.3
Dachrandabschluss mit mehrteiligem Profil – Ausführung mit Bitumenbahnen

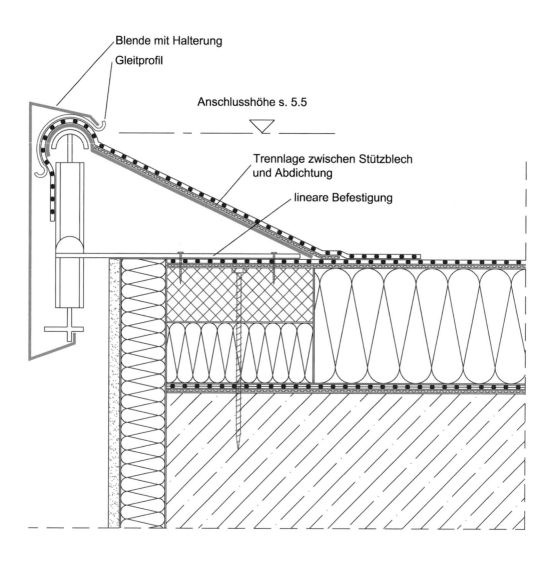

Abb. 7.4
Dachrandabschluss mit mehrteiligem Profil – Ausführung mit Kunststoff/Elastomerbahnen

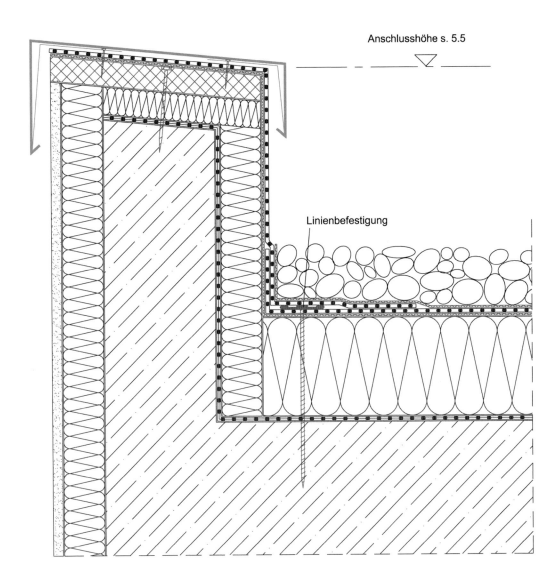

Abb. 7.5
Starrer Dachrandabschluss – Ausführung mit Kunststoff/Elastomerbahnen

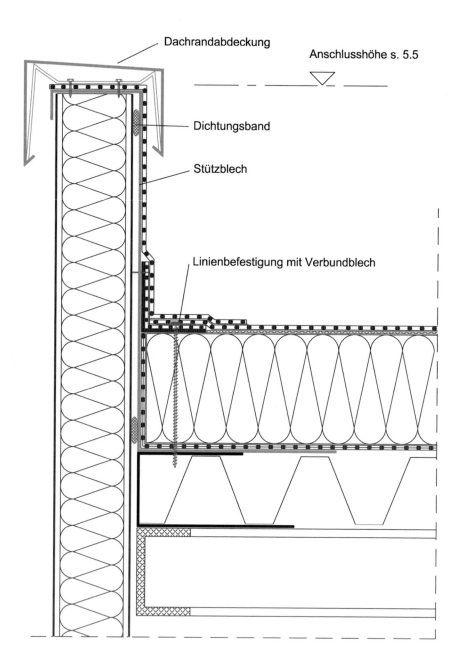

Abb. 7.6
Dachrandabschluss mit Abdeckprofil – Ausführung mit Kunststoffbahnen

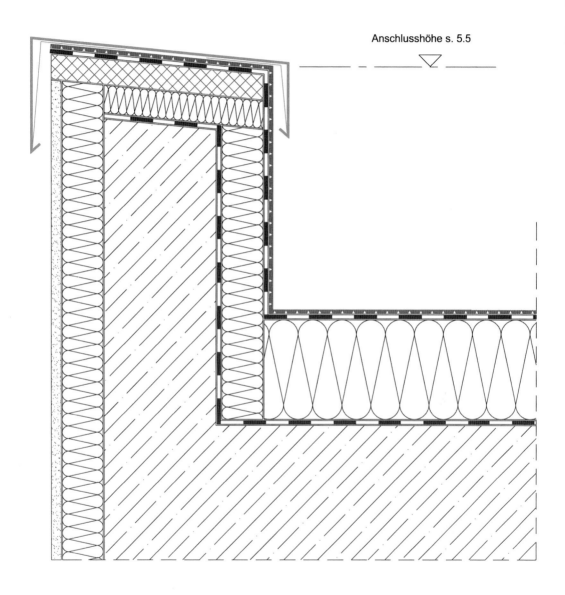

Abb. 7.7
Starrer Dachrandabschluss – Ausführung mit Flüssigabdichtung

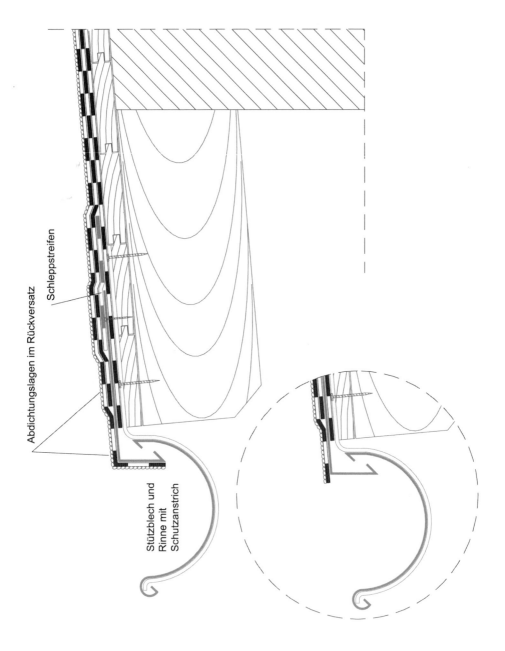

Abb. 7.8
Dachrandabschluss mit vorgehängter Rinne – Ausführung mit Bitumenbahnen

Fachregel für Dächer mit Abdichtungen – Flachdachrichtlinien – 69

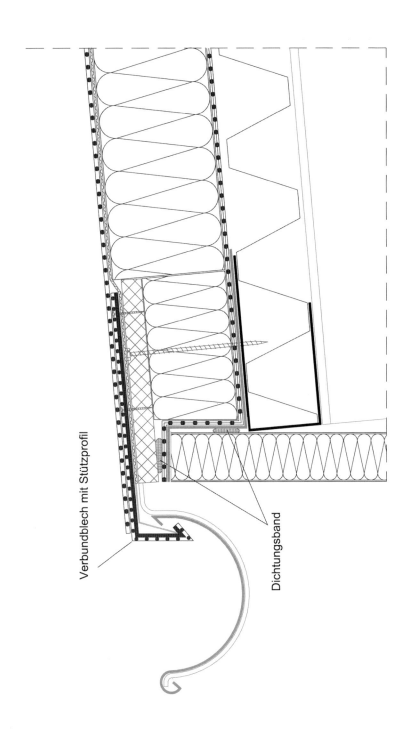

Abb. 7.9
Dachrandabschluss mit vorgehängter Rinne – Ausführung mit Kunststoffbahnen

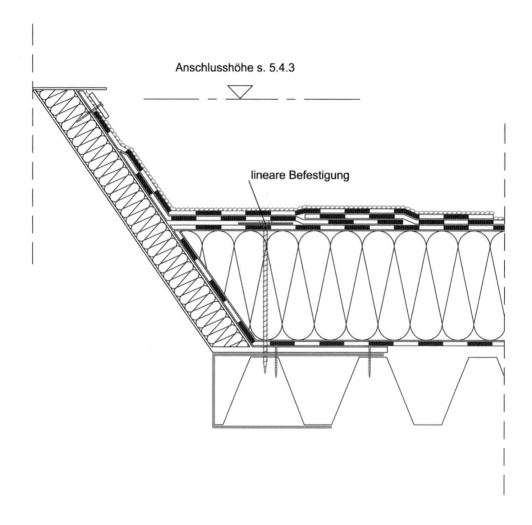

Abb. 8.1
Lichtkuppelanschluss, Aufsetzkranz direkt auf der Unterkonstruktion – Ausführung mit Bitumenbahnen

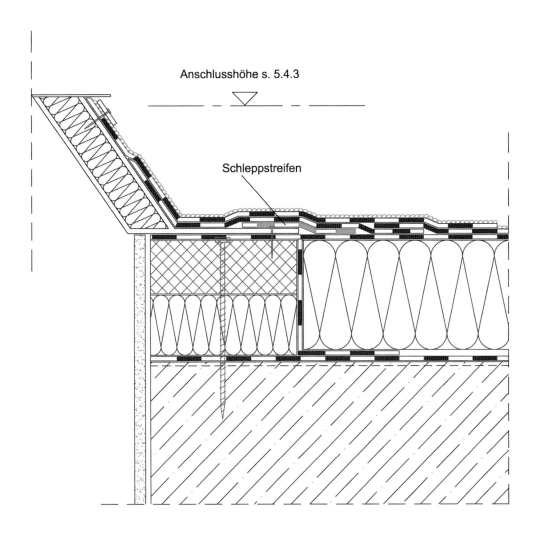

Abb. 8.2
Lichtkuppelanschluss, Aufsetzkranz auf Randbohle – Ausführung mit Bitumenbahnen

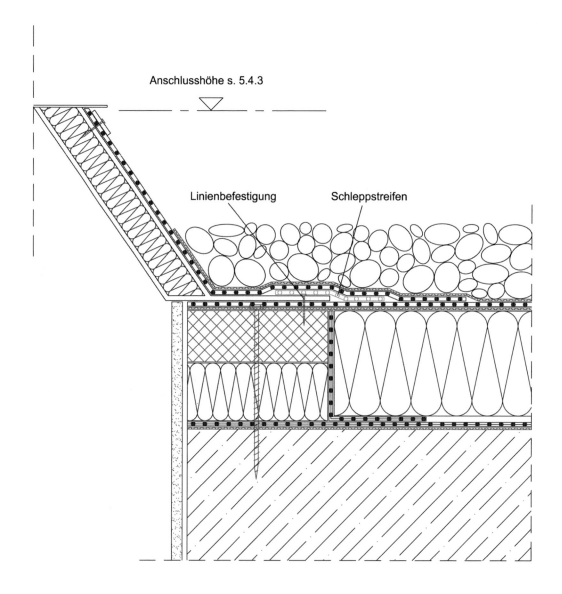

Abb. 8.3
Lichtkuppelanschluss, Aufsetzkranz auf Randbohle – Ausführung mit Kunststoffbahnen

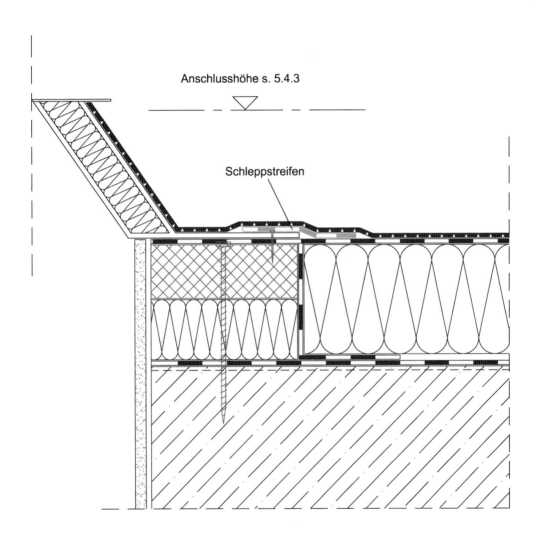

Abb. 8.4
Lichtkuppelanschluss, Aufsetzkranz auf Randbohle – Ausführung mit Flüssigabdichtung

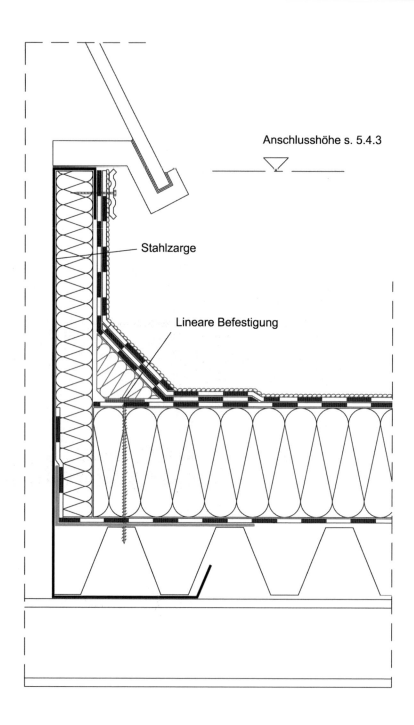

Abb. 9.1
Lichtbandanschluss mit Stahlzarge – Ausführung mit Bitumenbahnen

Fachregel für Dächer mit Abdichtungen – Flachdachrichtlinien –

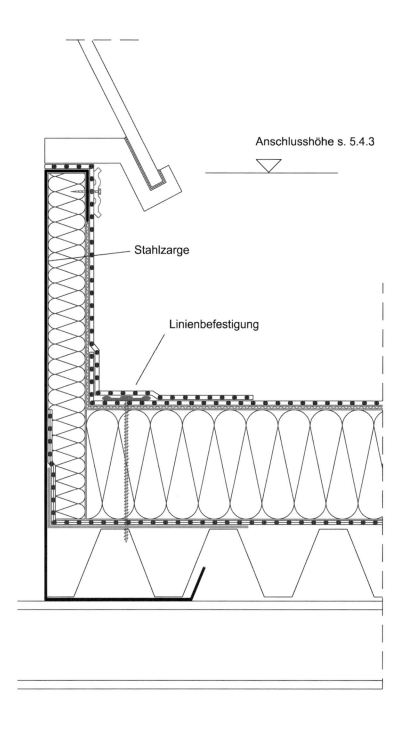

Abb. 9.2
Lichtbandanschluss mit Stahlzarge – Ausführung mit Kunststoffbahnen

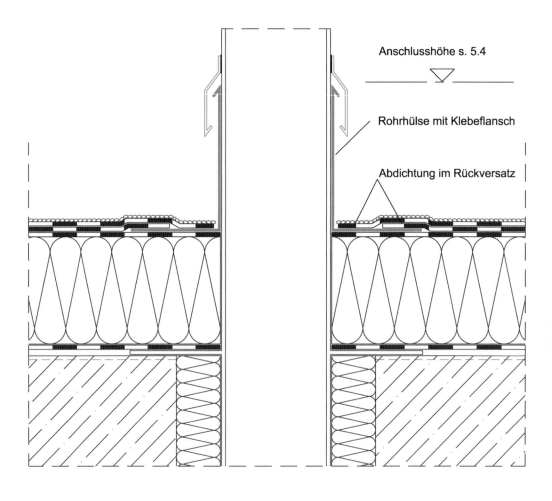

Abb. 10.1
Zweiteiliger Anschluss an Rohrdurchführung – Ausführung mit Bitumenbahnen

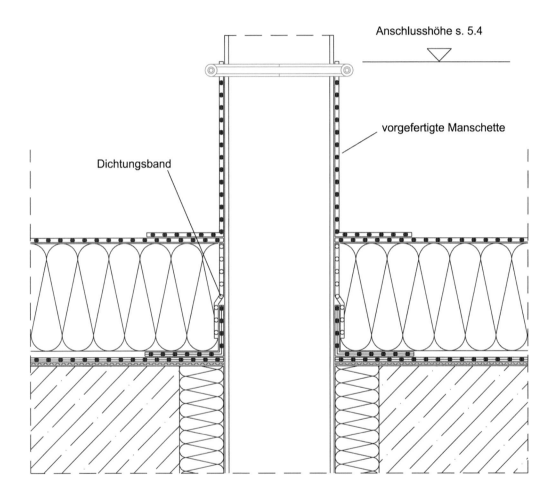

Abb. 10.2
Anschluss an Rohrdurchführung mit vorgefertigter Manschette – Ausführung mit Kunststoffbahnen

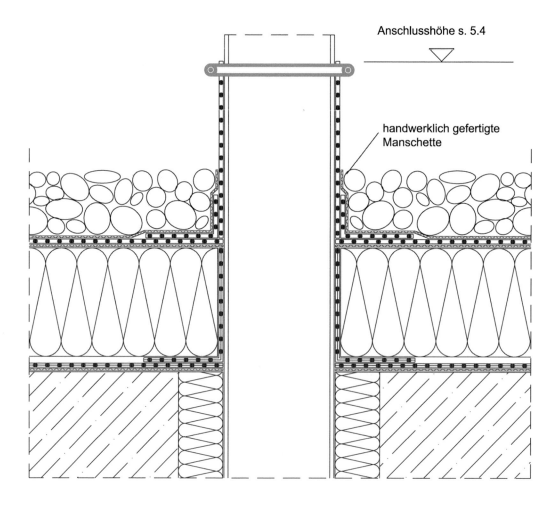

Abb. 10.3
Anschluss an Rohrdurchführung mit handwerklich gefertigter Manschette – Ausführung mit Kunststoffbahnen

Fachregel für Dächer mit Abdichtungen – Flachdachrichtlinien –

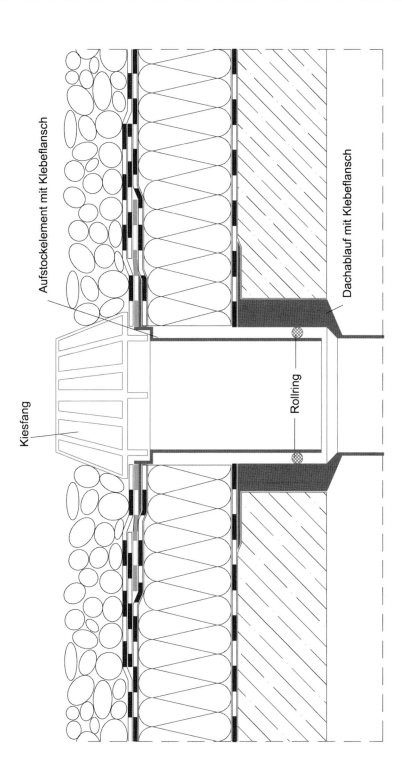

Abb. 10.4
Dachablauf mit Aufstockelement – Ausführung mit Bitumenbahnen

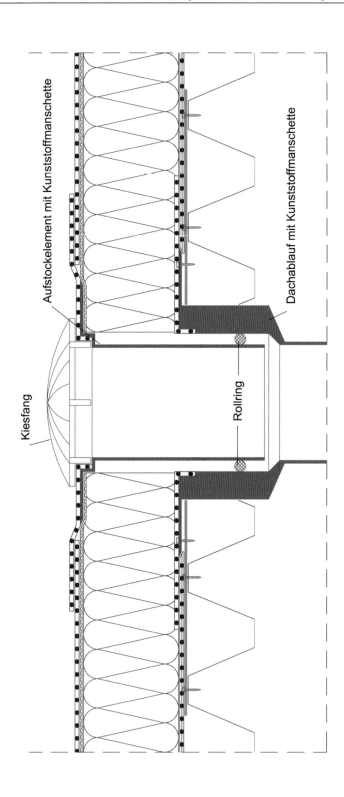

Abb. 10.5
Dachablauf mit Aufstockelement – Ausführung mit Kunststoffbahnen

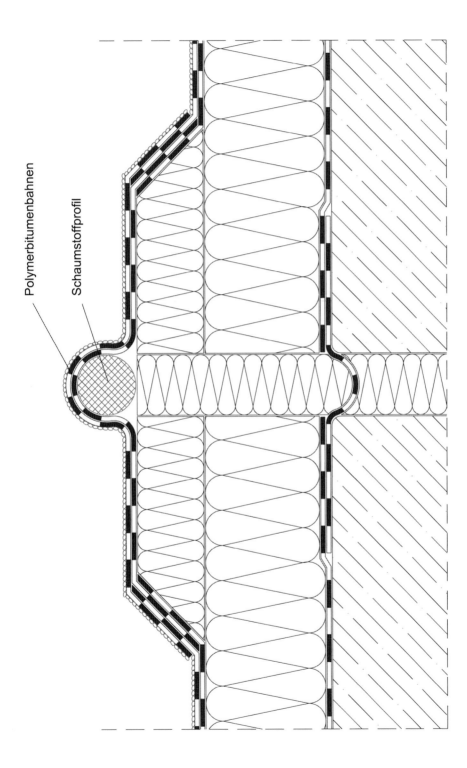

Abb. 11.1
Bewegungsfuge mit Polymerbitumenbahnen

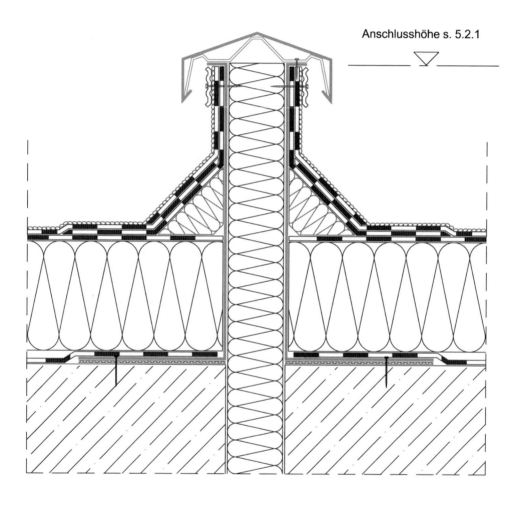

Abb. 11.2
Bewegungsfuge mit Hilfskonstruktion und Abdeckung – Ausführung mit Bitumenbahnen

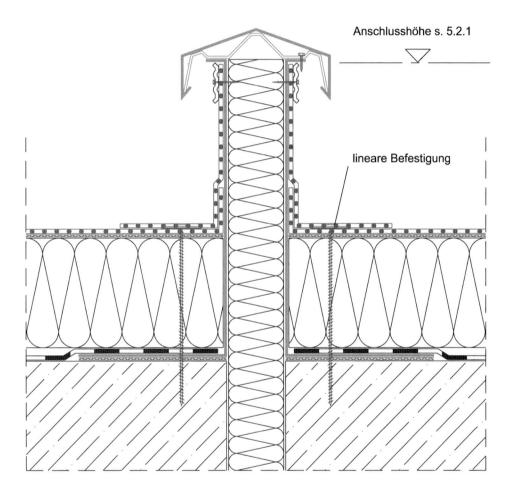

Abb. 11.3
Bewegungsfuge mit Hilfskonstruktion und Abdeckung – Ausführung mit Kunststoff-/Elastomerbahnen, verklebt verlegt

Deutsches Dachdeckerhandwerk
– Regelwerk –

Hinweise
Holz und Holzwerkstoffe

Aufgestellt vom

**Zentralverband des Deutschen Dachdeckerhandwerks –
Fachverband Dach-, Wand- und Abdichtungstechnik – e.V.**

in Zusammenarbeit mit dem

Bund Deutscher Zimmermeister

Herausgegeben vom

**Zentralverband des Deutschen Dachdeckerhandwerks –
Fachverband Dach-, Wand- und Abdichtungstechnik – e.V.**

Ausgabe September 2005

Vorgänger:

Hinweise Holz und Holzwerkstoffe
September 1997
mit Änderungen Juli 2000 und März 2003

Änderungen:
Eine Überarbeitung der „Hinweise Holz und Holzwerkstoffe" wurde auf Grund der Neuerscheinung der Normen DIN 1052 (08.2004), DIN 4074-1 (06.2003) und DIN EN 13986 (03.2005) notwendig. Die Hinweise wurden vollständig überarbeitet und neu gegliedert.

Die Abbildungen: AI 1.1, AI 1.2, AI 2.2, AI 2.3, AI 2.4, AI 2.5 und AI 3.1 sind entnommen aus:
Sortierhilfen und Erläuterungen zur Anwendung der DIN 4074 in der Praxis, von P. Glos und C. Richter, Holzforschung München, Wissenschaftszentrum Weihenstephan, gefördert aus Mitteln des Holzabsatzfonds.

© Alle Rechte bei der D + W-Service GmbH für Management, PR und Messewesen, Köln 2005.
Nachdruck und Vervielfältigung, auch auszugsweise, nur mit Genehmigung der D + W-Service GmbH und des Verlages gestattet.
Verlag: Verlagsgesellschaft Rudolf Müller GmbH & Co. KG, Stolberger Str. 84, 50933 Köln
Satz: QuartNet GmbH & Co. KG, Erftstadt
Druck: Medienhaus Plump, Rheinbreitbach

Inhaltsverzeichnis

1	**Allgemeines**	4
1.1	Geltungsbereich	4
1.2	Begriffe	4
2	**Bauprodukte**	5
2.1	Allgemeines	5
2.1.1	Bauaufsichtliche Anforderungen	5
2.1.2	Kennzeichnung	6
2.1.3	Nutzungsklassen	6
2.1.4	Ausgleichsfeuchte	6
2.2	Bauschnittholz	6
2.2.1	Allgemeines	6
2.2.2	Sortierung von Nadelschnittholz	7
2.2.3	Einteilung von Nadelschnittholz	7
2.2.4	Maßhaltigkeit	8
2.2.5	Holzfeuchte	8
2.3	Holzwerkstoffe	8
2.3.1	Allgemeines	8
2.4	Metallische Bauteile, Verbindungs- und Verankerungsmittel	10
3	**Ausführung**	10
3.1	Verbindungsmittel und Verbindungen	10
3.1.1	Allgemeines	10
3.1.2	Korrosionsschutz	10
3.1.3	Mindestholzquerschnitte	11
3.2	Nagelverbindungen	11
3.2.1	Allgemeines	11
3.2.2	Einschlagtiefe	11
3.2.3	Nagelabstände	11
3.3	Schraubenverbindungen	11
3.4	Klammerverbindungen	11
3.5	Konterlatten	11
3.5.1	Allgemeines	11
3.5.2	Ausführung	12
3.6	Dachlatten ohne rechnerischen Nachweis	12
3.6.1	Allgemeines	12
3.6.2	Ausführung	13
3.7	Schalung ohne rechnerischen Nachweis für Dachdeckung und Dachabdichtung	14
3.7.1	Allgemeines	14
3.7.2	Ausführung	15
3.8	Sonstige Schalungen	16
3.8.1	Allgemeines	16
3.8.2	Ausführung	16
3.9	Außenwandbekleidung	16
3.9.1	Allgemeines	16
3.9.2	Grundholz	16
3.9.3	Traglatte	18
3.9.4	Schalung	19
3.10	Bohlen und Kanthölzer	20

4	**Holzschutz**	20
4.1	Allgemeines	20
4.2	Vorbeugende bauliche Maßnahmen	21
4.2.1	Allgemeines	21
4.2.2	Besondere Maßnahmen bei tragenden Bauteilen mit rechnerischen Nachweis	21
4.2.3	Besondere Maßnahmen bei tragenden Bauteilen ohne rechnerischen Nachweis	22
4.3	Bauliche Maßnahmen für Konstruktionen ohne chemischen Holzschutz	22
4.3.1	Nicht belüftete geneigte Dächer	22
4.3.2	Einsehbare Dachkonstruktionen	22
4.3.3	Unbelüftete Dächer mit Abdichtungen	23
4.3.4	Außenwände	23
4.4	Vorbeugender chemischer Holzschutz	24

Anhänge

Anhang I
Tabellen und Abbildungen 27

AI 1	Sortierkriterien für Latten bei der visuellen Sortierung	28
AI 2	Sortierkriterien für Bretter und Bohlen bei der visuellen Sortierung	30
AI 3	Sortierkriterien für Kanthölzer bei der visuellen Sortierung	34
AI 4	Mindestanforderungen an den Korrosionsschutz	35

Anhang II
Formulare 37

AII 1	Holzfeuchtemessung	38
AII 2	Bescheinigung und Kennzeichnung einer ausgeführten chemisch vorbeugenden Holzschutzbehandlung	40

1 Allgemeines

1.1 Geltungsbereich

(1) Die Hinweise beziehen sich auf Unterkonstruktionen aus Holz und Holzwerkstoffen für Dachdeckungen, Dachabdichtungen und Außenwandbekleidungen.

(2) Abweichungen von nachfolgenden Regelungen sind bei Einzelnachweisen möglich und vorrangig.

(3) Grundlage für die Hinweise sind bauaufsichtlich eingeführte Normen, allgemeine bauaufsichtliche Zulassungen und praxisorientierte Regelungen. Für Dachlatten und deren Verbindungen gelten praxisorientierte Regelungen (DIN 1052, Abschnitt 4 (3)).

(4) Höherwertige Anforderungen in Fachregeln haben Vorrang.

(5) Anforderungen an den Brandschutz sind der DIN 4102 und der jeweiligen Landesbauordnung zu entnehmen und werden in diesen Hinweisen nicht behandelt.

1.2 Begriffe

(1) Die Dachlatte ist der Teil einer Unterkonstruktion, an der die Dachdeckung befestigt oder eingehängt wird.

(2) Die (Trag-)Latte ist der Teil einer Unterkonstruktion, an der die Außenwandbekleidung befestigt oder eingehängt wird.

(3) Konterlatte/Grundholz ist der Teil einer Unterkonstruktion, die u.a. die Aufgabe hat, die anfallenden Lasten (siehe auch „Hinweise zur Lastenermittlung") von der Dachlatte/Latte in die tragende Unterkonstruktion weiterzuleiten. Im Sinne dieser Hinweise ist die Konterlatte eine Latte auf dem Dach, also eine Dachlatte für die laut DIN 1052 ein Mindestquerschnitt von 1 100 mm² ausreichend ist.

(4) Schalungen sind im Gegensatz zu Lattungen flächige Bauteile, auf denen Deckungen oder Abdichtungen befestigt werden oder die als Unterlage für Unterdächer oder Unterdeckungen dienen.

(5) Unterkonstruktionen im Sinne dieser Hinweise beschränken sich auf Bauschnitthölzer zur Aufnahme der Dachdeckung, Abdichtung und Außenwandbekleidung.

(6) Unterkonstruktionen werden im Sinne von Standsicherheitsnachweisen unterschieden in:
– tragende Bauteile,
– tragende Bauteile ohne rechnerischen Nachweis,
– nichttragende Bauteile.

Im Folgenden wird zwischen tragenden Bauteilen und tragenden Bauteilen ohne rechnerischen Nachweis unterschieden.

(7) Tragende Bauteile sind Bauteile, die nach der DIN 1052 bemessen werden müssen.
Beispiel:
– Konterlattung bei Aufsparren-Dämmsystemen,
– Grundhölzer bei Außenwandbekleidungen,
– Dachlatten, Pfetten und Schalungen bei Sparrenabständen > 1 m,
– Sparrenauswechslungen,
– Schalungen zur Aussteifung von Balken oder Bindern.

(8) Tragende Bauteile ohne rechnerischen Nachweis sind Bauteile, die statisch nicht bemessen werden müssen und nach handwerklichen Erfahrungen ausgeführt werden.

Beispiel:
– Konterlattung außer der in (7) genannten Fälle,
– Dachlatten und Schalung bei Sparrenabständen ≤ 1 m,

(9) Nichttragende Bauteile sind Bauteile, die außer ihrer Eigengewichtslast keine weiteren Lasten abtragen.
Beispiel:
– Schalungen für Unterdächer oder Unterdeckungen.

(10) Die Nennmaße/Sollmaße (Nennquerschnitt, Nenndicke) sind Größenangaben, die insbesondere für Leistungsbeschreibungen und Bestellungen als übliche Größenangaben verwendet werden. Die Istmaße schwanken in Abhängigkeit von der Holzfeuchte (Schwinden bzw. Quellen) und Abweichungen in der Herstellung. Berechnungsgrundlagen für Schwind- und Quellmaße sind in der DIN 4074-1 enthalten. Zulässige Abweichungen sind in Abhängigkeit von der Maßtoleranzklasse der in DIN EN 336 festgelegt (siehe Abschnitt 2.2.4). Holzdicken für Verbindungen sind Nenndicken.

(11) Das Istmaß ist ein durch Messung festgestelltes Maß.

(12) Das Istabmaß ist die Differenz zwischen Ist- und Sollmaß.

(13) Das Größtmaß ist das größte zulässige Maß.

(14) Das Kleinstmaß ist das kleinste zulässige Maß.

(15) Das Grenzabmaß ist die Differenz zwischen Größtmaß und Sollmaß oder Kleinstmaß und Sollmaß.

(16) Die Maßtoleranz ist die zulässige Differenz zwischen Größtmaß und Kleinstmaß.

(17) Befestigungsmittel sind Teile, die Deckung, Abdichtung und Bekleidung an der Unterkonstruktion mechanisch befestigen.

(18) Verbindungsmittel im Sinne der „Hinweise Holz und Holzwerkstoffe" sind metallische Bauteile zum Verbinden einzelner Hölzer untereinander. Im

Bereich der Außenwandbekleidung wird in diesem Zusammenhang auch der Begriff Verbindungselemente verwendet.

(19) Verankerungsmittel bzw. Verankerungselemente sind Teile, die bei Außenwandbekleidungen das Grundholz in der zu bekleidenden Schicht (z.B. Außenwände) mechanisch verankern.

(20) Trocken sortiertes Holz (TS) ist Schnittholz, das bei einer mittleren Holzfeuchte von höchstens 20 % nach der DIN 4074-1 sortiert wurde.

2 Bauprodukte
2.1 Allgemeines

2.1.1 Bauaufsichtliche Anforderungen

(1) Die Landesbauordnungen unterscheiden zwischen geregelten, nicht geregelten und sonstigen Bauprodukten.

(2) Geregelte Bauprodukte entsprechen den in der Bauregelliste A Teil 1 bekannt gemachten technischen Regeln oder weichen von ihnen nicht wesentlich ab. Nicht geregelte Bauprodukte sind Bauprodukte, die wesentlich von den in der Bauregelliste A Teil 1 bekannt gemachten technischen Regeln abweichen oder für die es keine Technischen Baubestimmungen oder allgemein anerkannten Regeln der Technik gibt.

(3) Die Verwendbarkeit ergibt sich:

a) für geregelte Bauprodukte aus der Übereinstimmung mit den bekannt gemachten technischen Regeln

b) für nicht geregelte Bauprodukte aus der Übereinstimmung mit
– der allgemeinen bauaufsichtlichen Zulassung oder
– dem allgemeinen bauaufsichtlichen Prüfzeugnis oder
– der Zustimmung im Einzelfall.

(4) Sonstige Bauprodukte sind Produkte, für die es allgemein anerkannte Regeln der Technik gibt, die jedoch nicht in der Bauregelliste A enthalten sind. An diese Bauprodukte stellt die Bauordnung zwar die gleichen materiellen Anforderungen, sie verlangt aber weder Verwendbarkeits- noch Übereinstimmungsnachweise; sie sind deshalb auch nicht in der Bauregelliste A erfasst.

(5) Die Landesbauordnungen bezeichnen das Zusammenfügen von Bauprodukten zu baulichen Anlagen oder Teilen von baulichen Anlagen als Bauart. Nicht geregelte Bauarten sind Bauarten, die von Technischen Baubestimmungen wesentlich abweichen oder für die es allgemein anerkannte Regeln der Technik nicht gibt. Die Anwendbarkeit nicht geregelter Bauarten ergibt sich aus der Übereinstimmung mit
– der allgemeinen bauaufsichtlichen Zulassung oder
– dem allgemeinen bauaufsichtlichen Prüfzeugnis oder
– der Zustimmung im Einzelfall.

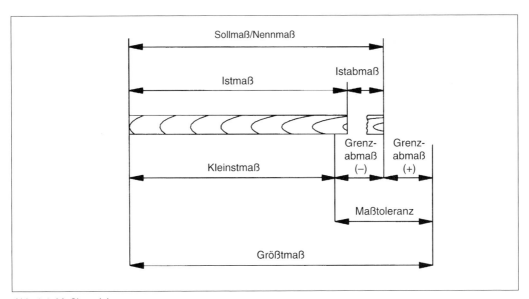

Abb. 1.1: Maßbezeichnungen

2.1.2 Kennzeichnung

(1) Nach den Landesbauordnungen dürfen nur Bauprodukte verwendet werden, die mit dem Übereinstimmungszeichen (Ü-Zeichen) nach den Übereinstimmungszeichen-Verordnungen der Länder oder mit der nach der Bauproduktenrichtlinie geforderten CE-Kennzeichnung (CE-Zeichen) versehen sind. Ausgenommen sind Bauprodukte, die für die Erfüllung bauordnungsrechtlicher Anforderungen nur eine untergeordnete Bedeutung haben. Diese Bauprodukte werden in die Liste C der Bauregelliste aufgenommen und dürfen kein Ü-Zeichen tragen.

2.1.3 Nutzungsklassen

(1) Nach der DIN 1052 werden drei Nutzungsklassen unterschieden. Das System der Nutzungsklassen ist hauptsächlich für den Anwendungsbereich von Holzwerkstoffen, zur Zuordnung von Festigkeitswerten und zur Berechnung von Verformungen unter festgelegten Umweltbedingungen notwendig.

(2) Nutzungsklasse 1: Sie ist gekennzeichnet durch einen Feuchtegehalt in den Holzbaustoffen, der einer Temperatur von 20° C und einer relativen Luftfeuchte der umgebenden Luft entspricht, die nur für einige Wochen pro Jahr einen Wert von 65 % übersteigt (Holz im Innenbereich).

(3) Nutzungsklasse 2: Sie ist gekennzeichnet durch einen Feuchtegehalt in den Holzbaustoffen, der einer Temperatur von 20° C und einer relativen Luftfeuchte der umgebenden Luft entspricht, die nur für einige Wochen pro Jahr einen Wert von 85 % übersteigt (Holz im überdachten Außenbereich).

(4) Nutzungsklasse 3: Sie erfasst Klimabedingungen, die zu einem höheren Feuchtegehalt führen, als in Nutzungsklasse 2 angegeben. In Ausnahmefällen können auch überdachte Tragwerke in die Nutzungsklasse 3 einzustufen sein (Holz in Schwimmbädern).

2.1.4 Ausgleichsfeuchte

(1) Als Ausgleichsfeuchte im Gebrauchszustand gilt die im Mittel sich einstellende Feuchte im Bauteil.

(2) Als Ausgleichsfeuchte gelten die Werte der Tabelle 2.1.

2.2 Bauschnittholz

2.2.1 Allgemeines

(1) Bauschnitthölzer sind Kanthölzer, Bohlen, Bretter und Latten aus Nadel- oder Laubholz.

(2) Unterkonstruktionen für Dachdeckungen, Abdichtungen und Außenwandbekleidungen werden üblicherweise aus Nadelholz hergestellt.

(3) Tragende einteilige Einzelquerschnitte von Vollholzbauteilen müssen nach der DIN 1052 mindestens über eine Nenndicke von 24 mm und mindestens 1400 mm² (Dachlatten 1100 mm²) Querschnittsfläche haben.

(4) Vollholz für tragende Bauteile muss ein Ü-Zeichen tragen (siehe Abb. 2.1). Hierfür reicht für visuell sortiertes, normalentflammbares Vollholz eine Übereinstimmungserklärung des Herstellers aus. Die Kennzeichnung beinhaltet den verschlüsselten Namen des Herstellers und die Sortierklasse. Die Art der Sortierung muss im Übereinstimmungs-nachweis angegeben werden, indem trocken sortiertes Holz durch den Zusatz „TS" gekennzeichnet wird. Hierbei ist zu beachten, dass nur trocken sortiertes Holz vollständig sortiert ist und damit alle Anforderungen an Bauschnittholz für tragende Zwecke erfüllt.

(5) Für Bauschnittholz, das Objekt bezogen unter Angabe des Bauvorhabens nach einer Liste erzeugt und geliefert wird und nur die Sortierklasse S10 umfasst, darf auf eine Einzelkennzeichnung verzichtet werden (siehe Bauregelliste).

Abb. 2.1: Beispiel für ein Ü-Zeichen für trocken sortiertes Holz (TS) nach DIN 4074-1

Tabelle 2.1: Nutzungsklassen und Holzfeuchten

Nutzungsklasse	1	2	3
Holzfeuchte	5 – 15 %[1]	10 – 20 %[2]	12 – 24 %

[1] In den meisten Nadelhölzern wird in der Nutzungsklasse 1 eine mittlere Ausgleichsfeuchte von 12 % nicht überschritten.
[2] In den meisten Nadelhölzern wird in der Nutzungsklasse 2 eine mittlere Ausgleichsfeuchte von 20 % nicht überschritten.

Hinweise Holz und Holzwerkstoffe

Tabelle 2.2: Sortierklassen nach DIN 4074-1

Sortierklasse nach DIN 4074-1		Festigkeitsklasse (C) nach DIN 1052
Visuell (S)	Maschinell (M)	
S 7*	C 16 M*	C 16
S 10	C 24 M	C 24
S 13	C 30 M	C 30

* S 7 / C 16 M nicht für Latten

2.2.2 Sortierung von Nadelschnittholz

(1) Unterkonstruktionen aus Holz für Dachdeckungen, Abdichtungen und Außenwandbekleidungen müssen nach DIN 4074-1 sortiert sein. Die Sortierkriterien sind auf eine mittlere Holzfeuchte von 20 % bezogen. Für nichttragende Bauteile sollte diese Sortierung auch angewendet werden.

(2) Latten dürfen bei einer höheren Holzfeuchte als 20 % sortiert werden.

(3) Wichtige Sortiermerkmale sind z.B.:
– Baumkanten,
– Ästigkeit nach Größe, Häufigkeit sowie Ansammlung von Ästen,
– Verfärbungen,
– Krümmungen, Verdrehungen, Risse und Insektenfraß

Auszüge hierzu sind im Anhang AI abgedruckt.

(4) Die Sortiermerkmale sind an der für das Sortiermerkmal ungünstigsten Stelle im Schnittholz zu ermitteln. Für verschiedene Sortiermerkmale können dies unterschiedliche Stellen im Schnittholz sein.

(5) Toleranzen bei nachträglicher Inspektion einer Lieferung sortierten Holzes sind als ungünstige Abweichungen von den geforderten Grenzwerten der Sortierkriterien möglich. Sie sind zulässig bis 10 % Abweichung bei 10 % der inspizierten Menge.

(6) Schnittholz nach der DIN 4074-1 darf nur von einer dafür geschulten Fachkraft visuell sortiert werden. Die Schulung ist auf Nachfrage gegenüber den Bauaufsichtsbehörden nachzuweisen. Die Ausbildung als Dachdecker oder Zimmerer allein ist hierfür nicht ausreichend. Nach der DIN 4074-1 sortiertes Holz wird mit einem Ü-Zeichen gekennzeichnet.

2.2.3 Einteilung von Nadelschnittholz

Anhand der Abmessungen werden nach der DIN 4074-1 folgende Bezeichnungen verwendet:

Latte   Dicke (d) $\leq$ 40 mm, Breite (b) < 80 mm
Brett   Dicke (d) $\leq$ 40 mm, Breite (b) $\geq$ 80 mm
Bohle   Dicke (d) > 40 mm, Breite (b) > 3 × Dicke (d)
Kantholz   Höhe (h) $\geq$ Breite (b), jedoch $\leq$ 3 × Breite (b), Breite (b) > 40 mm

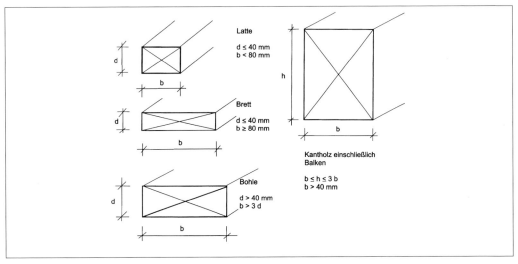

Abb. 2.2: Schnittholzeinteilung nach Nennquerschnitten

2.2.4 Maßhaltigkeit

(1) Die Nennmaße sind auf eine Holzfeuchte von 20 % bezogen.

(2) Die Abweichungen der Querschnittsmaße von den Nennmaßen müssen innerhalb der Grenzen der DIN EN 336 liegen.

(3) Die zulässigen Abweichungen betragen:

Maßtoleranzklasse 1:

a) für Dicken und Breiten ≤ 100 mm   + 3 mm
                                        − 1 mm
b) für Dicken und Breiten > 100 mm   + 4 mm
                                        − 2 mm

Maßtoleranzklasse 2:

a) für Dicken und Breiten ≤ 100 mm   ± 1 mm
b) für Dicken und Breiten > 100 mm   ± 1,5 mm

Negative Längenabweichungen sind nicht zulässig.

(4) Anforderungen an die Maßhaltigkeit können sich insbesondere aus der Art der Dachdeckung (z.B. ebene Dachdeckungsprodukte) oder des Zubehörs (z.B. Klammern zur Befestigung von Dachziegeln und Dachsteinen) ergeben.

(5) Weitere Abweichungen ergeben sich aus Schwinden und Quellen. Die Berechnung erfolgt mit den Werten der Tabelle 2.3.

Beispiel:

Nennquerschnitt bei 20 % Holzfeuchte:
mm 30/50

Mittleres Schwindmaß bei 15 % Holzfeuchte:
5 % · 0,24 = 1,2 % = 0,012

Mittlere Abweichung:
Dicke = 0,012 · 30 mm = 0,36 mm
Breite = 0,012 · 50 mm = 0,60 mm

2.2.5 Holzfeuchte

(1) Bauschnitthölzer sind, soweit nachfolgend nicht anderes festgelegt ist, in den Nutzungsklassen 1 und 2 mit einer mittleren Holzfeuchte von höchstens 20% einzubauen, in der Nutzungsklasse 3 sollte die mittlere Holzfeuchte beim Einbau höchstens 25% betragen.

(2) Latten, wie beispielsweise

– Dachlatten,
– Konterlatten,
– Grundhölzer bei hinterlüfteten Außenwandbekleidungen

dürfen mit einer höheren Holzfeuchte eingebaut werden, wenn sie nach dem Einbau ungehindert austrocknen können und wenn Anforderungen an den Holzschutz nicht dagegen sprechen (z.B. Konterlatten bei einem wasserdichten Unterdach).

(3) Die mittlere Holzfeuchte wird nach der DIN EN 13183-2 ermittelt. Die Vorgehensweise wird in Anhang A II 1 beschrieben.

2.3 Holzwerkstoffe

2.3.1 Allgemeines

(1) Holzwerkstoffe bestehen aus zersägtem, zerspantem oder zerfasertem Holz, das mit Klebstoffen oder mineralischen Bindemitteln zu platten- oder stabförmigen Querschnitten verpresst wird.

(2) Tragende oder aussteifende Holzwerkstoffe müssen der jeweiligen Produktnorm bzw. einer allgemeinen bauaufsichtlichen Zulassung und den Normen DIN EN 13986 und DIN V 20000-1 entsprechen und mit dem CE-Kennzeichen bzw. Ü-Zeichen gekennzeichnet sein.

(3) Nicht tragende Holzwerkstoffe sollten ebenfalls diesen Anforderungen entsprechen.

(4) CE-gekennzeichnete Holzwerkstoffe nach der Norm DIN EN 13986 dürfen in Deutschland nur verwendet werden, wenn

– sie der Formaldehydklasse E1 (≤ 0,1 ppm) entsprechen und gekennzeichnet sind,
– der PCP-Gehalt von 5 ppm nicht überschritten wird und die Platte dementsprechend gekennzeichnet ist,
– bei der Herstellung solcher Holzwerkstoffe keine chemischen Substanzen zur Verbesserung des Brandverhaltens (Feuerschutzmittel) oder zur Verbesserung der Widerstandsfähigkeit gegen biologischen Befall z.B. durch Pilze und Insekten (Holzschutzmittel) zugesetzt werden und sie entsprechend deklariert sind.

Holzwerkstoffe, die diese Anforderungen nicht erfüllen, bedürfen zur Verwendung einer allgemeinen bauaufsichtlichen Zulassung.

(5) Holzwerkstoffplatten dürfen nur in den Nutzungsklassen angewendet werden, für die die jeweilige technische Klasse bestimmt ist (siehe Tabelle 2.4 und 2.5).

Tabelle 2.3: Rechenwerte der Schwind- und Quellmaße

Holzart	Mittleres Schwind- und Quellmaß für Änderungen der Holzfeuchte um 1% unterhalb des Fasersättigungsbereichs
Fichte, Lärche, Tanne, Kiefer	0,24

Hinweise Holz und Holzwerkstoffe

Tabelle 2.4: Anwendung der Holzwerkstoffe für tragende Zwecke z.B. unter Dachdeckungen oder Dachabdichtungen

Holzwerkstoff	Nutzungsklasse		
	1	2	3
OSB-Platten nach DIN EN 300			
Technische Klasse OSB/2	x	-	-
Technische Klasse OSB/3 und OSB/4	x	x	-
Sperrholz nach DIN EN 636			
Technische Klasse „Trocken"	x	-	-
Technische Klasse „Feucht"	x	x	-
Technische Klasse „Außen"	x	x	x
Holzfaserplatten nach DIN EN 622-2 bzw. 622-3			
mittelharte Holzfaserplatten Technische Klasse MBH.LA2	x	-	-
harte Holzfaserplatten Technische Klasse HB.HLA2	x	x	-
Kunstharzgebundene Holzspanplatten nach DIN EN 312			
Technische Klasse P 4 und P 6	x	-	-
Technische Klasse P 5 und P 7	x	x	-
Zementgebundene Holzspanplatten nach DIN EN 634-2	x	x	x

Tabelle 2.5: Anwendung der Holzwerkstoffe für nichttragende Zwecke z.B. nur zur Aufnahme eines Unterdachs oder einer Unterdeckung

Holzwerkstoff	Nutzungsklasse		
	1	2	3
OSB-Platten nach DIN EN 300			
Technische Klasse OSB/1 und OSB/2	x	-	-
Technische Klasse OSB/3 und OSB/4	x	x	-
Sperrholz nach DIN EN 636			
Technische Klasse „Trocken"	x	-	-
Technische Klasse „Feucht"	x	x	-
Technische Klasse „Außen"	x	x	x
Harte Holzfaserplatten nach DIN EN 622-2			
Technische Klasse HB und HB-LA	x	-	-
Technische Klasse HB.H und HB-HLA1 und HB.HLA2	x	x	-
Technische Klasse HB.E	x	x	x
Mittelharte Holzfaserplatten nach DIN EN 622-3			
Technische Klasse MBL+MBH und MBH.LA1 und MBH.LA2	x	-	-
Technische Klasse MBL.H+MBH.H und MBH.HLS 1 und MBH.HLS2	x	x	-
Technische Klasse MBL.E+MBH.E	x	x	x
Poröse Holzfaserplatten nach DIN EN 622-4			
Technische Klasse SB und SB.LS	x	-	-
Technische Klasse SB.H und SB.HLS	x	x	-
Technische Klasse SB.E	x	x	x
Kunstharzgebundene Holzspanplatten nach DIN EN 312			
Technische Klasse P 1, P 2, P 4 und P6	x	-	-
Technische Klasse P3, P 5 und P 7	x	x	-
Zementgebundene Holzspanplatten nach DIN EN 634-2	x	x	x

(6) Schalungen aus Holzwerkstoffen, auf denen eine Dachdeckung oder Dachabdichtung direkt befestigt wird, müssen mindestens 22 mm dick sein. Die Holzwerkstoffe müssen den technischen Klassen mindestens der Nutzungsklasse 2 der Tabelle 2.4 entsprechen.

(7) Schalungen aus Holzwerkstoffen, die zur Aufnahme eines Unterdachs oder einer Unterdeckung dienen, müssen bei Holzspan- und OSB-Platten mindestens 13 mm, bei Sperrholzplatten mindestens 10 mm dick sein. Die Holzwerkstoffe müssen den technischen Klassen mindestens der Nutzungsklasse 2 der Tabelle 2.5 entsprechen.

(8) Die Schwind- und Quellmaße für Holzwerkstoffe sind der Tabelle 2.6 zu entnehmen.

2.4 Metallische Bauteile, Verbindungs- und Verankerungsmittel

Metallische Bauteile, Verbindungs- und Verankerungsmittel müssen genormt sein oder über eine allgemeine bauaufsichtliche Zulassung des DIBt für den geplanten Verwendungszweck verfügen. Sie müssen dementsprechend gekennzeichnet sein.

3 Ausführung

3.1 Verbindungsmittel und Verbindungen

3.1.1 Allgemeines

(1) Man unterscheidet zwischen lösbaren Holzverbindungen wie Schraubverbindungen und nicht lösbaren Verbindungen wie Nagelverbindungen, Nagelbleche, Klammern sowie Überblattungen und Verzapfungen. Im Dachdeckerhandwerk werden überwiegend Nagel- und Schraubverbindungen verwendet.

(2) Verbindungsmittel werden nach Art ihrer Beanspruchung unterschieden. Beanspruchungsarten für Verbindungsmittel sind:
– Beanspruchung auf Abscheren,
– Beanspruchung auf Herausziehen,
– Beanspruchung auf Abscheren und Herausziehen.

3.1.2 Korrosionsschutz

(1) Als Maßnahmen gegen Korrosion kommen z.B. Metallüberzüge, Beschichtungen oder die Verwendung geeigneter nichtrostender Stähle in Betracht.

(2) Korrosionsgeschützte Werkstoffe, z.B. als Verbindungsmittel, sind solche, die mit einer Schutzschicht oder einem Überzug aus einem weitestgehend korrosionsbeständigen Material versehen sind.

(3) Korrosionsbeständige Werkstoffe, z.B. als Verbindungsmittel, sind solche, die unter normalen atmosphärischen Bedingungen gegen Korrosion beständig sind.

(4) Für Nägel und Schrauben ist in den Nutzungsklassen 1 und 2 und mäßiger Korrosionsbelastung (C1 – C3) kein Korrosionsschutz erforderlich. Bei anderen Verbindungsmitteln, anderen Nutzungsklassen oder Korrosionsbelastungen siehe Anhang A I 4. Andere, gleichwertige Maßnahmen sind zulässig und nachzuweisen.

(5) Korrosion kann bei Holzwerkstoffen, denen ein Holzschutzmittel gegen holzzerstörende Pilze beigemischt ist, entstehen. Hierbei sind die Zulassungen zu beachten (siehe Abschnitt 2.3.1(4)).

Tabelle 2.6: Schwind- und Quellmaße für Holzwerkstoffe

Holzwerkstoff	Schwind- und Quellmaß in % für Änderung der Holzfeuchte um 1% unterhalb des Fasersättigungsbereiches
Sperrholz	0,02
Furnierschichtholz ohne Querfurniere	
– In Faserrichtung der Deckfurniere	0,01
– Rechtwinklig zur Faserrichtung d. Deckfurniere	0,32
Furnierschichtholz mit Querfurnieren	
– In Faserrichtung der Deckfurniere	0,01
– Rechtwinklig zur Faserrichtung d. Deckfurniere	0,03
Kunstharzgebundene Spanplatten, Faserplatten	0,035
Zementgebundene Spanplatten	0,03
OSB-Platten, Typen OSB/2 und OSB/3	0,03
OSB-Platten, Typ OSB/4	0,015

Tabelle 3.1: Empfohlene Dicken von Konterlatten in Abhängigkeit von der Sparrenlänge

Sparrenlänge in m	Empfohlene Dicke in mm
bis 8	24
bis 12	30
über 12	40

3.1.3 Mindestholzquerschnitte

(1) Tragende Einzelquerschnitte von Vollholzbauteilen müssen mindestens eine Nenndicke von 24 mm und mindestens 1400 mm² (Dachlatten 1100 mm²) Querschnittsfläche haben.

(2) Für Konter- und Dachlatten können die Querschnitte nach Tabelle 3.1 bzw. Tabelle 3.3 herangezogen werden.

(3) Aufgrund von größeren/dickeren Verbindungsmitteln können sich größere Mindestholzquerschnitte ergeben, um ein Spalten des Holzes zu vermeiden.

3.2 Nagelverbindungen

3.2.1 Allgemeines

(1) Die Nagelverbindungen beziehen sich auf glatte Drahtstifte nach der DIN EN 10230-1.

(2) Maschinennägel haben eine bauaufsichtliche Zulassung und sind bei den Berechnungen in diesen Hinweisen nicht berücksichtigt.

3.2.2 Einschlagtiefe

(1) Vereinfachend kann die Nagellänge mit dem 2,5-fachen der zu befestigenden Holzdicke ermittelt werden.

(2) Basiswert zur Ermittlung der Einschlagtiefe ist der Nageldurchmesser d.

(3) Ohne rechnerischen Nachweis soll die Einschlagtiefe eines Nagels bei Belastung auf Abscheren oder bei Belastung auf Abscheren und Herausziehen mindestens 12 d betragen.

(4) Für die Befestigung von Konterlatten ist die Einschlagtiefe nach Tabelle 3.2 zu beachten.

(5) Für die Befestigung von Dachlatten ist die Einschlagtiefe nach Tabelle 3.4 zu beachten.

(6) Bei von (1) bis (5) abweichenden Einschlagtiefen ist ein Nachweis nach der DIN 1052 erforderlich.

3.2.3 Nagelabstände

(1) Bei der Befestigung von Dach– und Konterlattung werden die Nagelabstände nach den Abbildungen 3.1 und 3.2 empfohlen. Bei der Befestigung von Dachschalung aus Brettern werden die Nagelabstände nach Abb. 3.3 empfohlen. Bei der Befestigung von Grundhölzern, Traglatten und Schalungen von Außenwandbekleidungen gelten die Regelungen nach Kapitel 3.9.

(2) Wird von diesen Nagelabständen abgewichen, sind diese so zu wählen, dass das Holz nicht spaltet bzw. eine dauerhafte Verbindung gewährleistet ist.

3.3 Schraubenverbindungen

(1) Die Festlegungen für Holzschrauben gelten für die Anwendung von Holzschrauben mit einem Gewinde nach der DIN 7998.

(2) Bei der Befestigung von Dach- und Konterlatten mit Schrauben können die erforderlichen Abstände nach den Abbildungen 3.1 und 3.2 angewendet werden.

(3) Wird von diesen Schraubenabständen abgewichen, sind diese so zu wählen, dass das Holz nicht spaltet und eine dauerhafte Verbindung gewährleistet ist.

(4) Die Einschraubtiefe im Bauteil mit der Schraubenspitze muss mindestens 4 d betragen.

(5) Schrauben dürfen ständig auf Abscheren (rechtwinklig zur Schraubenachse) beansprucht werden.

(6) Schrauben dürfen ständig auf Herausziehen (parallel zur Schraubenachse) beansprucht werden.

3.4 Klammerverbindungen

(1) Klammern dürfen ständig auf Abscheren beansprucht werden. Dafür soll eine Mindesteinschlagtiefe von 12 d eingehalten werden.

(2) Auf Herausziehen (z.B. Windsogkräfte) dürfen Klammern, nur kurzfristig beansprucht werden. Die wirksame Einschlagtiefe l_{ef} muss bei Belastung auf herausziehen mindestens 12 d betragen. Dabei darf nicht mehr als die beharzte Länge, höchstens jedoch 20 d in Rechnung gestellt werden.

3.5 Konterlatten

3.5.1 Allgemeines

(1) Konterlatten ohne rechnerischen Nachweis sollen S 10 nach der DIN 4074-1 entsprechen und über eine Mindestnenndicke von 24 mm verfügen. Es wird empfohlen, dass Konterlatten laut DIN 1052 über einen Mindestnennquerschnitt von 1400 mm² verfügen (z.B. 24/60, 30/50, 40/60).

(2) Konterlatten mit rechnerischem Nachweis müssen mindestens S 10 nach der DIN 4074-1 entsprechen. Die Querschnitte und ggf. abweichende Güte (S 13) ergeben sich aus dem statischen Nachweis.

(3) In Abhängigkeit der Sparrenlänge und des Deckwerkstoffes wird empfohlen die Dicke der Konterlatte nach Tabelle 3.1 zu erhöhen, um die ausreichende Hinterlüftung des Deckmaterials zu gewährleisten.

3.5.2 Ausführung

(1) Konterlatten ohne rechnerischen Nachweis können mit Unterbrechungen verlegt werden.

(2) Ohne rechnerischen Nachweis sind Konterlatten direkt auf Holz oder Holzwerkstoffen mit einer Rohdichte $\geq$ 350 kg/m³ mit mindestens drei Nägeln pro Meter zu befestigen. Nagellänge und -durchmesser können der Tabelle 3.2 entnommen werden. Die Angaben sind ausreichend für:

– Sparrenabstände bis 1,00 m
– und Schneelasten bis 1,00 kN/m²
– und ständige Lasten (Eigengewichtslasten der Deckung) bis 0,75 kN/m²

oder für

– Sparrenabstände bis 0,80 m
– und Schneelasten bis 1,60 kN/m²
– und ständige Lasten (Eigengewichtslasten der Deckung) bis 0,75 kN/m².

(3) Bei Schalungen aus Holz oder Holzwerkstoffen dürfen diese für die erforderliche Einschlagtiefe angesetzt werden, wenn jedes Brett bzw. jede Platte ausreichend befestigt ist und die Nenndicke mindestens 24 mm bei Holz und 22 mm bei Holzwerkstoffen beträgt (siehe hierzu Tabelle 3.2 Fall 3, Konterlatte auf 24 mm Schalung).

(4) Bei Verwendung von Holzwerkstoffplatten mit einer geringeren Rohdichte als Holz (Unterdeckplatte oder Wärmedämmplatte) ist die Befestigung der Konterlatte in Abhängigkeit von der Rohdichte zu erhöhen. Für die Weiterleitung der anfallenden Lasten sind Art und Anzahl der erforderlichen Befestigungsmittel für die Holzwerkstoffplatte sowie die Befestigung der Konterlatte durch die Holzwerkstoffe gemäß Typenstatik vom Hersteller anzugeben.

(5) Die Befestigung von Konterlatten mit rechnerischem Nachweis bei Wärmedämmsystemen auf den Sparren erfolgt nach den Herstellerangaben und der Typenstatik mit den dazu erforderlichen Befestigungsmitteln.

3.6 Dachlatten ohne rechnerischen Nachweis

3.6.1 Allgemeines

(1) Nachfolgende Regelungen gelten für Dachlatten ohne rechnerischen Nachweis.

(2) Nachfolgende Regelungen gehen von lichten Dachlattenabständen < 0,4 m aus. Bei größeren Dachlattenabständen ist ein Einzelnachweis erforderlich. Gemäß den BG-Regeln „Dacharbeiten" (BGR 203) oder „Zimmer– und Holzbauarbeiten" (BGR 214) gelten Dachflächen mit Dachlattenabständen mit

Tabelle 3.2: Befestigung für Konterlatten

1 Konterlatte auf Sparren			2 Konterlatte auf 18 mm Schalung[1)]			3 Konterlatte auf 24 mm Schalung[2)]		
Lattendicke in mm	Einschlagtiefe in mm	Nagel	Lattendicke in mm	Einschlagtiefe in mm	Nagel	Lattendicke in mm	Einschlagtiefe in mm	Nagel
24	S = 36	3,0 x 60	24	s = 36	3,0 x 80	24	s = 36	3,0 x 70
30	S = 36	3,0 x 70	30	s = 41	3,4 x 90	30	s = 36	3,0 x 80
40	S = 36	3,0 x 80	40	s = 51	4,2 x 110	40	s = 41	3,4 x 90

[1)] auf Grund der geringen Schalungsdicke beginnt trotz der direkten Befestigung der Bretter die erforderliche Einschlagtiefe im Sparren.

[2)] auf Grund der größeren Schalungsdicke und der direkten Befestigung der Bretter beginnt die erforderliche Einschlagtiefe in der Schalung.

Tabelle 3.3: Tragende Dachlatten ohne rechnerischen Nachweis aus Nadelholz

Nennquerschnitte in mm	Auflagerabstände (Achsmaß) in m	Sortierklasse nach DIN 4074-1	Farbliche Kennzeichnung
24/48[1]	bis 0,70	S 13	Blau
24/60	bis 0,80	S 13	Blau
30/50	bis 0,80	S 10	Rot
40/60	bis 1,00	S 10	Rot

[1] nur bei Dachdeckungen mit Dachlattenabständen bis 17 cm zulässig!

einer lichten Weite < 0,4 m als geschlossene Dachfläche.

(3) Dachlatten mit Auflagerabständen bis zu 1 m und ohne weitere statische Funktion (z.B. Aussteifung) sind tragende Bauteile ohne rechnerischen Nachweis. Ohne Einzelnachweis müssen Dachlatten aus Nadelholz den Mindestanforderungen nach Tabelle 3.3 entsprechen.

(4) Zusätzlich zur Kennzeichnung mit dem Ü-Zeichen (siehe Abschnitt 2.1.1) ist bei Dachlatten zu beachten:
Dachlatten können gebündelt werden. Maximal 10 Dachlatten pro Bund sind zulässig. Werden Dachlatten gebündelt geliefert, muss mindestens eine Dachlatte je Bund mit dem Hersteller und der Sortierklasse gekennzeichnet sein. Eine zusätzliche Kennzeichnung jeder Dachlatte erfolgt an der Stirnseite mit der Farbe der jeweiligen Sortierklasse. Werden Dachlatten einzeln angeboten, ist die Kennzeichnung auf jeder Dachlatte erforderlich.

(5) Bei Auflagerabständen (Achsmaß) über 1 Meter ist ein statischer Nachweis für Querschnitt und Verbindungsmittel zu führen. Bei diesem Nachweis sind neben dem Eigengewicht der Dachhaut und der allgemeinen Verkehrslast (Schnee und Wind) auch die Einwirkungen aus dem Arbeitsbetrieb zu berücksichtigen. Hierzu erforderliche Angaben sind in den Berufsgenossenschaftlichen Regeln für Sicherheit und Gesundheit „Dacharbeiten" (BGR 203) oder „Zimmer– und Holzbauarbeiten" (BGR 214) zu entnehmen.

(6) Dachlatten mit einer weiteren statischen Funktion für das Tragwerk (z.B. Aussteifung von Nagelbrettbindern) und deren Befestigung sind unabhängig vom Auflagerabstand nach der DIN 1052 zu berechnen. Auf Dachlatten befestigte oder geklammerte Dachdeckungen stellen keine weitere statische Funktion für das Tragwerk dar.

3.6.2 Ausführung

(1) Dachlatten sind so anzubringen, dass zwei volle Kanten auf dem Auflager aufliegen. Bei eingehängtem Deckmaterial dürfen Dachlatten nur an der nach der Traufe zeigenden oberen Lattenkante teilweise baumkantige Ausbildungen aufweisen.

(2) Jede Dachlatte ist an jedem Kreuzungspunkt am Auflager mit geeigneten Befestigungsmitteln zu befestigen. Bei einer Befestigung von tragenden Dachlatten ohne rechnerischen Nachweis mit Nägeln und ausreichender Befestigung der Konterlatte nach Tabelle 3.2 sollen Nägel nach Tabelle 3.4 oder größer verwendet werden. Bei Einzelnachweis der Verbindungsmittel kann von Tabelle 3.4 abgewichen werden.

(3) Bei der Nagelung von Dachlatten muss in einen belasteten und einen unbelasteten Rand unterschieden werden.

(4) Bei tragenden Dachlatten ohne rechnerischen Nachweis wird empfohlen, dass der Abstand vom unbelasteten Rand 5 d beträgt und der Abstand vom belasteten Rand mindestens 7 d beträgt. Die Randabstände nach Abb. 3.1 werden empfohlen. Wird von diesen Randabständen abgewichen, ist darauf zu achten, dass das Holz nicht spaltet bzw. eine dauerhafte Verbindung gewährleistet ist.

Tabelle 3.4: Dachlattenbefestigung mit Nägeln nach DIN EN 10230-1

	Nagelgröße bei Dachlattenquerschnitt			Einschlagtiefe mit d in mm
	24/48 bzw. 24/60	30/50	40/60	
Abscheren	3 x 60	3 x 70	3 x 80	> 12 x 3 = 36[1]
Abscheren und Herausziehen	3 x 60	3 x 70	3 x 80	> 12 x 3 = 36[1]

[1] Verbindung kann zweischnittig erfolgen (Nagel kann durch die Konterlatte bis in den Sparren hineingehen)

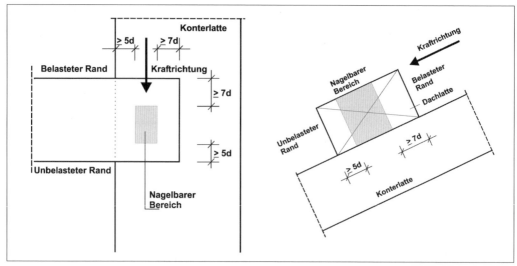

Abb. 3.1: empfohlene Nagelabstände für Dachlatten

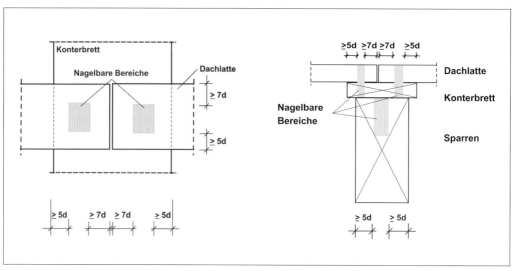

Abb. 3.2: empfohlene Nagelverbindung bei Lattenstoß mit Konterbrett

(5) Bei direkt befestigten oder verklammerten Dachdeckungen werden Nägel auf Abscheren und Herausziehen beansprucht. In diesen Fällen sind ohne Einzelnachweis Nägel der Tabelle 3.4, Dachlattenbefestigung mit Nägeln bei Belastung auf Abscheren und Herausziehen oder größer zu verwenden.

(6) Bei Lattenstößen werden die Nagelabstände nach Abb. 3.2 empfohlen. Sie können direkt auf dem Sparren, einem breiten Konterbrett bzw. -bohle, zwei parallel angeordneten Konterlatten oder mit bauaufsichtlich zugelassenen Stoßverbindern ausgeführt werden. Wird von diesen Randabständen abgewichen, ist darauf zu achten, dass das Holz nicht spaltet und eine dauerhafte Verbindung gewährleistet ist.

3.7 Schalung ohne rechnerischen Nachweis für Dachdeckung und Dachabdichtung

3.7.1 Allgemeines

(1) Schalungen aus Brettern und Platten mit Auflagerabständen bis zu 1 m und ohne weitere statische Funktion (z.B. Aussteifung von Nagelplattenbinder) sind tragende Bauteile ohne rechnerischen Nachweis.

Hinweise Holz und Holzwerkstoffe

(2) Schalungen aus Brettern müssen mindestens der Sortierklasse S 10 nach der DIN 4074-1 entsprechen. Schalungen aus Holzwerkstoffen müssen in Abhängigkeit von der Nutzungsklasse mindestens den unter Tabelle 2.4 aufgeführten Plattentypen entsprechen.

(3) Schalung aus Vollholz unter Abdichtungen ist aus gespundeten Brettern (Nut und Feder) nach der DIN 4072 herzustellen.

(4) Die Nenndicke von Brettschalung beträgt mindestens 24 mm bzw. mindestens 22 mm bei Holzwerkstoffen. Bei einem Verhältnis lichte Weite l_w zur Schalungsdicke d größer als 30 soll die Schalungsdicke erhöht werden.

Beispiel 1:

lichter Sparrenabstand l_w = 600 mm

Schalungsdicke d = 24 mm

l_w/d = 600 / 24 = 25

25 ist kleiner als 30. Die Schalungsdicke ist ausreichend.

Beispiel 2:

lichter Sparrenabstand l_w = 820 mm

Schalungsdicke d = 24 mm

l_w/d = 820 / 24 = 34

34 ist größer als 30. Somit ist eine größere Schalungsdicke erforderlich.

Ermittlung der erforderlichen Schalungsdicke

d = 820 / 30 = 27,3 ≈ 28 mm

(5) Die erforderliche Schalungsdicke kann auch durch einen Einzelnachweis nach der DIN 1052 unter Berücksichtigung der Lasten aus dem Arbeitsbetrieb (siehe Hinweise zur Lastenermittlung) ermittelt werden. Tragschalungen mit zusätzlicher statischer Funktion für das Tragwerk (z.B. Aussteifung von Nagelplattenbindern) und deren Befestigung muss unabhängig vom Auflagerabstand nach DIN 1052 berechnet werden. Auf Tragschalung befestigte Dachdeckungen stellen keine weitere statische Funktion für das Tragwerk dar.

(6) Bei Auflagerabständen über 1 m ist ein rechnerischer Nachweis nach der DIN 1052 erforderlich.

(7) Bei Brettstößen werden die Nagelabstände nach Abb. 3.3 empfohlen. Wird von diesen Randabständen abgewichen, ist darauf zu achten, dass das Holz nicht spaltet bzw. eine dauerhafte Verbindung gewährleistet ist.

(8) Die Längenänderung der Platten aus Holzwerkstoffen kann bis zu 2 mm pro Meter betragen. Zwischen den Platten sind Fugen in der Größenordnung von 2 mm/m · Plattenlänge bei Spanplatten von 1 mm/m · Plattenlänge bei Sperrholz und OSB-Platten bzw. -breite (m) anzuordnen. Es wird eine maximale Plattenlänge von 2050 mm empfohlen. Die entsprechenden Verlegevorschriften der Hersteller sind zu beachten.

3.7.2 Ausführung

(1) Parallel zu den Auflagern verlaufende Stöße dürfen nur auf den unterstützenden Bauteilen (z.B. Sparren oder Pfetten) angeordnet werden. Die Aufla-

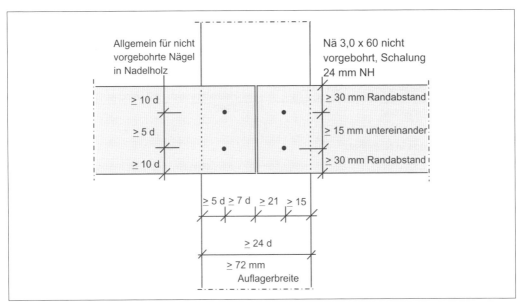

Abb. 3.3: empfohlene Nagelabstände bei Brettstößen

gertiefe sollte mindestens 20 mm betragen und ergibt sich aus den empfohlenen Nagelabständen.

(2) Bei Schalungen aus Brettern sind bis Brettbreite von 0,16 m mindestens 2, bei Brettbreiten über 0,16 m mindestens drei Verbindungsmittel pro Kreuzungspunkt zu verwenden.

(3) Die Mindestrandabstände in Sperrholz, OSB-Platten, kunstharzgebundenen Holzspanplatten und Faserplatten der technischen Klasse HB.HLA2 sollten 3 d betragen, soweit nicht die Nagelabstände im Holz maßgebend werden. Vom beanspruchten Plattenrand sollten die Abstände der Nägel oder Schrauben 4 d bei Sperrholz sowie 7 d bei OSB-Platten, kunstharzgebundenen Holzspanplatten und Faserplatten nicht unterschreiten. Der Abstand der Befestigungsmittel untereinander sollte in keiner Richtung 40 d überschritten werden. Wird von den empfohlenen Abständen abgewichen, ist darauf zu achten, dass eine dauerhafte Verbindung gewährleistet ist.

3.8 Sonstige Schalungen

3.8.1 Allgemeines

(1) Nicht sichtbar bleibende Schalungen für Unterdächer und Unterdeckungen sind aus besäumten, ungehobelten, mindestens 18 mm dicken Brettern nach der DIN 68365 Güteklasse III herzustellen.

(2) Sichtbar bleibende Schalungen (z.B. Vordach-, Ort-, Traufschalung) sind an der Sichtfläche aus gespundeten und gehobelten, mindestens 16 mm dicken Brettern nach der DIN 68365, Güteklasse II, oder gespundeten Bohlen nach der DIN 4072 herzustellen.

(3) Sichtbar bleibende Schalungen (z.B. Vordach-, Ort-, Traufschalung) aus Holzwerkstoffen, die der Bewitterung ausgesetzt sind, sollen für die Nutzungsklasse 3 geeignet sein (siehe Abschnitt 2.1.3).

(4) Schalung aus Holzwerkstoffen für nichttragende Zwecke müssen in Abhängigkeit von der Nutzungsklasse mindestens den unter Tabelle 2.5 aufgeführten Plattentypen entsprechen.

3.8.2 Ausführung

Für Schalungen von Unterdach oder Unterdeckung wird die gleiche Befestigung wie bei der Schalung ohne rechnerischem Nachweis für Dachdeckungen und Dachabdichtungen empfohlen.

3.9 Außenwandbekleidung

3.9.1 Allgemeines

Bei Außenwandbekleidungen mit kleinformatigen Platten dürfen Verankerungs-, Verbindungs- und Befestigungsmittel ohne besonderen Korrosionsschutznachweis aus korrosionsbeständigen Materialien bestehen (siehe „Hinweise für hinterlüftete Außenwandbekleidung").

3.9.2 Grundholz

(1) Grundhölzer aus Nadelholz für Außenwandbekleidungen mit kleinformatigen Platten müssen mindestens der Sortierklasse S 10 nach der DIN 4074-1 entsprechen und über einen Nennquerschnitt von 30/50 mm verfügen.

(2) Ist ein statischer Nachweis der Grundhölzer erforderlich, so ist dieser nach der DIN 1052 zu führen. Festlegungen über das Erfordernis eines statischen Nachweises sind der jeweiligen Landesbauordnung zu entnehmen.

(3) Verankerungsmittel (Verankerungselemente) für die Befestigung der Grundhölzer müssen eine ständige Zugkraft aufnehmen können. Die Art und Anzahl der erforderlichen Verankerungsmittel ergibt sich aus einem statischen Nachweis oder den Hinweisen für hinterlüftete Außenwandbekleidungen. Geeignete Produkte je nach Verankerungsgrund hierfür sind z.B.

– Schrauben-Dübel-Kombinationen mit bauaufsichtlicher Zulassung,

– Sondernägel mit Eignungsprüfung und Einstufung in Tragfähigkeitsklassen nach DIN 1052,

– Holzschrauben mit einem Gewinde nach DIN 7998,

Tabelle 3.5: Abstände in Nadelholz

Randart	vorgebohrtes Verankerungsmittel (z.B. Schrauben-Dübel – Kombination)	nicht vorgebohrtes Verankerungsmittel (z.B. Sondernagel mit Einstufungsklasse)
unbeanspruchter Rand	3 d	5 d
beanspruchter Rand	3 d	5 d
beanspruchtes Hirnholzende	12 d (mindestens 80 mm)	15 d
unbeanspruchtes Hirnholzende	7 d	12 d bei d < 5 mm 15 d bei d ≥ 5 mm
Abstände untereinander parallel zur Faser	5 d	10 d bei d < 5 mm 12 d bei d ≥ 5 mm

Hinweise Holz und Holzwerkstoffe

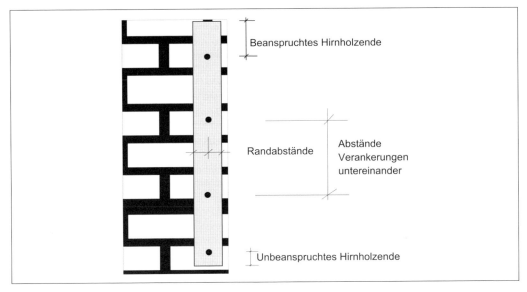

Abb. 3.4: Abstände in Nadelholz

Tabelle 3.6: Maximale Dübelabstände in cm bei Schrauben-Dübel-Kombinationen und Außenwandbekleidungen mit einer Flächenlast bis 0,40 KN/m² bis 8 m Höhe

Lattenabstand in cm		Lattenquerschnitte in mm		Dübelabstand in cm	
Grundholz	Traglatte	Grundholz	Traglatte	Normalbereich	Randbereich
≤ 65 cm	≤ 42 cm	30/50 bzw. 24/60	30/50 bzw. 24/60	N_z / 2,5 jedoch max. 80 cm	N_z / 10,5 jedoch max. 50 cm
≤ 80 cm	≤ 42 cm	30/50	30/50 bzw. 24/60	N_z / 3,1 jedoch max. 80 cm	N_z / 10,5 jedoch max. 50 cm
≤ 100 cm	≤ 42 cm	30/50	40/60	N_z / 3,8 jedoch max. 80 cm	N_z / 10,5 jedoch max. 50 cm

N_z: zulässige Lasten in N für Zug und Schrägzug unter jeden Winkel des Dübels (siehe „Hinweise für hinterlüftete Außenwandbekleidungen", Anhang I)

– selbstbohrende Holzschrauben mit einem Verwendbarkeitsnachweis mit Eignungsprüfung und Einstufung in Tragfähigkeitsklassen nach DIN 1052.

Glatte Drahtstifte sind für die Befestigung von Unterkonstruktionen von Außenwandbekleidungen nicht zugelassen. Bei der Verwendung von Schrauben-Dübel-Kombinationen ist der Zulassung zu entnehmen, ob die Anwendung nur im Druckbereich (z.B. Nylon-Dübel in Mauerwerk) oder Druck- und Zugbereich (z.B. Sonderformen für Stahlbeton-Skelett-Stützen) zulässig ist.

(4) Verankerungsmittel des Grundholzes müssen über ausreichende Randabstände nach der DIN 1052 verfügen (siehe Tabelle 3.5). Die Breite des Grundhol-

zes ergibt sich häufig aus dem Durchmesser des Verankerungsmittels und den erforderlichen Abständen bzw. der erforderlichen Fläche für die benötigten Verbindungsmittel. Dabei sind Mörtelfugen, Plattenstöße bzw. Brettstöße oder die Randabstände im Verankerungsgrund zu berücksichtigen.

(5) Die Mindestabstände der Verankerungsmittel untereinander ergeben sich aus deren Mindestabständen in der zu verankernden Schicht (z.B. Nylondübel in Hochlochziegel mit bestimmter Rohdichte) und den Durchmessern der vorgebohrten bzw. nicht vorgebohrten Verankerungsmittel der Tabelle 3.7. Der größere Wert ist maßgebend.

(6) Grundhölzer werden auf Druck und Biegung beansprucht. Um Verformungen (Ausknicken) zu

reduzieren, soll der Abstand der Verankerungsmittel bei Schrauben-Dübel-Kombinationen die Werte der Tabelle 3.6 nicht überschreiten. Bei einem Einzelnachweis des Grundholzes kann von den Tabellenwerten abgewichen werden.

Beispiel:
Berechnung des Dübelabstandes
Gegeben:
Zulässiger Auszugswert eines Dübels: 300 N
Lattenabstand des Grundholzes: 70 cm
Lattenabstand der Traglatte = 35 cm
Gesucht:
Lattenquerschnitte:
Grundholz: 30/50 mm
Traglatte: 30/50 mm oder 24/60 mm
Dübelabstand im Normalbereich:
300 N/3,1 ≈ 96 cm > 80 cm
⇒ Dübelabstand = 80 cm
Dübelabstand im Randbereich:
300 N/10,5 ≈ 28 cm < 50 cm
⇒ Dübelabstand = 28 cm

3.9.3 Traglatte

(1) Traglatten für Außenwandbekleidungen mit kleinformatigen Platten müssen mindestens der Sortierklasse S 10 nach der DIN 4074-1 entsprechen und über einen Nennquerschnitt von mindestens 30/50 mm bzw. mindestens 24/60 mm verfügen.

(2) Die Art und Anzahl der Verbindungsmittel pro Kreuzungspunkt ergibt sich aus den einwirkenden Lasten, dem Grundlatten- und dem Traglattenabstand und ist nach der DIN 1052 nachzuweisen.

Geeignete Verbindungsmittel sind z.B.
– Sondernägel nach DIN 1052 mit allgemeinem bauaufsichtlichen Prüfzeugnis,
– Holzschrauben mit einem Gewinde nach DIN 7998,
– Schrauben nach DIN 1052 mit allgemeinem bauaufsichtlichen Prüfzeugnis.

(3) Für den erforderlichen Korrosionsschutz der Verbindungsmittel sind die „Hinweise für hinterlüftete Außenwandbekleidungen" zu beachten.

(4) Verbindungsmittel für Traglatten aus Nadelholz müssen über ausreichende Randabstände und Abstände untereinander verfügen. Bei Grund- und Traglatten aus Nadelholz sind mindestens die Abstände nach Tabelle 3.7 einzuhalten. Lattenstöße sind auf einer ausreichend breiten Grundlatte oder einer zweiten Grundlatte auszuführen.

(5) Bei der Verwendung von zwei Verbindungsmitteln pro Kreuzungspunkt zur Befestigung der Traglatte sollen diese diagonal versetzt werden. Abb. 3.6 ist zu beachten.

Tabelle 3.7: Mindestabstände von Nägeln in Abhängigkeit von dem Winkel der Krafteinleitung

		Nadelholz			
		90° (z.B. Traglatte)		0° (z.B. Grundholz)	
		nicht vorgebohrt	vorgebohrt	nicht vorgebohrt	vorgebohrt
a_1	parallel zur Faserrichtung	d < 5 mm: 5 d d ≥ 5 mm: 5 d	3d	d < 5 mm: 10 d d ≥ 5 mm: 12 d	5 d
a_2	rechtwinklig zur Faserrichtung	5 d	3 d	5 d	3 d
$a_{1,t}$	beanspruchtes Hirnholzende	10 d	7 d	15 d	12 d
$a_{1,c}$	unbeanspruchtes Hirnholzende	d < 5 mm: 7d d ≥ 5 mm: 10 d	7 d	d < 5 mm: 12 d d ≥ 5 mm: 15 d	7 d
$a_{2,t}$	beanspruchter Rand	d < 5 mm: 7 d d ≥ 5 mm: 10 d	7 d	d < 5 mm: 5 d d ≥ 5 mm: 5 d	3 d
$a_{2,c}$	unbeanspruchter Rand	5 d	3 d	5 d	3d

Hinweise Holz und Holzwerkstoffe

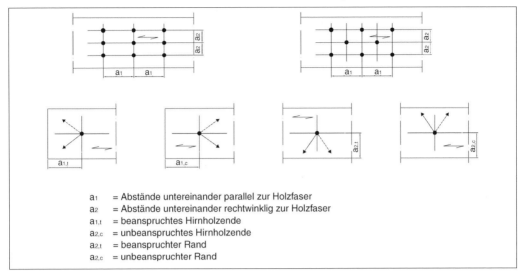

Abb. 3.5: Abstände von Verbindungsmitteln (nach DIN 1052)

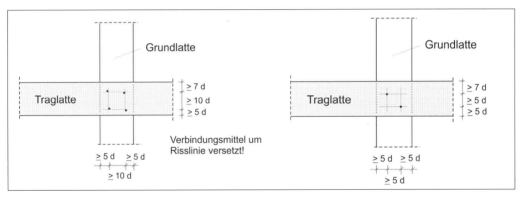

Abb. 3.6: Randabstände in Nadelholz für Nägel mit einem Durchmesser < 5 mm im Knotenpunkt Grundholz/ Traglatte bei Außenwandbekleidung für Sondernägel, Schrauben etc.

3.9.4 Schalung

(1) Schalung aus Nadelholz für Außenwandbekleidungen mit kleinformatigen Platten soll mindestens der Sortierklasse S 10 nach der DIN 4074-1 entsprechen und über eine Nenndicke von 24 mm verfügen. Hinsichtlich der erforderlichen Schalungsdicke sind die „Fachregeln für Außenwandbekleidung" zu beachten.

(2) Die Art und Anzahl der Verbindungsmittel pro Kreuzungspunkt ergibt sich aus den einwirkenden Lasten und dem Grundlattenabstand und ist nach DIN 1052 nachzuweisen. Bei Schalungen aus Brettern sind bis Brettbreite von 0,16 m mindestens zwei, bei Brettbreiten über 0,16 m mindestens drei Verbindungsmittel pro Kreuzungspunkt zu verwenden.

(3) Geeignete Verbindungsmittel sind z.B.

– Sondernägel mit Eignungsprüfung und Einstufung in Tragfähigkeitsklassen nach DIN 1052,

– Holzschrauben mit einem Gewinde nach DIN 7998,

– Schrauben mit Verwendbarkeitsnachweis mit Eignungsprüfung und Einstufung in Tragfähigkeitsklassen nach DIN 1052.

(4) Es sind mindestens korrosionsbeständige Verbindungsmittel zu verwenden. Die „Hinweise für hinterlüftete Außenwandbekleidungen" sind zu beachten.

(5) Verbindungsmittel für Schalungen aus Nadelholz müssen über ausreichende Randabstände und

Abstände untereinander verfügen. Bei Grundlatten und Schalung aus Nadelholz sind mindestens die Abstände nach Tabelle 3.7 einzuhalten. Brettstöße sind auf einer ausreichend breiten Grundlatte oder einer zweiten Grundlatte auszuführen.

3.10 Bohlen und Kanthölzer

(1) Die Befestigung von Bohlen und Kanthölzern hat sich an dem jeweiligen Verwendungszweck zu orientieren. Es wird für die Befestigung von Bohlen und Kanthölzern gemäß den unterschiedliche Beanspruchungen unterschieden. Die „Hinweise zur Lastenermittlung" sind zu beachten.

(2) Bei Dachdeckungen werden die Befestigungsmittel der Bohlen überwiegend einfach (Abscheren), bei Abdichtungen mehrfach (Abscheren und Herausziehen) beansprucht. Die verwendeten Befestigungsmittel müssen für diese Lastfälle geeignet sein. Die Herstellerangaben zu den Befestigungsmitteln bzw. die Angaben in Kapitel 3.1 „Verbindungsmittel" sind zu beachten.

(3) Bei einfacher Beanspruchung auf Abscheren ist die Befestigung der Bohle oder des Kantholzes mit Drahtstiften in jedem Kreuzungspunkt ausreichend. Die erforderliche Einschlagtiefe ist zu berücksichtigen.

(4) Bohlen und Kanthölzer können einfach auf verschiedenen Untergründen oder mehrfach aufeinander verwendet werden. Bei der Verwendung von mehreren Bohlen oder Kanthölzern übereinander ist jede Bohle oder jedes Kantholz zu befestigen.

(5) Bei mehrfacher Beanspruchung auf Abscheren und Herausziehen haben sich die in Tabelle 3.8 verwendeten Ausführungsbeispiele in der Praxis bewährt. Bei Einzelnachweis kann von den Tabellenwerten abgewichen werden. Andere Befestigungen müssen den dort gewählten Beispielen entsprechen und sind bei der Planung festzulegen und in der Leistungsbeschreibung anzugeben. Bei Gebäudehöhen über 40 m ist stets ein Einzelnachweis durch den Tragwerksplaner o. a. erforderlich.

(6) Werden Bohlen oder Kanthölzer durch die Dämmstoffe hindurch an der tragenden Unterkonstruktion befestigt, erfolgt eine zusätzliche Beanspruchung der Befestigungen auf Biegung. Diese größere Belastung kann durch die Abstände der nächst höheren Einteilung oder durch die Verwendung von größeren Befestigungen berücksichtigt werden.

(7) Bohlen oder Kanthölzer sind bei Aufsparrendämmungen nach der Typenstatik des Herstellers zu befestigen.

(8) Werden Kanthölzer in die tragende Dachkonstruktion eingebunden, werden für die Verbindungen untereinander häufig bauaufsichtlich zugelassene Verbindungsmittel wie Balkenschuhe, Sparrenpfettenanker, Winkel o. Ä. verwendet.

4 Holzschutz

4.1 Allgemeines

(1) Maßnahmen zum Holzschutz sind bei der Errichtung von Neubauten für tragende Bauteile (siehe auch Kapitel 1.2 „Begriffe") erforderlich. Die erforderlichen Maßnahmen beziehen sich auf das ganze Bauteil und sind bereits bei der Planung vorzusehen.

(2) Bei bestehenden Gebäuden kann der Holzschutz für tragende Bauteile durch bauliche Maßnahmen zur Modernisierung oder Rekonstruktion von Bauwerken erforderlich werden. Die erforderlichen Maßnahmen beziehen sich auf das ganze Bauteil und sind bereits bei der Planung vorzusehen.

(3) Bei tragenden Bauteilen ist ein Holzschutz entsprechend der Gefährdungsklasse vorzusehen. Tragende Bauteile ohne rechnerischen Nachweis (siehe Kapitel 1.2 (6) bis (8)) dürfen der Gefährdungsklasse 0 zugeordnet werden.

Tabelle 3.8: Verankerungsmittel für Bohlen bei mehrfacher Beanspruchung

Befestigungsart	Verankerungsmittel	Befestigungsabstände bei Gebäudehöhen		
		bis 8 m	über 8 m bis 20 m	über 20 m bis 40 m
Holz auf Beton ($\geq$ B 25)	verzinkte Schrauben Ø 7 mm mit Dübel	1,00 m	0,66 m	0,50 m
Holz auf Gasbeton	verzinkte Schrauben Ø 7 mm mit Spezialdübel	0,90 m	0,50 m	0,33 m
Holz auf Profilblech	verzinkte Blechschrauben Ø 4,2 mm	0,50 m	0,33 m	0,25 m
Holz auf Vollholz	verzinkte Holzschrauben Ø 6 mm	0,80 m	0,50 m	0,33 m

Tabelle 4.1: Gefährdungsklassen (GK) in Anlehnung an die DIN 68800-3

Gefährdungs-Klassen	Anforderung an das Holzschutzmittel	erforderliches Prüfprädikat für tragende Bauteile allgemein	erforderliches Prüfprädikat für tragende Bauteile ohne rechnerischen Nachweis
0		kein Holzschutzmittel erforderlich	
1	insektenvorbeugend	Iv	Nicht erforderlich
2	insektenvorbeugend pilzwidrig	Iv, P	
3	insektenvorbeugend pilzwidrig witterungsbeständig	Iv, P, W	
4	insektenvorbeugend pilzwidrig witterungsbeständig moderfäulewidrig	Iv, P, W, E	

(4) Als Holzschutz sind alle Maßnahmen zu verstehen, die zur Erhaltung und Verlängerung der Funktionstüchtigkeit und Gebrauchsdauer von Holz und Holzwerkstoffen dienen. Für tragende Bauteile wird nach der DIN 68800 in „vorbeugende bauliche Maßnahmen" (DIN 68800-2) und „vorbeugender chemischer Holzschutz" (DIN 68800-3) unterschieden. Der Begriff „Imprägnierung" ist nicht normgerecht und dementsprechend nicht mit Holzschutz nach der DIN 68800-3 gleichzusetzen.

(5) Die erforderlichen Maßnahmen zum Holzschutz ergeben sich aus dem Anwendungsbereich und der statischen Funktion des Bauteils. Die unterschiedlichen Gefährdungen werden nach der DIN 68800-3 „vorbeugender chemischer Holzschutz" in Gefährdungsklassen eingeteilt (siehe Tabelle 4.1). Durch bauliche Maßnahmen gemäß der DIN 68800-2 kann bei Dächern die Gefährdungsklasse 1 oder 0 erreicht werden.

(6) Konstruktionen, die einer geringeren Gefährdungsklasse entsprechen, sind grundsätzlich zu bevorzugen.

(7) Vorbeugende bauliche Maßnahmen sind auch dann zu berücksichtigen, wenn der Einsatz von chemischem Holzschutz nach der DIN 68800-3 erforderlich ist.

(8) Zu entsorgende Hölzer, die mit Holzschutzmittel behandelt worden sind, sind besonders überwachungsbedürftige Abfälle. Die geltenden Regelungen des Kreislaufwirtschafts- und Abfallgesetzes, wie z.B. Altholzverordnung, sind zu beachten.

4.2 Vorbeugende bauliche Maßnahmen

4.2.1 Allgemeines

(1) Vorbeugende bauliche Maßnahmen sind alle konstruktiven und bauphysikalischen Maßnahmen, die eine unzuträgliche Veränderung des Feuchtegehaltes von Holz und Holzwerkstoffen oder den Zutritt von holzzerstörenden Insekten (Trockenholzinsekten) zu verdeckt angeordneten Holzteilen verhindern soll.

(2) Eine unzuträgliche Veränderung des Feuchtegehaltes liegt dann vor, wenn z.B. durch schädliches Tauwasser in unbelüfteten Konstruktionen die Voraussetzung für holzzerstörenden Pilzbefall oder durch übermäßiges Schwinden oder Quellen die Brauchbarkeit der Konstruktion beeinträchtigt werden kann.

(3) Bei Holz ist eine Erhöhung des massebezogenen Feuchtegehaltes um mehr als 5 %, bei Holzwerkstoffen um 3 % unzulässig (Holzwolle-Leichtbauplatten und Mehrschicht-Leichtbauplatten nach der DIN EN 13168 sind hiervon ausgenommen).

4.2.2 Besondere Maßnahmen bei tragenden Bauteilen mit rechnerischem Nachweis

(1) Bei Transport und Lagerung sind Holz und Holzwerkstoffe gegen Niederschläge abzudecken und gegen Bodenfeuchtigkeit zu schützen.

(2) Holz ohne chemischen Holzschutz und einer Einbaufeuchte von mehr als 20 % muss durch geeignete Maßnahmen innerhalb von sechs Monaten eine Holzfeuchte ≤ 20 % ohne Beeinträchtigung der Gesamtkonstruktion erreichen können.

(3) Bei nicht belüfteten, wärmegedämmten Dach- und Wandkonstruktionen mit einer außenliegenden Abdeckung/Abdichtung aus diffusionshemmenden Material (siehe „Merkblatt Wärmeschutz bei Dach und Wand") ist der Einbau von trockenem Holz zwingend erforderlich, da die Holzfeuchte in der Konstruktion sonst nicht schadenfrei entweichen kann.

(4) Während des Einbaus und danach sind Holzwerkstoffe unverzüglich vor Niederschlägen zu schützen.

(5) Borkenreste und Bast sind zu entfernen.

(6) Andere Bau- und Dämmstoffe innerhalb eines Bauteilquerschnittes sind so einzubauen, dass dadurch keine Gefährdung für angrenzende Teile aus Holz und Holzwerkstoffe entsteht.

4.2.3 Besondere Maßnahmen bei tragenden Bauteilen ohne rechnerischen Nachweis

(1) Bei Transport und Lagerung sind Holz und Holzwerkstoffe gegen Niederschläge abzudecken und gegen Bodenfeuchtigkeit zu schützen.

(2) Während des Einbaus und danach sind Holzwerkstoffe unverzüglich vor Niederschlägen zu schützen.

(3) Borkenreste und Bast sind zu entfernen.

(4) Weitere Maßnahmen gemäß Abschnitt 4.2.2 werden empfohlen.

4.3 Bauliche Maßnahmen für Konstruktionen ohne chemischen Holzschutz

4.3.1 Nicht belüftete geneigte Dächer

(1) Nicht belüftete Dächer nach Abb. 4.1 dürfen der Gefährdungsklasse 0 zugeordnet werden, wenn eine der nachstehend genannten Ausbildungen für die obere Abdeckung der Sparren vorliegt:

– obere Abdeckung (z. B. Unterdeckbahn) mit diffusionsäquivalenter Luftschichtdicke $s_d \leq 0{,}2$ m,

– obere Abdeckung mit offener Brettschalung, Brettbreite 100 mm, Fugenbreite ≥ 5 mm, und aufliegender wasserableitender Schicht (z.B. Unterdeckbahn) mit $s_d \leq 0{,}02$ m,

– obere Abdeckung mit $s_d \leq 0{,}2$ m, Dachdeckung oberhalb der Konterlattung und des belüfteten Hohlraumes: Brettschalung mit Zwischenlage und Sonderdeckung, z. B. Blech oder Schiefer.

(2) An der Raumseite sind zusätzliche Bekleidungen oder Vorhangschalen zulässig, sofern der Tauwasserschutz nach der DIN 4108-3 für den Gesamtquerschnitt gegeben ist.

(3) Die Dachunterseite ist vollflächig luftdicht auszubilden (siehe „Merkblatt Wärmeschutz bei Dach und Wand"), auch im Bereich von Durchdringungen und Anschlüssen, entweder durch die unterseitige Bekleidung oder durch eine zusätzliche Schicht (z.B. Dampfsperrschicht).

(4) Als insektenundurchlässige Ausführung siehe Abb. 4.2.

(5) Unterspannbahnen, die nur überlappend verlegt werden, sind nicht insektenundurchlässig.

4.3.2 Einsehbare Dachkonstruktionen

Dachkonstruktionen von Wohngebäuden oder dergleichen dürfen der Gefährdungsklasse 0 zugeordnet werden, wenn die Dachräume zugänglich sind und die Holzkonstruktion einsehbar und kontrollierbar ist (siehe Abb. 4.3). Tragende Bauteile ohne rechnerischen Nachweis dürfen sinngemäß ebenfalls der Gefährdungsklasse 0 zugeordnet werden.

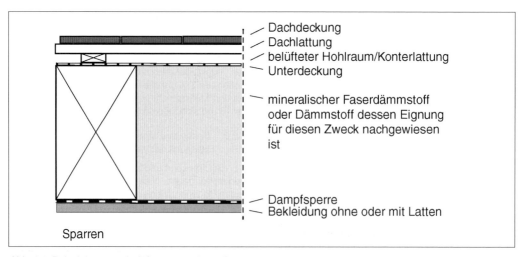

Abb. 4.1: Beispiele von unbelüfteten geneigten Dächern

Hinweise Holz und Holzwerkstoffe

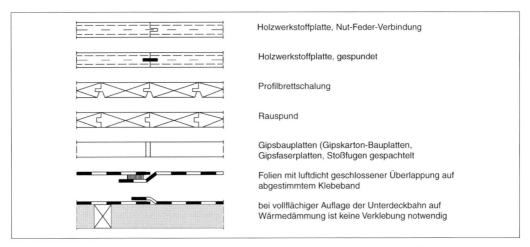

Abb. 4.2: Beispiele für geschlossene Bekleidungen als Voraussetzung eines wirksamen Schutzes gegen Insektenbefall

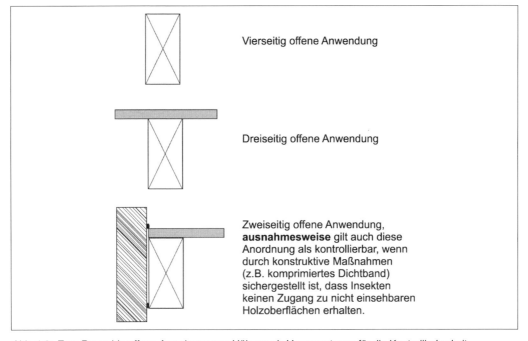

Abb. 4.3: Zum Raum hin offene Anordnung von Hölzern als Voraussetzung für die Kontrollierbarkeit

4.3.3 Unbelüftete Dächer mit Abdichtungen

Unbelüftete wärmegedämmte Dächer mit Abdichtungen dürfen der Gefährdungsklasse 0 zugeordnet werden (siehe Abb. 4.4). An der Raumseite sind zusätzliche Bekleidungen oder Vorhangschalen zulässig, sofern der Tauwasserschutz nach der DIN 4108-3 für den Gesamtquerschnitt gegeben ist.

4.3.4 Außenwände

Nicht belüftete Wandquerschnitte nach Abb. 4.5 dürfen der Gefährdungsklasse 0 zugeordnet werden, wenn eine der nachstehend genannten Ausbildungen des Wetterschutzes vorliegt:

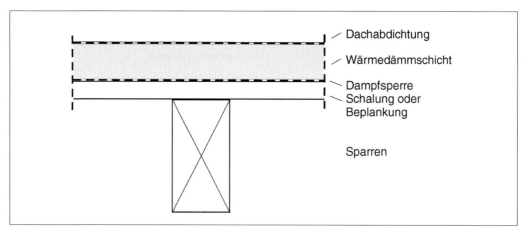

Abb. 4.4: Unbelüftetes Flachdach

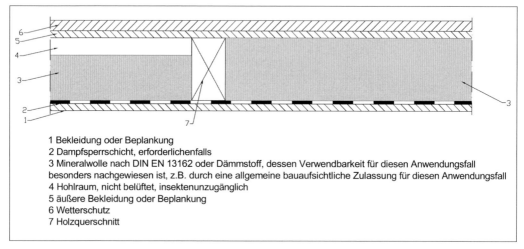

1 Bekleidung oder Beplankung
2 Dampfsperrschicht, erforderlichenfalls
3 Mineralwolle nach DIN EN 13162 oder Dämmstoff, dessen Verwendbarkeit für diesen Anwendungsfall besonders nachgewiesen ist, z.B. durch eine allgemeine bauaufsichtliche Zulassung für diesen Anwendungsfall
4 Hohlraum, nicht belüftet, insektenunzugänglich
5 äußere Bekleidung oder Beplankung
6 Wetterschutz
7 Holzquerschnitt

Abb. 4.5: Wände in Holzständerbauweise

- vorgehängte Bekleidung oder dergleichen auf lotrechter Lattung oder auf waagerechter mit Konterlattung, Hohlraum zwischen Wand und Bekleidung belüftet,
- vorgehängte Bekleidung oder dergleichen auf waagerechter Lattung, Hohlraum nicht belüftet, wasserableitende Schicht mit diffusionsäquivalenter Luftschichtdicke $s_d < 0,2$ m auf der äußeren Wandbekleidung oder -beplankung.

In beiden Fällen darf die Lattung der Gefährdungsklasse 0 zugeordnet werden.

Das gilt nicht für Schwellen oder Rippen, die auf folgenden Bauteilen aufliegen: Decken, die unmittelbar an das Erdreich grenzen (Bodenplatten), Decken im Bereich von Terrassen, Massivdecken im Bereich von Balkonen.

4.4 Vorbeugender chemischer Holzschutz

(1) Chemischer Holzschutz für Holz wird nach der DIN 68800-3 ausgeführt und muss den in Kapitel 4.1, Tabelle 4.1 genannten Prüfprädikaten entsprechen. Inhalte, Bescheinigungen und Kennzeichnung einer ausgeführten chemisch vorbeugenden Holzschutzbehandlung können dem Anhang A II 2 entnommen werden.

(2) Chemischer Holzschutz für Holzwerkstoffe wird nach der DIN 68800-5 durchgeführt.

(3) Die Art der chemischen Schutzmittelbehandlung und das zugehörige Prüfprädikat sind auf den Querschnitten sichtbar anzugeben.

(4) Die Anwendung von Holzschutzmittel erfordert ausreichende Kenntnisse über biozide Wirkstoffe

sowie Erfahrung mit dem Baustoff Holz, den bestehenden Schadensmöglichkeiten und den einzusetzenden Holzschutzmittel und -verfahren.

(5) Holzschutzmittel können die Gesundheit beeinträchtigen. Bei Umgang mit diesen Mitteln, Lagerung und Entsorgung sind die Gebrauchsanweisung des Herstellers, die Unfallverhütungsvorschriften, die Gefahrstoffverordnung und der Leitfaden „Einstufung und Kennzeichnung von Holzschutzmittel nach der Gefahrstoffverordnung" zu beachten.

Anhang I

Tabellen und Abbildungen

AI 1 Sortierkriterien für Latten bei der visuellen Sortierung
AI 2 Sortierkriterien für Bretter und Bohlen bei der visuellen Sortierung
AI 3 Sortierkriterien für Kanthölzer bei der visuellen Sortierung
AI 4 Mindestanforderungen an den Korrosionsschutz

Tabelle AI 1: Sortierkriterien für Latten bei der visuellen Sortierung (nach DIN 4074)

Sortiermerkmale	Sortierklassen	
	S 10	S 13
Äste[1] • im Allgemeinen • bei Kiefer	bis 1/2 bis 2/5	bis 1/3 bis 1/5
Faserneigung	bis 12 %	bis 7 %
Markröhre	nicht zulässig[2]	nicht zulässig
Jahrringbreite • im Allgemeinen • bei Douglasie	bis 6 mm bis 8 mm	bis 6 mm bis 8 mm
Risse • Schwindrisse[3] • Blitzrisse, Ringschäle	zulässig nicht zulässig	zulässig nicht zulässig
Baumkante	bis 1/3	bis 1/4
Krümmung[3] • Längskrümmung • Verdrehung	bis 12 mm 1 mm / 25 mm Breite	bis 8 mm 1 mm / 25 mm Breite
Verfärbungen, Fäule • Bläue • nagelfeste braune und rote Streifen • Braunfäule, Weißfäule	zulässig bis 3/5 nicht zulässig	zulässig bis 2/5 nicht zulässig
Druckholz	bis 3/5	bis 2/5
Insektenfraß durch Frischholzinsekten	Fraßgänge bis 2 mm Durchmesser: zulässig	
sonstige Merkmale	sind in Anlehnung an die übrigen Sortiermerkmale sinngemäß zu berücksichtigen	

[1] Kanten- und Schmalseitenäste, die von einer Schmalseite zur anderen durchlaufen, sind nicht zulässig.
[2] Bei Fichte zulässig.
[3] Diese Sortiermerkmale bleiben bei nicht trockensortierten Hölzern unberücksichtigt.

AI 1.1 Äste in Latten

(1) Äste werden nur auf den Breitseiten und dort kantenparallel gemessen. Bei Kanten- und Schmalseitenästen ist zu prüfen, ob sie von einer Schmalseite zur anderen durchlaufen. Bei Latten mit Markröhre gelten beidseitig erscheinende Kanten- und Schmalseitenäste als ein durchlaufender Ast.

(2) Die Ästigkeit A berechnet sich aus der Summe der nach (1) bestimmten Astmaße a_3 auf einer Breitseite innerhalb einer Messlänge von 50 mm, geteilt durch das Maß der Breite b (siehe Abb. AI 1.1). Maßgebend ist die größte Ästigkeit.

Hinweise Holz und Holzwerkstoffe

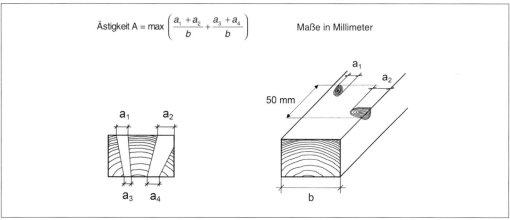

Quelle: Holzabsatzfonds

Abb. AI 1.1: Messung der Äste und Berechnung der Ästigkeit A bei Latten

AI 1.2 Baumkante bei Latten

Die zulässige Baumkante wird nach Abb. AI 1.2 ermittelt.

Die Breite der Baumkante $h - h_1$ bzw. $b - b_1$ wird auf die jeweilige Querschnittsseite projiziert gemessen und als Bruchteil K der Querschnittsseite angegeben. $$K = \max \begin{pmatrix} \frac{h-h_1}{h}; \\ \frac{b-b_1}{b}; \\ \frac{b-b_2}{b} \end{pmatrix} \begin{bmatrix} \frac{b-b_1}{b}; \\ \frac{d-d_1}{d}; \\ \frac{d-d_2}{d} \end{bmatrix}$$	Sortierklassen	
	S 10	S 13
	bis 1/3	bis 1/4

Quelle: Holzabsatzfonds

Abb. AI 1.2: Sortierkriterien für Latten nach Anteil der Baumkanten (K) bei visueller Sortierung

Tabelle AI 2: Sortierkriterien für Bretter und Bohlen bei der visuellen Sortierung (vorwiegend hochkant biegebeanspruchte Bretter und Bohlen sind wie Kantholz zu sortieren) (nach DIN 4074)

Sortiermerkmale	Sortierklassen		
	S 7	S 10	S 13
Äste • Einzelast • Astansammlung • Schmalseitenast[1)]	bis 1/2 bis 2/3 —	bis 1/3 bis 1/2 bis 2/3	bis 1/5 bis 1/3 bis 1/3
Faserneigung	bis 16 %	bis 12 %	bis 7 %
Markröhre	zulässig	zulässig	nicht zulässig
Jahrringbreite • im Allgemeinen • bei Douglasie	bis 6 mm bis 8 mm	bis 6 mm bis 8 mm	bis 4 mm bis 6 mm
Risse • Schwindrisse[2)] • Blitzrisse, Ringschäle	zulässig nicht zulässig	zulässig nicht zulässig	zulässig nicht zulässig
Baumkante	bis 1/3	bis 1/3	bis 1/4
Krümmung[2)] • Längskrümmung • Verdrehung • Querkrümmung	bis 12 mm 2 mm / 25 mm Breite bis 1/20	bis 8 mm 1 mm / 25 mm Breite bis 1/30	bis 8 mm 1 mm / 25 mm Breite bis 1/50
Verfärbungen, Fäule • Bläue • nagelfeste braune und rote Streifen • Braunfäule, Weißfäule	zulässig bis 3/5 nicht zulässig	zulässig bis 2/5 nicht zulässig	zulässig bis 1/5 nicht zulässig
Druckholz	bis 3/5	bis 2/5	bis 1/5
Insektenfraß durch Frischholzinsekten	Fraßgänge bis 2 mm Durchmesser: zulässig		
sonstige Merkmale	sind in Anlehnung an die übrigen Sortiermerkmale sinngemäß zu berücksichtigen		

[1)] Dieses Sortiermerkmal gilt nicht für Bretter für BS-Holz.
[3)] Diese Sortiermerkmale bleiben bei nicht trocken sortierten Hölzern unberücksichtigt.

AI 2.1 Äste in Bretter und Bohlen

(1) Äste werden kantenparallel und dort gemessen, wo der Astquerschnitt zu Tage tritt. Dabei sind zwei Sonderfälle zu beachten:

– Kantenast: Der auf der inneren, dem Mark zugewandten Seite sichtbare Teil des Kantenastes (a_1 in Abb. AI 2.1) bleibt unberücksichtigt, wenn das auf der Schmalseite vorhandene Astmaß (a_2), auf die Schmalseite bezogen, die in Tabelle AI 2 für den Einzelast angegebenen Werte nicht überschreitet.

– Schmalseitenast: Bei Ästen, die auf der Schmalseite zu Tage treten, ist zusätzlich zu ermitteln, über welchen Anteil der Brettbreite sie sich erstrecken (siehe Abb. AI 2.4 und Abb. AI 2.5).

Hinweise Holz und Holzwerkstoffe

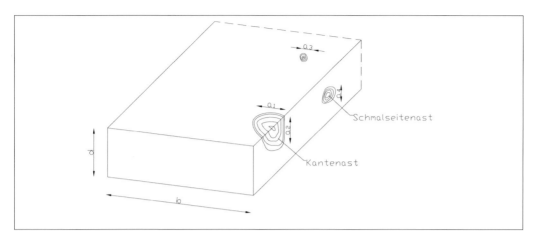

Abb. AI 2.1: Astmaße in Brettern und Bohlen

(2) Als Sortiermerkmale sind drei Kriterien zu berücksichtigen:
– Einzelast: Die Ästigkeit A berechnet sich aus der Summe der nach (1) bestimmten Astmaße a auf allen Schnittflächen, auf denen der Ast auftritt, geteilt durch das doppelte Maß der Breite b (siehe Abb. A I 2.2)
– Astansammlung: Die Ästigkeit A berechnet sich aus der Summe der nach (1) bestimmten Astmaße a aller Astflächen, die sich überwiegend innerhalb einer Messlänge von 150 mm befinden, geteilt durch das doppelte Maß der Breite b (siehe Abb. A I 2.3). Astmaße, die sich überlappen, werden nur einfach berücksichtigt. Astmaße unter 5 mm bleiben unberücksichtigt.
– Schmalseitenast: Bei Schmalseitenästen ist die Summe der auf die Brettbreite projizierten Längen der Äste bezogen auf die Breite (siehe Abb. A I 2.4 und Abb. A I 2.5) ein zusätzliches Sortiermerkmal.

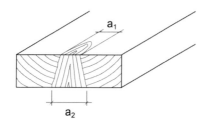

$$A = \frac{a_1 + a_2}{2}$$

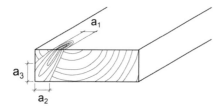

$$A = \frac{a_1 + a_2 + a_3}{2}$$

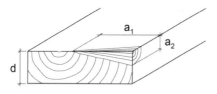

$$A = \frac{a_1 + a_2}{2b}$$

falls $a_2/d \leq$ Grenzwert nach AI 2.1:

$$A = \frac{a_2}{2b}$$

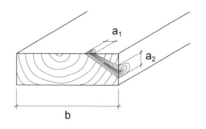

$$A = \frac{a_1 + a_2}{2b}$$

Quelle: Holzabsatzfonds

Abb. AI 2.2: Astmaße und Berechnung der Ästigkeit A bei Einzelast

Hinweise Holz und Holzwerkstoffe

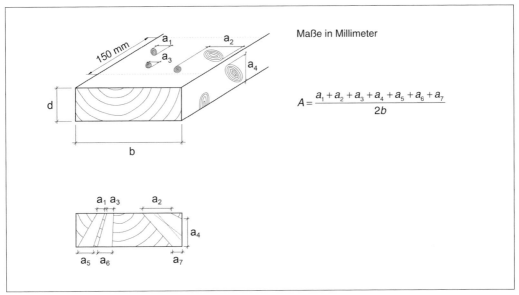

Quelle: Holzabsatzfonds
Abb. AI 2.3: Astmaße und Berechnung der Ästigkeit A bei Astansammlung

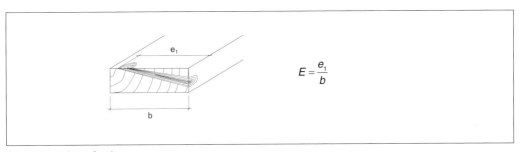

Quelle: Holzabsatzfonds
bb. AI 2.4: Bestimmung der projizierten Astlänge e_1 bei einem Schmalseitenast

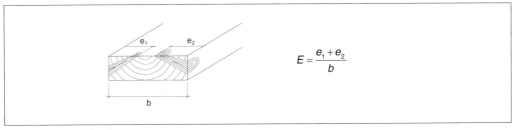

Quelle: Holzabsatzfonds
Abb. AI 2.5: Bestimmung der projizierten Astlänge e_i bei mehreren Schmalseitenästen

Tabelle AI 3: Sortierkriterien für Kanthölzer und vorwiegend hochkant (K) biegebeanspruchte Bretter und Bohlen bei der visuellen Sortierung (nach DIN 4074)

Sortiermerkmale	Sortierklassen		
	S 7, S7K	S 10, S10 K	S 13, S13K
Äste	bis 3/5	bis 2/5	bis 1/5
Faserneigung	bis 16 %	bis 12 %	bis 7 %
Markröhre	zulässig	zulässig	nicht zulässig[1]
Jahrringbreite • im Allgemeinen • bei Douglasie	bis 6 mm bis 8 mm	bis 6 mm bis 8 mm	bis 4 mm bis 6 mm
Risse • Schwindrisse[2] • Blitzrisse, Ringschäle	bis 3/5 nicht zulässig	bis 1/2 nicht zulässig	bis 2/5 nicht zulässig
Baumkante	bis 1/3	bis 1/3	bis 1/4
Krümmung[2] • Längskrümmung • Verdrehung	bis 12 mm 2 mm / 25 mm Breite	bis 8 mm 1 mm / 25 mm Breite	bis 8 mm 1 mm / 25 mm Breite
Verfärbungen, Fäule • Bläue • nagelfeste braune und rote Streifen • Braunfäule, Weißfäule	zulässig bis 3/5 nicht zulässig	zulässig bis 2/5 nicht zulässig	zulässig bis 1/5 nicht zulässig
Druckholz	bis 3/5	bis 2/5	bis 1/5
Insektenfraß durch Frischholzinsekten	Fraßgänge bis 2 mm Durchmesser: zulässig		
sonstige Merkmale	sind in Anlehnung an die übrigen Sortiermerkmale sinngemäß zu berücksichtigen		

[1] Bei Kantholz mit einer Breite > 120 mm zulässig.
[2] Diese Sortiermerkmale bleiben bei nicht trocken sortierten Hölzern unberücksichtigt.

A I 3.1 Äste in Kanthölzern

(1) Maßgebend ist der kleinste sichtbare Durchmesser a der Äste. Bei Kantenästen gilt die Bogenhöhe (siehe a_1 in Abb. A I 3.1), wenn diese kleiner als der Durchmesser ist.

(2) Die Ästigkeit A berechnet sich aus dem nach (1) bestimmten Durchmesser a, geteilt durch das Maß b bzw. h der zugehörigen Querschnittsseite (siehe Abb. A I 3.1) Maßgebend ist die größte Ästigkeit.

Hinweise Holz und Holzwerkstoffe

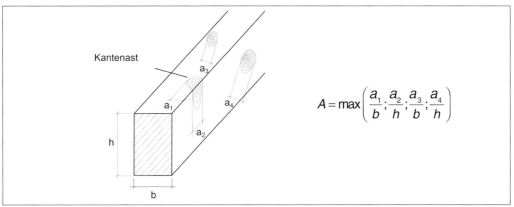

Quelle: Holzabsatzfonds

Abb. A I 3.1: Astmaße und Berechnung der Ästigkeit in Kanthölzern

Tabelle AI 4: Mindestanforderungen an den Korrosionsschutz für metallische Bauteile und Verbindungsmittel (nach DIN 1052)

	Mittlere Zinkschichtdicke in µm und/oder andere Schutzmaßnahme		
	Nutzungsklasse 1 und 2 bei C1 oder C2[1)]	Nutzungsklasse 1 oder 2 bei C3[1)]	Nutzungsklasse 1, 2 bei C4 oder C5-I[1)]
Nägel, Stabdübel, Schrauben, Bolzen, Scheiben, Muttern, Dübel	Keine[2) 3)]	Keine[2) 3)]	55 [4)]
Klammern		nichtrostender Stahl[5)]	nichtrostender Stahl[5)]
Stahlbleche mit einer Dicke bis zu 3 mm[6)]	20	20 plus Beschichtung	nichtrostender Stahl[5)] oder nachgewiesener Korrosionsschutz
Stahlbleche mit einer Dicke zwischen 3 und 5 mm	7[7)]	30[7)]	nichtrostender Stahl[5)] oder nachgewiesener Korrosionsschutz

[1)] Umgebungsbedingungen C1–C5 nach DIN EN ISO 12944-2

Korrosionsbelastung	außen	innen
C1 unbedeutend		Geheizte Gebäude mit neutralen Atmosphären, z.B. Büros, Läden, Schulen, Hotels
C2 gering	Atmosphären mit geringer Verunreinigung. Meistens ländliche Gebiete.	Ungeheizte Gebäude, wo Kondensation auftreten kann, z.B. Lager, Sporthallen.
C3 mäßig	Stadt- und Industrieatmosphäre, mäßige Verunreinigung durch Schwefeldioxid. Küstenbereiche mit geringer Salzbelastung.	Produktionsräume mit hoher Feuchte und etwas Luftverunreinigung, z.B. Anlagen zur Lebensmittelherstellung, Wäschereien, Brauereien, Molkereien.
C4 stark	Industrielle Belastung und Küstenbereiche mit mäßiger Salzbelastung	Chemieanlagen, Schwimmbäder, Bootsschuppen über Meerwasser
C 5-I sehr stark (Industrie)	Industrielle Bereiche mit hoher Feuchte und aggressiver Atmosphäre	Gebäude oder Bereiche mit nahezu ständiger Kondensation und mit starker Verunreinigung
C5-M sehr stark (Meer)	Küsten- und Offshore-Bereiche mit hoher Salzbelastung	Gebäude oder Bereiche mit nahezu ständiger Kondensation und mit starker Verunreinigung

[2)] Bei einseitigen Dübeln aus Stahlblech muss eine mittlere Zinkschichtdicke von mindestens 55 µm aufgebracht werden.
[3)] Bei Stahlblech-Holzverbindungen mit außenliegenden Blechen müssen Nägel und Schrauben eine mittlere Zinkschichtdicke von mindestens 7 µm aufweisen.
[4)] Bei starker Korrosionsbelastung (z.B. C5-M nach DIN EN ISO 12944-2) sind zusätzliche Maßnahmen erforderlich.
[5)] z.B. nichtrostende Stähle für die entsprechende Widerstandsklassen nach allgemeiner bauaufsichtlicher Zulassung.
[6)] Statt feuerverzinktem Blech darf auch Blech mit Zink-Aluminium-Überzügen gleicher Schichtdicke verwendet werden.
[7)] Die übliche Mindestschichtdicke bei Stückverzinken beträgt 50 µm.

Anhang II

Formulare

AII 1 Holzfeuchtemessung

AII 2 Bescheinigung und Kennzeichnung einer ausgeführten chemisch vorbeugenden Holzschutzbehandlung

Formular AII 1: Holzfeuchtemessung

TECHNIK IM ZIMMERERHANDWERK
Formulare
Formular Holzfeuchtemessung

Teil 01
Kapitel 10
Abschnitt 06.01
Seite 01

Ergebnisse und Nachweis der durchgeführten Holzfeuchtemessung

Liefer-/Prüfdatum: _____   Lieferant: _____

Bauvorhaben: _____   Projekt-Nr.: _____

☐ Holzfeuchtemeßgerät: _____
☐ Messparameter
    ☐ Holzart / Holzartengruppe: _____
    ☐ Temperatur: _____ °C

☐ Batteriekontrolle durchgeführt
☐ Prüfung / Justierung durchgeführt

☐ Zulässiger Holzfeuchtebereich
    ☐ Konstruktionsvollholz   15 ± 3 %
    ☐ Bauholz nach DIN 4074   20 % (Kennzeichnung: TS – trockensortiert)
    ☐ Bauholz für den Holzhausbau
        nach ATV DIN 18334   18 %
    ☐ _____   ___ ± ___ %

Durchführung der Messung:
- immer im ungestörten Bereich des Holzes messen (keine Äste, Harzgallen, Schmutz etc.)
- Meßelektroden nach Möglichkeit immer in der Mitte der breiteren Seite (b/2) quer zum Faserverlauf einschlagen
- Meßtiefe 30 % (ca.1/3 d), jedoch nicht tiefer als 40 mm
- gemessen wird ≥ 0,50 m vom Ende bzw. in der Mitte des Holzes bei L ≤ 1,0 m
- Anzahl der Stichprobenmessung:
  - 5 % der Lieferung pro Stapel, bei wenigen Stücke mindestens 5 Stück
  - die Hälfte der Messung sollte nach Möglichkeit im Stapelinneren erfolgen
- DIN EN 13183-2 fordert in Abhängigkeit der zu prüfenden Stücke folgende Meßhäufigkeit:

Anzahl der zu prüfenden Stücke	1	2	3	4	5	>5
Anzahl der Messungen je Stück [1]	3	3	2	2	2	1

[1] Die Messstellen sollen nach Zufallsgesichtspunkten entlang der Länge ausgewählt werden, in einem Abstand von ≥50 cm vom Ende (oder in der Mitte bei Prüfstücken kürzer 100 cm). Alle Messergebnisse sollten protokolliert werden.

Einschlagtiefe 1/3 d (jedoch nicht tiefer als 4 cm)

b/2   ≥ 50 cm

Teil 01	**TECHNIK IM ZIMMERERHANDWERK**
Kapitel 10	**Formulare**
Abschnitt 06.01 / Seite 02	Formular Holzfeuchtemessung

Lufttemperatur: _____ °C   Relative Luftfeuchte: _____ %

Nr.	b/d	Meßwert	Holztemperatur (wenn notwendig)	Korrigierter Meßwert

Gesamtstücke der Lieferung _____ = ... %
Gemessene Probenstückzahl _____ = ... %
Anzahl der Probenstücke mit Einzelmeßwert über der zulässigen Holzfeuchte _____ = ... %

Datum: _____   Namenszeichen: _____

Formular AII 2: Bescheinigung und Kennzeichnung einer ausgeführten chemisch vorbeugenden Holzschutzbehandlung

Der Auftragnehmer für die Durchführung einer vorbeugend chemischen Holzschutzbehandlung muss den Nachweis darüber erbringen, dass die durchgeführten Maßnahmen den Anforderungen der DIN 68800-3 sowie den getroffenen Vereinbarungen entsprechen. DIN 68800-3 Abschnitt 10 schreibt dazu vor, dass sowohl eine Bescheinigung über die ausgeführte Holzschutzbehandlung als auch eine Kennzeichnung des schutzbehandelten verbauten Holzes notwendig ist. Die Form der jeweiligen Dokumente ist dem Auftragnehmer freigestellt.

Die Bescheinigung ist das Nachweisdokument über die durchgeführte Holzschutzbehandlung. Mit der Kennzeichnung am verbauten Holz soll sichergestellt werden, dass auch ohne die Verfügbarkeit der Bescheinigung eine Beurteilung der Holzschutzmaßnahme insbesondere im Hinblick auf Nachbehandlung aber auch Rückbau/Abbruch und Entsorgung des schutzmittelbehandelten Holzes möglich ist.

Zur **Bescheinigung** der ausgeführten Holzschutzbehandlung hat der Auftragnehmer in den **Begleitpapieren** ggf. getrennt für Grundschutz und Nachbehandlung die folgenden Angaben zu machen:

- ☐ Name und Anschrift des ausführenden Betriebes
- ☐ Bescheinigung der Holzschutzbehandlung nach DIN 68800-3 und Angabe über die Erfüllung der Anforderungen für
    - ☐ tragende / aussteifende Bauteile
    - ☐ nichttragende Bauteile
- ☐ Angewendete Holzschutzmittel mit
    - ☐ Prüfzeichen und
    - ☐ Prüfprädikaten
    - ☐ Auslobung (Angabe der Anwendungsbereiche durch den Hersteller)
- ☐ Wirkstoffe
- ☐ angewendetes Einbringverfahren
- ☐ bei wasserlöslichen Holzschutzmitteln die angewendete Lösungskonzentration
- ☐ berücksichtigte Gefährdungsklasse
- ☐ erzielte Einbringmenge in g/m^2 oder ml/m^2 oder kg/m^3 (ohne Schutzmittelverluste)
- ☐ Jahr und Monat der Holzschutzbehandlung

An schutzbehandeltem verbautem Holz ist an mindestens einer möglichst sichtbar bleibenden Stelle eine **Kennzeichnung** anzubringen, die in **dauerhafter Form** folgende Angaben enthalten muss:

- ☐ Name und Anschrift des ausführenden Betriebes
- ☐ Name und Prüfzeichen des angewendeten Holzschutzmittels
- ☐ Prüfprädikate
- ☐ Wirkstoffe
- ☐ erzielte Einbringmenge in g/m^2 oder ml/m^2 oder kg/m^3 (ohne Schutzmittelverluste)
- ☐ Jahr und Monat der Holzschutzbehandlung

Deutsches Dachdeckerhandwerk
– Regelwerk –

Hinweise zur Lastenermittlung

Aufgestellt und herausgegeben vom

**Zentralverband
des Deutschen Dachdeckerhandwerks
– Fachverband Dach-, Wand- und Abdichtungstechnik – e.V.**

Ausgabe September 1997
mit Änderungen März 2003

Rudolf Müller

© Alle Rechte bei der D + W-Service GmbH für Management, PR und Messewesen, Köln 1997
Nachdruck und Vervielfältigung, auch auszugsweise, nur mit Genehmigung der D + W-Service GmbH und des Verlages gestattet.
Verlag: Verlagsgesellschaft Rudolf Müller Bau-Fachinformationen GmbH & Co. KG, Stolberger Str. 76, 50933 Köln
Druck: Druckerei Engelhardt GmbH, Neunkirchen

Hinweise zur Lastenermittlung

Inhaltsverzeichnis

1	**Allgemeines**	5
1.1	Geltungsbereich	5
1.2	Allgemeine Hinweise	5
2	**Eigengewichtslasten**	5
3	**Schneelasten**	5
4	**Windlasten**	9
4.1	Allgemeines	9
4.1.1	Dächer	10
4.1.2	Außenwandbekleidungen	10
4.2	Lage des Bauwerks	10
4.3	Gebäudehöhe	13
4.4	Gebäudeform	13
4.4.1	Flachdach	13
4.4.2	Geneigte Dächer	15
4.4.3	Außenwandbekleidungen	18
4.5	Luftdurchlässigkeit	19
4.6	Gebäudeöffnungen	19
4.7	Sonderdachformen	19
4.8	Durchdringungen und Dachaufbauten	19
5	**Verkehrslasten**	20

Anhang

Allgemeine Hinweise 23
Abbildungsverzeichnis 23
Anhang 1: Tabellen zur Ermittlung der Eigengewichtslasten 25
Anhang 2: Beispiel zur Ermittlung der Schneelasten 30
Anhang 3: Genaue Berechnung der Windlasten 31

1 Allgemeines

1.1 Geltungsbereich

(1) Die „Hinweise zur Lastenermittlung" sind Grundlage für die Angaben in den jeweiligen Fachregeln für die Ausführung von Dachdeckungen, Dachabdichtungen und Außenwandbekleidungen.

(2) Die „Hinweise zur Lastenermittlung" ergänzen die jeweiligen Fachregeln und erläutern deren Angaben um Regelungen und Zusammenhänge für die Ermittlung von Lasten und der Einteilung von Flächen.

(3) Standsicherheitsnachweise von Bauwerken und Bauwerksteilen sind nach den bauaufsichtlich eingeführten Vorschriften zu führen. Davon abweichende Regelungen in den „Hinweisen zur Lastenermittlung" sind dafür nicht geeignet und stellen lediglich eine praxisorientierte Vorgehensweise zur Windsogsicherung von Dachdeckungen, Dachabdichtungen und Außenwandbekleidungen dar.

(4) Berechnungen nach den Anhängen der „Hinweise zur Lastenermittlung" stellen einen Einzelnachweis dar und sind vorrangig gegenüber den Angaben in Tabellen für Windsogsicherung der jeweiligen Fachregeln.

1.2 Allgemeine Hinweise

(1) Bei der Ausführung von Dachdeckungen, Dachabdichtungen und Außenwandbekleidungen ist zu beachten, daß die an der äußeren Schale einwirkenden Lasten sicher in die dem statischen Standsicherheitsnachweis entsprechenden Unterkonstruktionen abgeführt werden.

(2) Grundlagen für die Lastenermittlung sind die bauaufsichtlich eingeführten Vorschriften und neue Erkenntnisse.

(3) Die verwendeten Berechnungsgrundlagen und die gewählten praxisorientierten Vereinfachungen geben einen Überblick über die unterschiedlich belasteten Bereiche. Die mathematisch genaue Umsetzung dieser theoretischen Grundlagen in handwerkliche Regeln für die unterschiedlichsten Produkte ist nicht möglich.

(4) Die Lastenermittlung ist bereits bei der Planung zu berücksichtigen. Gegebenenfalls ist ein Tragwerksplaner heranzuziehen. Wenn im Sanierungsfall das Eigengewicht der Dachdeckung oder Dachabdichtung einschließlich aller funktionsbedingten Schichten erhöht wird, ist eine Prüfung der Unterkonstruktionen hinsichtlich der statischen Tragfähigkeit zu empfehlen. Gegebenenfalls ist ein statischer Nachweis erforderlich.

(5) Änderungen in der tragenden Konstruktion, z. B. Einbau von Dachgauben, Dachflächenfenstern, Lichtkuppeln, sind nach handwerklichen Regeln auszuführen. Gegebenenfalls ist ein statischer Nachweis erforderlich.

(6) Der Bauzustand stellt regelmäßig eine größere Belastung für Bauteile als der Endzustand dar. Lastumlagerungen und Anhäufungen während der Ausführung von Dachdeckerarbeiten (z. B. Kies bei Flachdachabdichtungen) sowie Lagerung von Material auf der Dachfläche (z. B. auf dafür speziell vorgesehenen Dachständern) bewirken in der Regel eine punktuelle Nutzlastüberschreitung. Um Risse, irreversible Verformungen oder gar Bruch zu vermeiden, sind sie nur auf tragenden Bauteilen wie Wänden, Stützen oder Unterzügen vorzusehen. Dabei sind lastverteilende Beläge zu verwenden. Im Zweifel sind Tragwerksplaner einzuschalten.

(7) Im einzelnen sind zu beachten: Eigengewichtslasten, Schneelasten, Windlasten und Verkehrslasten.

(8) Von den Tabellenwerten dieser Hinweise kann bei Einzelnachweis abgewichen werden.

(9) Weitergehende Vorschriften der jeweiligen Landesbauordnungen sind zu beachten.

2 Eigengewichtslasten

(1) Die Ermittlung der Eigengewichtslasten erfolgt nach DIN 1055-1. Die gängigsten Werte sind den Tabellen im Anhang 1 zu entnehmen. Die Rechenwerte für Produkte, die in diesen Tabellen nicht enthalten sind, sind beim jeweiligen Hersteller zu erfragen.

(2) Bei Dachbegrünungen sind die vom Hersteller angegebenen Rechenwerte auf den wassergesättigten Zustand zu beziehen.

(3) Es ist zu beachten, daß bei einem Wechsel auf schwerere Produkte im Zuge einer Dachumdeckung die zulässige Durchbiegung überschritten werden kann. Folgen können z. B. sein: Behinderung des geregelten Wasserablaufs, erhöhte Beanspruchung von Abdichtungsbahnen, Rißbildung an der Deckenuntersicht, Beeinträchtigung der Regensicherheit der Deckung, deutliche Wellenbildung in der Ansicht.

3 Schneelasten

(1) Die Ermittlung der Schneelasten erfolgt nach DIN 1055-5. Die Rechenwerte der Schneelasten ergeben sich aus der Klimazone (Karte 1), der Geländehöhe (Tabelle 1) und der Dachneigung (Tabelle 2) des Bauwerks. Ein Berechnungsbeispiel ist in Anhang 2 beschrieben.

Hinweise zur Lastenermittlung

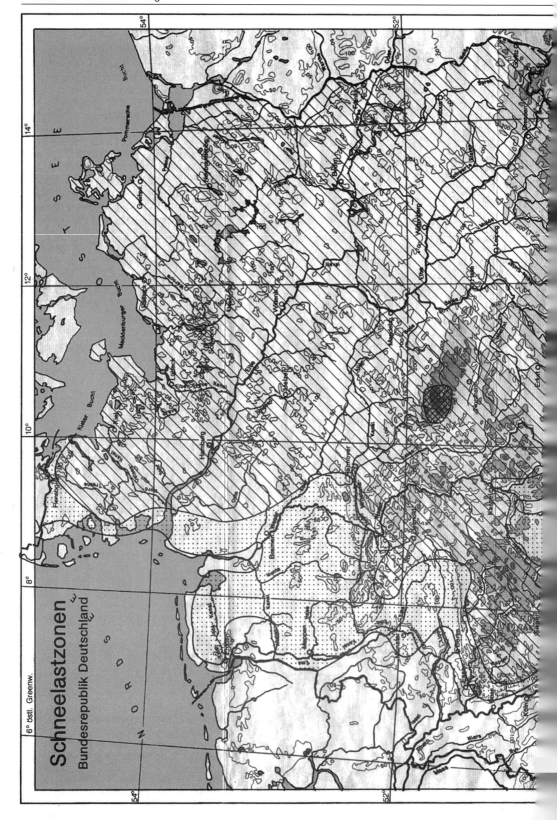

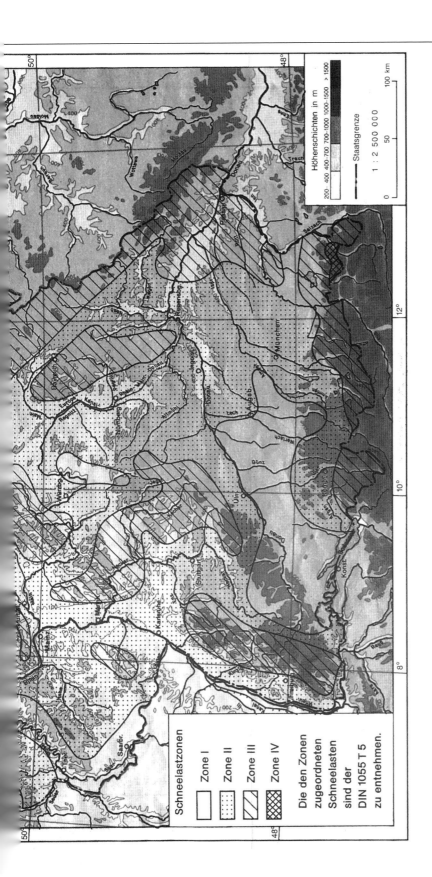

Karte 1: Schneelastzonen nach DIN 1055-5

Hinweise zur Lastenermittlung

Tabelle 1: Regelschneelast (s_0) nach DIN 1055-5

Schnee-lastzone	Geländehöhe des Bauwerkstandortes über NN in m									
	200	300	400	500	600	700	800	900	1000	>1000[1)
I	0,75	0,75	0,75	0,75	0,85	1,05	1,25			
II	0,75	0,75	0,75	0,90	1,15	1,50	1,85	2,30		
III	0,75	0,75	1,00	1,25	1,60	2,00	2,55	3,10	3,80	
IV	1,00	1,15	1,55	2,10	2,60	3,25	3,90	4,65	5,50	

[1) Wird im Einzelfalle durch die zuständige Baubehörde im Einvernehmen mit dem Zentralamt des Deutschen Wetterdienstes in Offenbach festgelegt.

Tabelle 2: Abminderungsfaktoren (k_s) der Schneelast in Abhängigkeit von der Dachneigung

	0°	1°	2°	3°	4°	5°	6°	7°	8°	9°
0-30°	1,00									
30°	1,00	0,97	0,95	0,92	0,90	0,87	0,85	0,82	0,80	0,77
40°	0,75	0,72	0,70	0,67	0,65	0,62	0,60	0,57	0,55	0,52
50°	0,50	0,47	0,45	0,42	0,40	0,37	0,35	0,32	0,30	0,27
60°	0,25	0,22	0,20	0,17	0,15	0,12	0,10	0,07	0,05	0,02
70–90°	0									

(2) Bei Bauwerksstandorten auf der Grenzlinie zwischen zwei Schneelastzonen darf als Regelschneelast entweder das arithmetische Mittel gebildet werden, oder es ist der jeweils höhere Wert anzunehmen.

(3) Bei Geländehöhen zwischen den angegebenen Werten darf geradlinig interpoliert werden, oder es ist der jeweils höhere Wert anzunehmen.

(4) Die Regelschneelast darf in Abhängigkeit von der Dachneigung nach den in Tabelle 2 genannten Faktoren abgemindert werden.

4 Windlasten

4.1 Allgemeines

(1) Windlasten sind die Lasten, die sich durch Windanströmung auf ein Gebäude ergeben und somit auf Dachdeckungen, Außenwandbekleidungen und Dachabdichtungen in unterschiedlichen Bereichen in unterschiedlicher Größe einwirken. DIN 1055-4, „Lastannahmen im Hochbau, Windlasten an nicht schwingungsanfälligen Gebäuden", gilt für die Ermittlung von Windlasten als Berechnungsgrundlage für Standsicherheitsuntersuchungen.

(2) Ohne besonderen Nachweis dürfen in der Regel Wohn-, Büro- und Industriegebäude mit einer Höhe bis zu 40 m und ihnen in Form oder Konstruktion ähnliche Gebäude als nicht schwingungsanfällig angesehen werden. Für schwingungsanfällige Gebäude ist ein Einzelnachweis erforderlich.

(3) Berechnungsgrundlagen und handwerkliche Regeln für die Ausführung gehen dabei von Windstärken aus, die durch Messungen des Deutschen Wetterdienstes und aufgrund statischer Erhebung angenommen werden. Einzelne auftretende Stürme können dabei diese Annahmen teilweise erheblich überschreiten und wesentliche größere Windlasten auf Bauwerke und Bauwerksteile verursachen. Eine absolute Sturmsicherheit ist auch bei fachgerechter Ausführung nicht möglich.

(4) Einwirkungen infolge Luftanströmumg unterscheiden sich prinzipiell in Windsog- und Winddrucklasten. Dabei sind insbesondere Windsoglasten für Befestigung bzw. Sicherung zu beachten.

(5) Bei offenen Gebäuden kann es erforderlich werden, außer Windsoglasten auch Winddrucklasten an Bauwerken und an einzelnen Bauteilen zu berücksichtigen. Bei solchen Fällen ist das Einschalten von Sonderfachleuten wie Statikern oder Tragewerks-

planern notwendig, um die Einwirkungen auf die einzelnen Bauteile anhand den bauaufsichtlichen Vorschriften abschätzen zu können.

(6) Kleinformatiges Deckmaterial, das nach handwerklichen Regeln direkt befestigt wird, z. B. Schiefer oder Faserzementplatten, gilt als ausreichend sicher gegen Windsog.

(7) Bei Deckmaterialien, für die eine bauaufsichtliche Zulassung erforderlich ist, ist der Nachweis der Windsogsicherung der vom Hersteller zu erbringenden Zulassung zu entnehmen.

4.1.1 Dächer

(1) Für Dachabdichtungen und Dachdeckungen sind keine Nachweise der Windsoglasten nach den bauaufsichtlich eingeführten Vorschriften erforderlich. In diesen Fällen soll die Windlast nach Vornorm DIN V ENV 1991-2-4 „Grundlagen der Tragwerksplanung und Einwirkungen auf Tragwerke" (beziehungsweise dem internen Normentwurf DIN 1055-40 „Lastannahmen für Bauten, Windeinwirkungen auf Bauwerke") und in Anlehnung an NPR 6708 „Bevestiging van dakbedekkingen. Richtlijnen" („Befestigung von Dachbedeckungen – Richtlinien")[2] ermittelt werden. Die genaue Berechnung und Vorgehensweise ist in Anhang 3 beschrieben.

(2) Maßgebliche Einflüsse auf die Größe und Auswirkung der Windlasten ergeben sich aus

– Lage des Bauwerks,

– Gebäudehöhe,

– Gebäudeform,

– Luftdurchlässigkeit der Gesamtkonstruktion,

– Gebäudeöffnungen,

– Struktur der Dachfläche (z. B. Dachaufbauten und Durchdringungen).

4.1.2 Außenwandbekleidungen

(1) Die Standsicherheit der Unterkonstruktion einer Außenwandbekleidung muß nachgewiesen werden. Dabei sind die bauaufsichtlich eingeführten Vorschriften zu berücksichtigen. Bei Wohngebäuden bis zu zwei Vollgeschossen bzw. bei anderen Gebäuden bis zu 8 m Höhe ist i. d. R. kein Nachweis erforderlich.

(2) Die „Hinweise für hinterlüftete Außenwandbekleidungen" sind zu beachten.

4.2 Lage des Bauwerks

(1) Grundlage für die Ermittlung charakteristischer Werte der Windlast sind die Regelwerte der Grundgeschwindigkeit und Nennböengeschwindigkeit für ebenes und offenes Gelände.

(2) Diese Werte sind von der geographischen Lage des Bauwerksstandortes entsprechend Karte 2 abhängig. Danach ist die Bundesrepublik Deutschland in vier Windlastzonen eingeteilt.

(3) Bei Bauwerksstandorten auf der Grenzlinie zwischen zwei Windlastzonen ist der jeweils höhere Wert anzunehmen. Eine genaue Abgrenzung erfolgt nach DIN 1055-40.

(4) In Zone I sind die Regelwerte zusätzlich von der Höhe H über NN abhängig.

---

[2] Die niederländische Richtlinie NPR basiert auf der Niederländischen Norm NEN 6707 „Bevestiging van dakbedekkingen. Eisen en bepalingsmethoden" („Befestigung von Dachbedeckungen. Anforderungen und Ermittlungsmethoden").

Hinweise zur Lastenermittlung

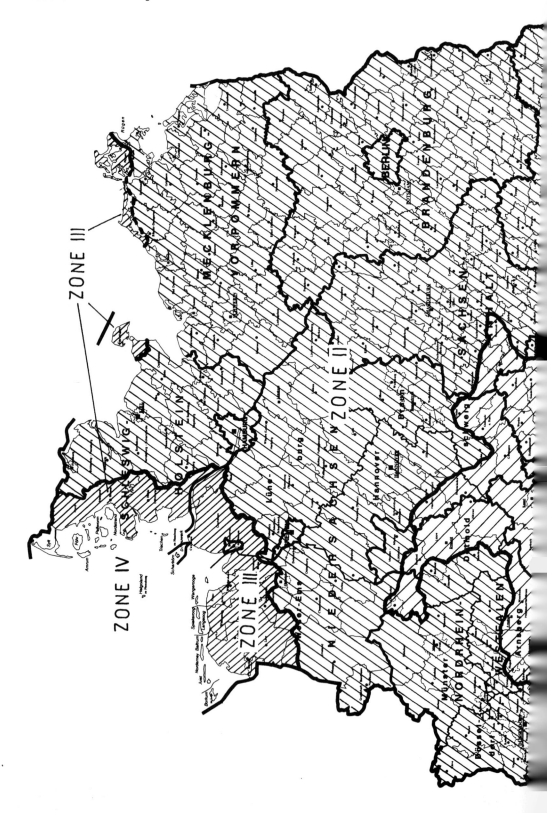

Karte 2: Windzonen nach DIN V ENV 1991-2-4³⁾

3) Karte entnommen aus DIN 4131

Hinweise zur Lastenermittlung

4.3 Gebäudehöhe

(1) Aus der Gebäudehöhe (h_{ref}) ergibt sich der Staudruck als Basiswert einer Windlastberechnung. Anhand DIN 1055-4 kann für jede Höhe der zugehörende Staudruck ermittelt werden. Vereinfachend darf der Staudruck auch nach Anhang 3 Tabelle 3.1 ermittelt werden.

(2) Ist ein Bauwerk dem Windangriff besonders stark ausgesetzt, z. B. auf einer das umliegende Gelände steil und hoch überragenden Erhebung, so ist bei der Festsetzung der Windlast mindestens von dem Staudruck q = 1,1 kN/m² auszugehen.

4.4 Gebäudeform

(1) Aus der Gebäudeform, ermittelt durch die Verhältnisse von Länge zu Breite, Höhe zu Breite bzw. der Dachneigung bei geneigten Dachflächen ergeben sich die Formbeiwerte c_p eines Bauteils für die unterschiedlichen Flächenbereiche. Diese Formbeiwerte stellen ebenfalls Basiswerte für die Windkraftermittlung dar (siehe Anhang 3).

(2) Die dabei verwendeten Abkürzungen sind:

a = Gebäudebreite
b = Gebäudelänge
h_{ref} = Gebäudehöhe

4.4.1 Flachdach

(1) Als Flachdächer gelten Dächer mit Dachneigungen bis 10°. Bei größeren Dachneigungen gelten die Angaben für geneigte Dächer.

(2) Beim Flachdach wird das Verhältnis Gebäudelänge b zu Gebäudebreite a gebildet, um Eck-, Rand- und Flächenbereich festzulegen. Bei Dächern mit Überstand sind bei der Ermittlung der Rand- und Eckbereiche die Abmessungen des Dachgrundrisses zugrunde zu legen.

(3) Die Breite des Randbereiches beträgt a/8, jedoch mindestens 1 m. Bei Wohn- und Bürogebäuden sowie bei geschlossenen Hallen mit Gebäudebreiten a ≤ 30 m darf in der Dachfläche der Randbereich auf 2 m begrenzt werden.

(4) Zusätzlich wird für eine Windlastberechnung das Verhältnis von Höhe zu Breite ermittelt.

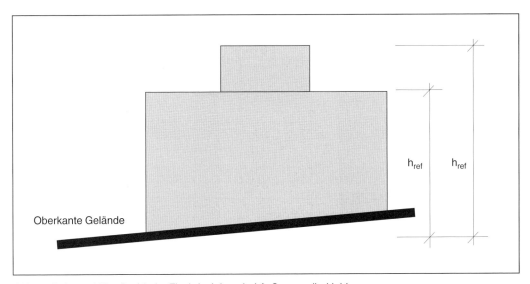

Abb. 1: Referenzhöhe (h_{ref}) beim Flachdach bzw. bei Außenwandbekleidungen

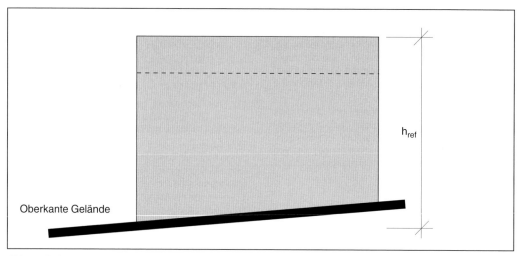

Abb. 2: Referenzhöhe (h_{ref}) beim Flachdach mit Attika bzw. bei Außenwandbekleidungen

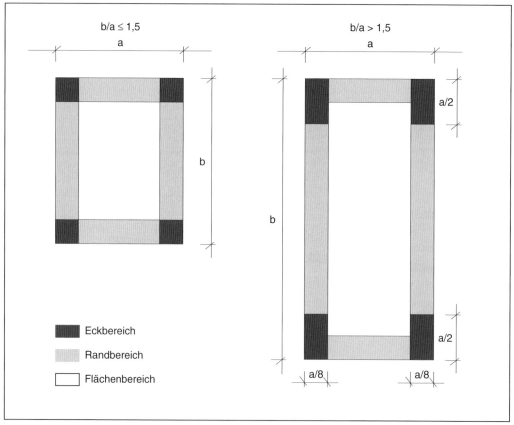

Abb. 3: Vereinfachte Flächeneinteilung beim Flachdach

Hinweise zur Lastenermittlung

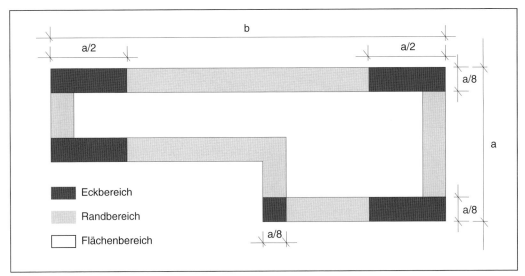

Abb. 4: Vereinfachte Flächeneinteilung beim zusammengesetzten Flachdach

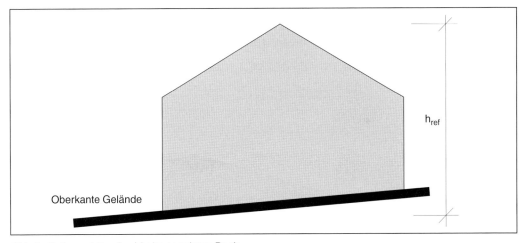

Abb. 5: Referenzhöhe (h_{ref}) beim geneigten Dach

4.4.2 Geneigte Dächer

(1) Als geneigte Dächer im Sinne der Windlastberechnung gelten Dachflächen mit einer Dachneigung größer als 10°.

(2) Beim geneigten Dach wird die Gebäudebreite a verwendet, um Eck-, Rand- und Flächenbereich festzulegen. Bei Dächern mit Überstand sind bei der Ermittlung der Rand- und Eckbereiche die Abmessungen des Dachgrundrisses zugrunde zu legen.

(3) Die Breite des Randbereiches wird, wie in den einzelnen Skizzen angegeben, in der Ebene der Dachfläche gemessen. Sie beträgt a/8, jedoch mindestens 1 m. Bei Wohn- und Bürogebäuden sowie bei geschlossenen Hallen mit Gebäudebreiten a ≤ 30 m darf in der Dachfläche der Randbereich auf 2 m begrenzt werden.

(4) Für die äußeren Kanten des Eck- und Randbereichs, wie Ortgang, First, Grat, Pultdachabschluß, ist zusätzlich eine Linienlast von 0,6 kN/m anzusetzen. Diese Kraft wirkt rechtwinklig abhebend zur jeweiligen Kante..

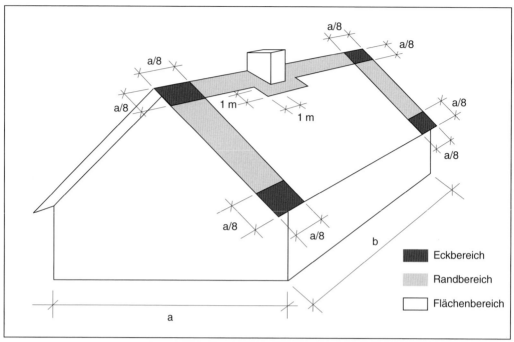

Abb. 6: Vereinfachte Flächeneinteilung beim zweiseitig geneigten Dach

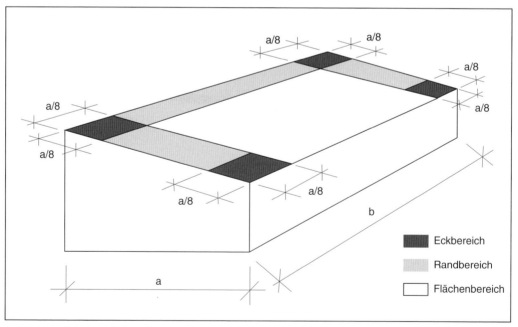

Abb. 7: Vereinfachte Flächeneinteilung beim einseitig geneigten Dach

Hinweise zur Lastenermittlung

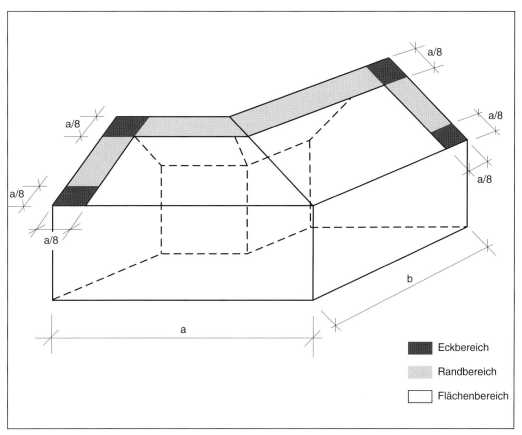

Abb. 8: Vereinfachte Flächeneinteilung beim zusammengesetzten geneigten Dach

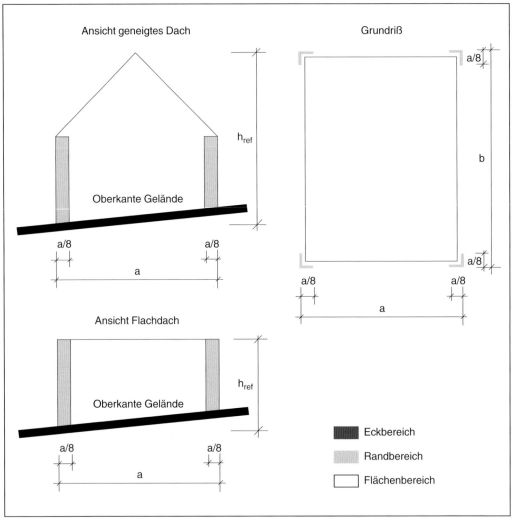

Abb. 9: Vereinfachte Flächeneinteilung bei der Außenwandbekleidung

4.4.3 Außenwandbekleidungen

(1) Bei Außenwandbekleidungen wird lediglich in Rand und Flächenbereich unterschieden.

(2) Der Randbereich wird bei geneigten Dächern durch die Traufkante begrenzt. Parallel zum Ortgang ist kein Randbereich erforderlich.

(3) Die Breite des Randbereichs beträgt die Gebäudebreite geteilt durch 8 (a/8), mindestens jedoch 1 m, ist jedoch auf maximal 2 m begrenzt.

(4) Randbereiche sind auf allen bekleideten Flächen mit der ermittelten Breite anzuordnen.

Hinweise zur Lastenermittlung

Abb. 10: Konstruktion mit offener und geschlossener Deckunterlage

4.5 Luftdurchlässigkeit

(1) Schichten unter Dachdeckungen oder Dachabdichtungen, die luftdurchlässiger als die Dachdeckungen oder Dachabdichtungen sind, werden als offene Deckunterlage bezeichnet. Dies sind z.B.
- Stahltrapezbleche ohne dichtende Maßnahmen im Stoß- und Überdeckungsbereich sowie im Anschluß an Wände,
- Unterspannbahnen.

(2) Schichten unter Dachdeckungen oder Dachabdichtungen, die luftundurchlässiger als die Dachdeckungen oder die Dachabdichtungen sind, werden als geschlossene Deckunterlagen bezeichnet. Dies sind z. B.
- Ortbetondecken,
- Holzschalung mit Bahnenabdeckung,
- Wärmedämmung unter Dachdeckungen und Dachabdichtungen bei belüfteten und unbelüfteten Bauteilen.

(3) Geschlossene Deckunterlagen verringern die auftretenden Windlasten erheblich.

4.6 Gebäudeöffnungen

(1) Unter Öffnungen versteht man ständige Lüftungsschlitze, Fugen o. ä. sowie Fenster, Lichtbänder, Türen und Tore. Hierzu gehören auch nicht vollständig geschlossene Gebäude. Von Öffnungen wird ausgegangen, wenn das Verhältnis der Öffnungen in einer Ansicht und der betrachteten gesamten Ansicht größer als 5 % ist.

(2) Infolge von Öffnungen im Gebäude kann der Windsog, der auf der Außenseite des Bauteils angreift, durch Windinnendruck wesentlich verstärkt werden.

(3) Wenn zwischen Innenraum und Dachdeckung, Dachabdichtung oder Außenwandbekleidung keine geschlossene Unterlage vorliegt, sind bei Öffnungen die Windlasten zusätzlich mit Windinnendruck zu berechnen. Die erforderlichen Befestigungsmittel sind anhand eines Einzelnachweises zu ermitteln (siehe Anhang 3).

(4) Wenn bauseits Maßnahmen getroffen werden, die große Öffnungen während sturmartigen Wetters geschlossen halten, darf das Gebäude als geschlossen betrachtet werden.

4.7 Sonderdachformen

(1) Für freistehende Dächer bei Tankstellen, Bahnhöfen und dergleichen gelten besondere Regelungen hinsichtlich Form und Staudruck. Die erforderlichen Befestigungen der Dachdeckungen, der Dachabdichtungen und ggf. vorhandene Fassadenbekleidungen sind gesondert zu ermitteln.

(2) Gleiches gilt für Dächer mit Formen, die von den in diesen Hinweisen behandelten abweichen.

4.8 Durchdringungen und Dachaufbauten

(1) Im Bereich von Durchdringungen und Aufbauten auf Dächern treten zusätzliche Verwirbelungen auf, die sich negativ auf die Lagesicherheit der Dachdeckung oder Dachabdichtung auswirken können.

(2) Es empfiehlt sich daher, um Durchdringungen und Aufbauten einen Randbereich anzuordnen.

(3) Die Abmessungen des Randbereichs um eine Durchdringung ergeben sich aus der Hälfte des größten horizontalen Außenmaßes der Durchdringung, jedoch mindestens ein Meter und maximal zwei Meter. Die Breite des Randbereichs wird in der Dachfläche gemessen.

(4) Als Durchdringungen gelten Unterbrechungen, die mindestens an einer Stelle mehr als 0,35 m aus der Dachfläche herausragen und die über mindestens eine waagerechte Abmessung von mehr als 0,5 m verfügt.

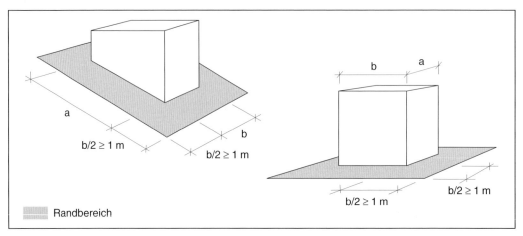

Abb. 11: Vereinfachte Flächeneinteilung bei Durchdringungen

(5) Überschneidet sich der Randbereich einer Durchdringung oder eines Dachaufbaus mit dem Rand- oder Eckbereich der Dachfläche, empfiehlt sich die Ausführung nach Abbildung 6. Zusätzliche Befestigungsmittel sind dort nicht erforderlich.

5 Verkehrslasten

(1) Verkehrslasten sind Lasten, mit denen in Abhängigkeit von der Nutzung gerechnet werden muss. Berechnungsgrundlagen der Verkehrslasten ist die DIN 1055-3, „Lastannahmen für Bauten, Verkehrslasten".

(2) Bei genutzten Dachflächen ergeben sich die Anforderungen aus der geplanten Nutzung. Diese sind bereits bei Planung und Ausschreibung zu berücksichtigen.

(3) Bei nicht genutzten Dächern ist in der Mitte eine lotrechte Einzelverkehrslast nach DIN 1055-3 auf einzelne Tragglieder (z. B. Sparren, Pfetten, Fachwerkstäbe, Balken), die unmittelbar von der Dachhaut belastet sind, unter Außerachtlassung der Schnee- und Windlasten anzusetzen. Die Einzellast von 1 kN resultiert aus Begehung bei Wartung und Inspektion bzw. Arbeitsbetrieb bei der Herstellung. Auf die Einzelverkehrslast kann verzichtet werden, wenn die auf das Tragteil entfallene Schnee- und Windlast größer als 2 kN ist.

(4) Für eine begehbare Dachhaut ist ebenfalls die unter (3) genannte Einzelverkehrslast anzusetzen, wenn die auf die Dachlatte, Tragschalung oder Pfette entfallende Schnee- und Windlast kleiner als 2 kN ist.

(5) Die in den „Hinweise Holz und Holzwerkstoffe" genannten Dachlattenquerschnitte aus Nadelholz in Verbindung mit der Sortierklasse und Auflagerabständen bis 1 m erfüllen die Anforderungen nach (4) ohne gesonderten statischen Nachweis. Bei Auflagerabständen über 1 m oder geringerer Tragfähigkeit der Latten ist ein statischer Nachweis nach DIN 1052 erforderlich. Dabei sind zwei Einzellasten von je 0,5 kN in den äußeren Viertelpunkten unter Außerachtlassung von Wind- und Schneelasten anzusetzen. Eine Durchlaufwirkung der Dachlatten darf nur berücksichtigt werden, wenn etwaige Stöße planmäßig festgelegt sind.

(6) Das in den „Hinweise Holz und Holzwerkstoffe" genannte größte zulässige Verhältnis des lichten Auflagerabstandes geteilt durch die Schalungsdicke in Verbindung mit der Sortierklasse bei Dachschalungen ($l_w/d \leq 30$ bei S 10 nach DIN 4074-1) erfüllt die Anforderung aus der Einzellast nach (4) bei Auflagerabständen bis 1 m ohne gesonderten statischen Nachweis. Bei Auflagerabständen über 1 m oder einem Abweichen von dem oben genannten Verhältnis ist ein statischer Nachweis nach DIN 1052 erforderlich. Bei Dachschalung aus Brettern oder Bohlen, die miteinander durch Nut und Feder oder gleichwertige Maßnahmen verbunden sind, darf unabhängig von der Breite des Einzelteils für die Lasteintragungsbreite t = 0,35 m und bei nicht verbundenen Brettern oder Bohlen t = 0,16 m angesetzt werden (siehe Abb. 12). Die Last darf nach DIN 1055-3 auf zwei Bretter verteilt werden. Die Streckenlast hat ihren Schwerpunkt in Feldmitte. Eine Durchlaufwirkung der Bretter darf nur berücksichtigt werden, wenn etwaige Stöße planmäßig festgelegt sind.

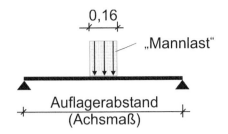

Abb. 12: Lasteintragungsbreite der Mannlast nach DIN 1052 bei Schalung ohne Verbindung der Bretter

(7) Nutzungsänderungen, z. B. nachträgliche Herstellung einer Dachterasse auf einem bestehenden Flachdach, bewirken i. d. R. auch eine Änderung der Verkehrslasten.

(8) Feste Vorrichtungen und Anschlageinrichtungen für Inspektion und Wartung wie Tritte, Laufroste, Sicherheitsdachhaken o. Ä. sind nach den Einbauvorschriften des Herstellers und den Unfallverhütungsvorschriften einzubauen und zu befestigen.

Anhang

Allgemeine Hinweise

Die Tabelleninhalte sind der DIN 1055-1 „Einwirkungen auf Tragwerke, Teil 1, Wichten und Flächenlasten von Baustoffen, Bauteilen und Lagerstoffen" entnommen (zitiert).

Abbildungsverzeichnis

Anhang 1:	Tabellen zur Ermittlung der Eigengewichtslasten
Tabelle 1.1:	Deckungen aus Dachziegeln und Dachsteinen
Tabelle 1.2:	Schieferdeckung
Tabelle 1.3:	Metalldeckung
Tabelle 1.4:	Faserzement-Dachplatten nach DIN EN 494
Tabelle 1.5:	Dach- und Bauwerksabdichtungen mit Bitumen- und Kunststoffbahnen sowie Elastomerbahnen
Tabelle 1.6:	Faserzement-Wellplatten nach DIN EN 494
Tabelle 1.7:	Sonstige Deckungen
Tabelle 1.8:	Sperr-, Dämm- und Füllstoffe als Platten, Matten und Bahnen
Tabelle 1.9:	Schalungen aus Holz und Holzwerkstoffen
Tabelle 1.10:	Sperr-, Dämm- und Füllstoffe als lose Stoffe

Anhang 2:	Beispiel zur Ermittlung der Schneelasten
Anhang 3:	Genaue Berechnung der Windlasten
Tabelle 3.1:	Regelwerte der Nennböengeschwindigkeit
Tabelle 3.2:	Formbeiwerte für geneigte Dächer bei geschlossenen Gebäuden
Tabelle 3.3:	Dachneigungsfaktor für maßgebendes Eigengewicht
Tabelle 3.4:	Formbeiwerte für flache Dächer bei geschlossenen Gebäuden

Anhang 1

Tabellen zur Ermittlung der Eigengewichtslasten

Tabelle 1.1: Deckungen aus Dachziegeln und Dachsteinen
Die Flächenlasten gelten für 1m² Dachfläche ohne Sparren, Pfetten und Dachbinder.

Zeile	Gegenstand	Flächenlasten[a] kN/m²
1	Dachsteine aus Beton mit mehrfacher Fußverrippung und hoch liegendem Längsfalz	
2	bis 10 Stück/m²	0,50
3	über 10 Stück/m²	0,55
4	Dachsteine aus Beton mit mehrfacher Fußverrippung und tief liegendem Längsfalz	
5	bis 10 Stück/m²	0,60
6	über 10 Stück/m²	0,65
7	Biberschwanzziegel 155 mm · 375 mm und 180 mm · 380 mm und ebene Dachsteine aus Beton im Biberformat	
8	Spließdach (einschließlich Schindeln)	0,60
9	Doppeldach und Kronendach	0,75
10	Falzziegel, Reformpfannen, Falzpfannen, Flachdachpfannen	0,55
11	Glasdeckstoffe	bei gleicher Dachdeckungsart wie in den Zeilen 1 bis 9
12	Großformatige Pfannen bis 10 Stück/m²	0,50
13	Kleinformatige Biberschwanzziegel und Sonderformate (Kirchen-, Turmbiber usw.)	0,95
14	Krempziegel, Hohlpfannen	0,45
15	Krempziegel, Hohlpfannen in Pappdocken verlegt	0,55
16	Mönch- und Nonnenziegel (mit Vermörtelung)	0,90
17	Strangfalzziegel	0,60

[a] Die Flächenlasten gelten, soweit nicht anders angegeben, ohne Vermörtelung, aber einschließlich der Lattung. Bei einer Vermörtelung sind 0,1 kN/m² zuzuschlagen.

Tabelle 1.2: Schieferdeckung

Zeile	Gegenstand	Flächenlasten kN/m²
1	Altdeutsche Schieferdeckung und Schablonendeckung auf 24 mm Schalung, einschließlich Vordeckung und Schalung	
2	in Einfachdeckung	0,50
3	in Doppeldeckung	0,60
4	Schablonendeckung auf Lattung, einschließlich Lattung	0,45

Tabelle 1.3: Metalldeckung

Zeile	Gegenstand	Flächenlasten kN/m²
1	Aluminiumblechdach (Aluminium 0,7 mm dick, einschließlich 24 mm Schalung)	0,25
2	Aluminiumblechdach aus Well-, Trapez- und Klemmrippenprofilen	0,05
3	Doppelstehfalzdach aus Titanzink oder Kupfer, 0,7 mm dick, einschließlich Vordeckung und 24 mm Schalung	0,35
4	Stahlpfannendach (verzinkte Pfannenbleche)	
5	einschließlich Lattung	0,15
6	einschließlich Vordeckung und 24 mm Schalung	0,30
7	Stahlblechdach aus Trapezprofilen	–*
8	Wellblechdach (verzinkte Stahlbleche, einschließlich Befestigungsmaterial)	0,25

* nach Angabe des Herstellers

Tabelle 1.4: Faserzement-Dachplatten nach DIN EN 494

Zeile	Gegenstand	Flächenlasten kN/m²
1	Deutsche Deckung auf 24 mm Schalung, einschließlich Vordeckung und Schalung	0,40
2	Doppeldeckung auf Lattung, einschließlich Lattung	0,38*
3	Waagerechte Deckung auf Lattung, einschließlich Lattung	0,25*

* Bei Verlegung auf Schalung sind 0,1 kN/m² zu addieren.

Tabelle 1.5: Dach- und Bauwerksabdichtungen mit Bitumen- und Kunststoffbahnen sowie Elastomerbahnen

Zeile	Gegenstand	Flächenlasten kN/m²
	Bahnen im Lieferzustand	
1	Bitumen- und Polymerbitumen-Dachdichtungsbahn nach DIN 52130 und DIN 52132	0,04
2	Bitumen- und Polymerbitumen-Schweißbahn nach DIN 52131 und DIN 52133	0,07
3	Bitumen-Dichtungsbahn mit Metallbandeinlage nach dIN 18190-4	0,03
4	Nackte Bitumenbahn nach DIN 52129	0,01
5	Glasvlies-Bitumen-Dachbahn nach DIN 52143	0,03
6	Kunststoffbahnen, 1,5 mm Dicke	0,02
	Bahnen in verlegtem Zustand	
7	Bitumen- und Polymerbitumen-Dachdichtungsbahn nach DIN 52130 und DIN 52132, einschließlich Klebemasse bzw. Bitumen- und Polymerbitumen-Schweißbahn nach DIN 52131 und DIN 52133, je Lage	0,07
8	Bitumen-Dichtungsbahn nach DIN 18190-4, einschließlich Klebemasse, je Lage	0,06
9	Nackte Bitumenbahn nach DIN 52129, einschließlich Klebemasse, je Lage	0,04
10	Glasvlies-Bitumen-Dachbahn nach DIN 52143, einschließlich Klebemasse je Lage	0,05
11	Dampfsperre, einschließlich Klebemasse bzw. Schweißbahn, je Lage	0,07
12	Ausgleichsschicht, lose verlegt	0,03
13	Dachabdichtungen und Bauwerksabdichtungen aus Kunststoffbahnen, lose verlegt, je Lage	0,02
	Schwerer Oberflächenschutz auf Dachabdichtungen	
14	Kiesschüttung, Dicke 5 cm	1,0

Tabelle 1.6: Faserzement-Wellplatten nach DIN EN 494

Zeile	Gegenstand	Flächenlasten kN/m²
1	Faserzement-Kurzwellplatten	0,24*
2	Faserzement-Wellplatten	0,20*

* ohne Pfetten, jedoch einschließlich Befestigungsmaterial

Tabelle 1.7: Sonstige Deckungen

Zeile	Gegenstand	Flächenlasten kN/m²
1	Deckung mit Kunststoffwellplatten (Profilformen nach DIN EN 494), ohne Pfetten, einschließlich Befestigungsmaterial	
2	aus faserverstärkten Polyesterharzen, (Rohdichte 1,4 g/cm³), Plattendicke 1 mm	0,03
3	wie vor, jedoch mit Deckkappen	0,06
4	aus glasartigem Kunststoff (Rohdichte 1,2 g/cm³), Plattendicke 3 mm	0,08
5	PVC-beschichtetes Polyestergewebe, ohne Tragwerk	
6	Typ I (Reißfestigkeit 3,0 kN/5 cm Breite)	0,0075
7	Typ II (Reißfestigkeit 4,7 kN/5 cm Breite)	0,0085
8	Typ III (Reißfestigkeit 6,0 kN/5 cm Breite)	0,01
9	Rohr- oder Strohdach, einschließlich Lattung	0,70
10	Schindeldach, einschließlich Lattung	0,25
11	Sprossenlose Verglasung	
12	Profilbauglas, einschalig	0,27
13	Profilbauglas, zweischalig	0,54
14	Zeltleinwand, ohne Tragwerk	0,03

Tabelle 1.8: Sperr-, Dämm- und Füllstoffe als Platten, Matten und Bahnen

Zeile	Gegenstand	Flächenlasten je cm Dicke kN/m²/cm
1	Asphaltplatten	0,22
2	Holzwolle-Leichtbauplatten nach DIN 1101	
3	Plattendicke ≤ 100 mm	0,06
4	Plattendicke > 100 mm	0,04
5	Kieselgurplatten	0,03
6	Korkschrotplatten aus imprägniertem Kork nach DIN 18161-1, bituminiert	0,02
7	Mehrschicht-Leichtbauplatten nach DIN 1102, unabhängig von der Dicke	
8	Zweischichtplatten	0,05
9	Dreischichtplatten	0,09
10	Korkschrotplatten aus Backkork nach DIN 18161-1	0,01
11	Perliteplatten	0,02
12	Polyurethan-Ortschaum nach DIN 18159-1	0,01
13	Schaumglas (Rohdichte 0,07 g/cm³) in Dicken von 4 cm bis 6 cm mit Pappekaschierung und Verklebung	0,02
14	Schaumkunststoffplatten nach DIN 18164-1 und DIN 18164-2	0,004

Hinweise zur Lastenermittlung

Tabelle 1.9: Schalungen aus Holz und Holzwerkstoffen

Diese Tabelle wurde anhand der Rechenwerte der Eigenlasten von Baustoffen für Holz und Holzwerkstoffe nach DIN 1055-1 anhand der Dicke ermittelt und ist in der Norm nicht abgedruckt.

Nr.	Gegenstand	Rechenwert kN/m²
1	Holzschalungen aus Bauholz, Nadelholz S10 oder MS10 nach Dicke – 18 mm – 24 mm – 28 mm – 40 mm	 0,09 0,12 0,14 0,20
2	Schalungen aus Holzwerkstoffen a) Spanplatten nach DIN 68763 – 14 mm – 19 mm – 22 mm – 25 mm b) Baufurniersperrholz nach DIN 68705-5 – 14 mm – 19 mm – 25 mm	 0,08 0,11 0,13 0,15 0,11 0,15 0,20
3	Unterdeckplatten aus Holzwerkstoffen	nach Angabe des Herstellers

Tabelle 1.10: Sperr-, Dämm- und Füllstoffe als lose Stoffe

Zeile	Gegenstand	Flächenlasten je cm Dicke kN/m²/cm
1	Bimskies, geschüttet	0,07
2	Blähglimmer, geschüttet	0,02
3	Blähperlit	0,01
4	Blähschiefer und Blähton, geschüttet	0,15
5	Faserdämmstoffe nach DIN 18165-1 und DIN 18165-2 (z. B. Glas-, Schlacken-, Steinfaser)	0,01
6	Faserstoffe, bituminiert, als Schüttung	0,02
7	Gummischnitzel	0,03
8	Hanfscheben, bituminiert	0,02
9	Hochofenschaumschlacke (Hüttenbims), Steinkohlenschlacke, Koksasche	0,14
10	Hochofenschlackensand	0,10
11	Kieselgur	0,03
12	Korkschrot, geschüttet	0, 02
13	Magnesia, gebrannt	0,10
14	Schaumkunststoffe	0,01

Anhang 2

Beispiel zur Ermittlung der Schneelasten

Eingangsdaten:

Gebäudestandort:	München
Geländehöhe:	520 m über NN
Dachneigung:	45°

Vereinfachte Ermittlung der Regelschneelast
(Karte 1, Tabelle 1)

Klimazone von München gemäß Karte 1:	II
Regelschneelast (s_0) bei 600 m über NN gemäß Tabelle 1:	1,15 kN/m²

Ermittlung der Regelschneelast über Interpolation
(Karte 1, Tabelle 1)

$$s_0 \text{ von } 520\,m = s_0 \text{ von } 500 + \frac{s_0 \text{ von } 600 - s_0 \text{ von } 500}{100} \times (520 - 500)$$

$$s_0 = 0{,}90 + \frac{1{,}15 - 0{,}90}{100} \times 20 = 0{,}95 \text{ kN/m}^2$$

Abminderung der Regelschneelast nach Tabelle 2:

Abminderungsfaktor (k_s) von 45° nach Tabelle 2:	0,62
Regelschneelast (s_0) nach Ermittlung	0,95 kN/m²
Schneelast:	$s_0 \times k_s = 0{,}95 \times 0{,}62 = \underline{\underline{0{,}59 \text{ kN/m}^2}}$

In der Ausgabe 02.2000 fehlte das „Beispiel zur Ermittlung der Schneelasten" (jetzt Seite 30). Daraufhin wurden die Seitenzahlen der Folgeseiten (Seiten 31 – 36) angepasst.

Anhang 3

Genaue Berechnung der Windlasten

1. Windlasten bei geneigten Dächern (Dachneigung > 10°)
2. Windlasten bei flachen Dächern (Dachneigung ≤ 10°)

Tabelle 3.1: Regelwerte der Nennböengeschwindigkeit
Tabelle 3.2: Formbeiwerte für geneigte Dächer bei geschlossenen Gebäuden
Tabelle 3.3: Dachneigungsfaktor für maßgebendes Eigengewicht
Tabelle 3.4: Formbeiwerte für flache Dächer bei geschlossenen Gebäuden

1. Windlasten bei geneigten Dächern (Dachneigung > 10°)

Die Windlast kann anhand der vorliegenden Tabellen konkret für eine Dachfläche berechnet werden. Eine genaue Einzelfallberechnung ist stets vorrangig gegenüber in Tabellen angegebenen Werten. Die Formel zur Berechnung der Windlast für geneigte Dächer ist nach NEN 6708

$$w = c_p \times q \qquad (1)$$

Darin bedeutet:

w   Windsogkraft je m² der betrachteten Dachfläche in kN/m².

c_p Formbeiwert des Bereichs anhand der Luftdurchlässigkeit des Unterdachs im Vergleich zur Luftdurchlässigkeit der Dachdeckung und der Dachform nach NEN 6708 für geschlossene Deckunterlagen. Bei offenen Deckunterlagen wurden um 25 % gegenüber den Formbeiwerten bei geschlossener Deckunterlage erhöhte Formbeiwerte gewählt, da die entsprechenden Formbeiwerte der NEN 6708 für Deutschland zu unrealistischen Werten führen und sich nicht mit der handwerklichen Erfahrung decken.

q   Staudruck in kN/m² für die betrachtete Windzone und die vorliegende Gebäudehöhe.

Tabelle 3.1: Regelwerte der Nennböengeschwindigkeit

Höhe über Gelände	Staudruck in kN/m² aus Nennböengeschwindigkeit[6), 7)]			
	Zone I[8)]	Zone II	Zone III	Zone IV
5 m	0,50	0,65	0,85	1,10
6 m	0,52	0,68	0,88	1,15
8 m	0,55	0,72	0,94	1,22
10 m	0,60	0,75	1,00	1,25
12 m	0,62	0,78	1,04	1,30
14 m	0,65	0,81	1,08	1,35
16 m	0,67	0,83	1,11	1,39
18 m	0,68	0,85	1,14	1,42
20 m	0,70	0,87	1,16	1,46
22 m	0,71	0,89	1,19	1,49
24 m	0,73	0,91	1,21	1,52
26 m	0,74	0,93	1,23	1,54
28 m	0,75	0,94	1,25	1,57
30 m	0,76	0,96	1,27	1,59
35 m	0,79	0,99	1,32	1,65
40 m	0,81	1,02	1,36	1,70

[6)] nach DIN 1055-40
[7)] In exponierter Lage gilt mindestens 1,1 kN/m².
[8)] Bei Höhen über 600 m NN bis 830 m NN gilt Zone II, über 830 bis 1100 m NN gilt Zone III.

Hinweise zur Lastenermittlung

Tabelle 3.2: Formbeiwerte für geneigte Dächer bei geschlossenen Gebäuden

a) Einseitig geneigtes Dach, offene Deckunterlage

Dachneigung	Formbeiwert c_p		
	Eckbereich	Randbereich	Normalbereich
über 10° – 30°	1,80	1,50	0,60
über 30° – 55°	1,50	1,13	0,60
über 55°	1,13	1,13	0,60

b) Einseitig geneigtes Dach, geschlossene Deckunterlage

Dachneigung	Formbeiwert c_p		
	Eckbereich	Randbereich	Normalbereich
über 10° – 30°	1,44	1,20	0,48
über 30° – 55°	1,20	0,90	0,48
über 55°	0,90	0,90	0,48

c) Zweiseitig geneigtes Dach, offene Deckunterlage

Dachneigung	Formbeiwert c_p		
	Eckbereich	Randbereich	Normalbereich
über 10° – 30°	1,50	1,20	0,60
über 30° – 55°	1,13	1,13	0,60
über 55°	1,13	0,90	0,50

d) Zweiseitig geneigtes Dach, geschlossene Deckunterlage

Dachneigung	Formbeiwert c_p		
	Eckbereich	Randbereich	Normalbereich
über 10° – 30°	1,20	0,96	0,48
über 30° – 55°	0,90	0,90	0,48
über 55°	0,90	0,72	0,40

3/04

Bei offenen oder zu öffnenden Gebäuden ist den Formbeiwerten (c_p) bei offenen Deckunterlagen 0,6 zuzuschlagen. Bei Dächern mit geschlossenen Deckunterlagen dürfen die Formbeiwerte ohne Zuschlag verwendet werden.

Beispiel:

Zweiseitig geneigtes Dach, Dachneigung 29°, offene Deckunterlage, zu öffnendes Gebäude

nach Tabelle 3.2 c: 10°– 30°

Eckbereich: $c_p = 1,50 + 0,60 = 2,10$
Randbereich: $c_p = 1,20 + 0,60 = 1,80$
Normalbereich: $c_p = 0,60 + 0,60 = 1,20$

Berechnung des für die Windkräfte maßgebenden Eigengewichts

Die ständige Last für eine bestimmte Deckung wird ermittelt (berechnet)[9]. Dieser Wert wird wegen Werkstofftoleranzen o. Ä. um 10 % abgemindert und mit dem Dachneigungsfaktor multipliziert. Dadurch ergibt sich das für Windlasten maßgebliche Eigengewicht der Deckung zu

$$g = 0,9 \times g_E \times c_s \qquad (2)$$

Tabelle 3.3: Dachneigungsfaktor für maßgebendes Eigengewicht

Dachneigung in Grad	Dachneigungsfaktor c_s	Dachneigung in Grad	Dachneigungsfaktor c_s
10	1,05	45	0,95
15	1,06	50	0,91
20	1,06	55	0,86
25	1,05	60	0,80
30	1,04	65	0,74
35	1,02	70	0,67
40	0,99	75	0,60

Beispiel:

Dachdeckung aus Betondachsteinen mit hochliegendem Längsfalz, über 10 Stck. pro m², Dachneigung 24°
aus Anhang 1, Tabelle 1.1:   *Eigengewichtslast = 0,55 kN/m²*
Für die Berechnung der Windlast: *g = 0,9 x 0,55 kN/m² x 1,05 = 0,52 kN/m²*

---

[9] Die Tabellenwerte aus Anhang 1 liegen gegenüber eventuell berechneter Einzelnachweise auf der sicheren Seite und können eventuell höher sein.

Hinweise zur Lastenermittlung

Berechnung der erforderlichen Anzahl von Befestigungen

Die erforderliche Anzahl der Befestigungsmittel oder Klammern ist abhängig von der Bemessungslast des gewählten Befestigungsmittels und ergibt sich aus

$$n = \frac{(w - g)}{Bl} \qquad (3)$$

Darin bedeutet:
- n erforderliche Anzahl Befestigungsmittel der betrachteten Dachfläche in Stck./m²
- w berechnete Windsogkraft in kN/m² nach (1)
- g ständige Last nach den Tabellen in Anhang 1 oder den Herstellerangaben in kN/m²
- Bl Bemessungslast des Befestigungsmittels nach Herstellerangaben in kN/Stck.

Beispiel:

Höhe 20 m über Gelände, Zone II, zweiseitig geneigtes Dach, geschlossene Deckunterlage, Dachneigung 28°, Flachdachpfannen, Bemessungslast der Klammer nach Herstellerangabe Bl = 0,15 kN/Klammer

Staudruck:	aus Tabelle 3.1	$q = 0,87$ kN/m²	
Formbeiwerte:	Ecke	= 1,20	$w = 1,20 \times 0,87 = 0,94$ kN/m²
siehe Tabelle 3.2d	Rand	= 0,96	$w = 0,96 \times 0,87 = 0,75$ kN/m²
	Normal	= 0,48	$w = 0,48 \times 0,87 = 0,37$ kN/m²

Maßgebliches Eigengewicht für die Windlastberechnung nach (2)

aus Anhang 1, Tabelle 1.1:   *Eigengewicht = 0,55 kN/m²*

maßgebliches Eigengewicht: $g = 0,9 \times 0,55 \times 1,04 = 0,51$ kN/m²

Erforderliche Anzahl der Befestiger nach (3):

Ecke:	n = (0,94 – 0,51)/0,15	=	2,87 Klammern/m² [10], aufgerundet 3 Klammern/m²
Rand:	n = (0,75 – 0,51)/0,15	=	1,60 Klammern/m² [10], abgerundet 0 Klammern/m²
Normal:	n = (0,37 – 0,51)/0,15	=	negativer Wert, d. h. Eigengewicht größer als Windsog, somit keine Befestigung erforderlich!

2. Windlasten bei flachen Dächern (Dachneigung ≤ 10°)

Die Berechnung der Windlasten bei flachen Dächern erfolgt nach DIN 1055-4 „Windlasten bei nicht schwingungsanfälligen Gebäuden". Sie berechnet sich zu

$$w = 1{,}5 \times c_p \times q \qquad (4)$$

Darin bedeutet:
- w Windsogkraft je m² der betrachteten Dachfläche in kN/m².
- c_p Formbeiwert des Bereichs anhand der Verhältnisse von b/a (Länge zu Breite) und h/a (Höhe zu Breite) des betrachteten Gebäudes nach DIN 1055-4.
- q Staudruck nach Tabelle 3 in kN/m².

Die erforderliche Anzahl der Befestigungsmittel ist abhängig von der Bemessungslast des gewählten Befestigungsmittels. Bei Verwendung von Auflast ist die Schichtdicke abhängig von der ständigen Last der Schüttung nach den Tabellen in Anhang 1 oder den Herstellerangaben.

$$n = \frac{w}{Bl} \qquad (5)$$

---

[10] Bei Ergebnissen bis 2,5 bei Bemessungslasten bis 0,15 kN/Klammer darf aus praktischen Überlegungen auf eine Befestigung verzichtet werden. Weitere Vorgehensweise und die Mindestverklammerung ist den speziellen Fachregeln, hier der „Fachregel für Dachdeckungen mit Dachziegeln und Dachsteinen", zu entnehmen.

Darin bedeutet:
n   erforderliche Anzahl Befestigungsmittel der betrachteten Dachfläche in Stck./m².
w   berechnete Windsogkraft in kN/m² nach (3)
Bl   Bemessungslast des Befestigungsmittels nach Herstellerangaben in kN/Stck.

Tabelle 3.4: Formbeiwerte für flache Dächer bei geschlossenen Gebäuden

Abmessungs-verhältnisse		Formbeiwert c_p		
b/a	h_{ref}/a	Eckbereich	Randbereich	Normalbereich
≤ 1,5	≤ 0,4	2,0	1,0	0,6
	> 0,4	2,8	1,5	0,8
> 1,5	≤ 0,4	2,5	1,0	0,6
	> 0,4	3,0	1,7	0,8

Bei offenen oder zu öffnenden Gebäuden ist zu den Formbeiwerten (c_p) bei offenen Unterlagen 0,8 zuzuschlagen. Bei geschlossenen Unterlagen dürfen die Formbeiwerte ohne Zuschlag verwendet werden (siehe Kapitel 4.6(3)).

Beispiel zur Ermittlung des Formbeiwertes:

b = 26 m, a = 14 m, h = 12 m, offenes Gebäude, offene Unterlage

Abmessungen:	b/a	= 26/14 = 1,86 > 1,5
	h/a	= 12/14 = 0,86 > 0,4
Eckbereich:	c_p	= 3,0 + 0,8 = 3,8
Randbereich:	c_p	= 1,7 + 0,8 = 2,5
Normalbereich:	c_p	= 0,8 + 0,8 = 1,6

Beispiel zur Ermittlung der Anzahl der Befestiger:

Gebäudelänge b = 35 m, Gebäudebreite a = 30 m, Gebäudehöhe h = 8,80 m, geschlossenes Gebäude, Bemessungslast für Befestiger = 0,4 kN/Stck., Zone I

Staudruck:	nach Tabelle 3.1	q = 0,57 kN/m²
Abmessungen:	b/a = 35/30 = 1,17	≤ 1,5
	h/a = 7,5/30 = 0,25	≤ 0,4

Formbeiwerte aus Tabelle 3.4:
Eckbereich:	= 2,0
Randbereich:	= 1,0
Normalbereich:	= 0,6

Windkraft nach (4):
Eckbereich:	w = 1,5 x 2,0 x 0,57	= 1,71 kN/m²
Randbereich:	w = 1,5 x 1,0 x 0,57	= 0,86 kN/m²
Normalbereich:	w = 1,5 x 0,6 x 0,57	= 0,51 kN/m²

Erforderliche Anzahl Befestiger nach (5):
Eckbereich:	n = 1,71/0,4 = 4,28	= 5 Stck./m² [11]
Randbereich:	n = 0,86/0,4 = 2,15	= 3 Stck./m² [11]
Normalbereich:	n = 0,51/0,4 = 1,28	= 3 Stck./m² [11]

---

[11] gemäß „Fachregel für Dächer mit Abdichtungen – Flachdachrichtlinien –" nie weniger als 2 Stck./m², unabhängig vom rechnerisch ermittelten Wert

Deutsches Dachdeckerhandwerk
– Regelwerk –

Merkblatt Wärmeschutz bei Dach und Wand

Aufgestellt und herausgegeben vom

**Zentralverband des Deutschen Dachdeckerhandwerks
– Fachverband Dach-, Wand- und Abdichtungstechnik – e.V.**

Ausgabe September 2004

 Rudolf Müller

Vorgänger:
Merkblatt Wärmeschutz bei Dächern   September 1997

Änderungsgrund:
Eine vollständige Überarbeitung wurde auf Grund der Änderungen und Ergänzungen in DIN 4108 ff. erforderlich. Zudem wurden Außenwände mit in das Merkblatt aufgenommen.

© Alle Rechte bei der D + W-Service GmbH für Management, PR und Messewesen, Köln 2004
Nachdruck und Vervielfältigung, auch auszugsweise, nur mit Genehmigung der D + W-Service GmbH und des Verlages gestattet.

Verlag: Verlagsgesellschaft Rudolf Müller GmbH & Co. KG, Stolberger Str. 84, 50933 Köln

Satz: Satz+Layout Werkstatt Kluth GmbH, Erftstadt

Druck: Medienhaus Plump, Rheinbreitbach

Inhaltsverzeichnis

1	**Allgemeines**	5
1.1	Geltungsbereich	5
1.2	Begriffe	5
1.3	Planungshinweise	5
2	**Werkstoffe**	6
2.1	Luftdichtheitsschicht	6
2.2	Dampfsperre	6
2.3	Wärmedämmstoffe	7
2.4	Diffusionsoffene Werkstoffe auf Wärmedämmungen	8
2.5	Hilfsstoffe	8
3	**Anforderungen**	8
3.1	Luftdichtheit	8
3.2	Diffusion	8
3.2.1	Allgemeines	8
3.2.2	Dächer	9
3.2.3	Außenwände	10
3.3	Gebäudenutzung	10
3.4	Wärmedämmung	11
3.5	Zusätzliche Schichten	12
3.6	Kombination unterschiedlicher Dämmstoffe	12
3.7	Mindestwärmeschutz	12
3.8	Wärmebrücken	12
4	**Belüftete Dächer**	13
4.1	Allgemeines	13
4.2	Lüftungsquerschnitte	13
4.2.1	Dächer ≥ 5° Dachneigung	13
4.2.2	Dächer < 5° Dachneigung	14
4.3	Ausführung	14
5	**Nicht belüftete Dächer**	14
5.1	Allgemeines	14
5.2	Ausführung	15
6	**Wärmedämmungen bei Dachdeckungen**	15
6.1	Wärmedämmung zwischen den Sparren	15
6.2	Wärmedämmung unter den Sparren	15
6.3	Kombination aus Wärmedämmung zwischen und unter den Sparren	16
6.4	Wärmedämmung über den Sparren	16
6.5	Kombination aus Wärmedämmung zwischen und über den Sparren	16
6.6	Tragende wärmedämmende Dachelemente	16
7	**Wärmedämmungen bei Dachabdichtungen**	17
7.1	Unbelüftete Wärmedämmung	17
7.2	Belüftete Wärmedämmung	17
7.3	Wärmedämmung über der Dachabdichtung (Umkehrdach)	18
8	**Wärmedämmungen bei Wänden**	18
8.1	Allgemeines	18
8.2	Belüftete Wärmedämmungen	19
8.3	Unbelüftete Wärmedämmungen	20
Anhang I: Tabellen		21
Anhang II: Abbildungen		25

1 Allgemeine Hinweise

1.1 Geltungsbereich

(1) Dieses Merkblatt gilt für die Planung und Ausführung des Wärmeschutzes. Es umfasst wärmegedämmte Dächer und Wände.

(2) Für klimatisierte Wohn- und Bürogebäude sowie für vergleichbar genutzte Räume klimatisierter Gebäude ist ein Einzelnachweis erforderlich. Gebäude mit ausschließlich kontrollierter Lüftung gelten als nicht klimatisiert.

1.2 Begriffe

(1) Belüftete Dächer verfügen direkt über der Wärmedämmung über eine Luftschicht, die gemäß DIN 4108-3 an die Außenluft angeschlossen ist (belüftete Wärmedämmung).

(2) Bei unbelüfteten Dächern fehlt direkt über der Wärmedämmung diese Luftschicht oder ist nicht ausreichend nach DIN 4108-3 dimensioniert (unbelüftete Wärmedämmung). Zu unbelüfteten Dächern zählen auch solche, die im weiteren Dachaufbau angeordnete Lüftungsebenen haben.

(3) Belüftete Dachdeckungen sind Dachdeckungen auf linienförmiger Unterlage, z. B. Lattung und Konterlattung.

(4) Nicht belüftete Dachdeckungen sind Dachdeckungen auf flächiger Unterlage, z. B. Schalung.

(5) Diffusionsoffene Schichten sind Bauteilschichten mit $s_d \leq 0{,}5$ m.

(6) Diffusionshemmende Schichten sind Bauteilschichten mit $0{,}5 \text{ m} < s_d \leq 1500$ m.

(7) Diffusionsdichte Schichten sind Bauteilschichten mit $s_d > 1500$ m.

(8) Nachfolgend werden diffusionshemmende Schichten (6) und diffusionsdichte Schichten (7) vereinfachend als Dampfsperren bezeichnet.

(9) Der Sperrwert $s_{d,i}$ ist die Summe der wasserdampfdiffusionsäquivalenten Luftschichtdicken aller Schichten, die sich unterhalb/raumseitig der Wärmedämmschicht befinden.

(10) Der Sperrwert $s_{d,e}$ ist die Summe der wasserdampfdiffusionsäquivalenten Luftschichtdicken aller Schichten, die sich oberhalb/außenseitig der Wärmedämmschicht befinden.

(11) Als Tauwasser wird Feuchtigkeit verstanden, die sich durch Kondensation im Inneren von Bauteilen und an Bauteiloberflächen bilden kann.

(12) Der Einzelnachweis stellt eine Untersuchung auf innere Tauwasserbildung oder an Bauteiloberflächen und Verdunstung in Folge von Wasserdampfdiffusion in einem Bauteil dar.

(13) Tauwasserbildung auf raumseitigen Oberflächen oder kritische Oberflächenfeuchte ergibt sich z. B. in Folge nicht ausgewogener Beheizung und Lüftung oder durch eine Unterschreitung des Mindestwärmeschutzes nach DIN 4108-2.

(14) Der Mindestwärmeschutz wird als die Maßnahme definiert, die an jeder Stelle der Systemgrenze bei ausreichender Beheizung und Lüftung und unter Zugrundelegung üblicher Nutzung ein hygienisches Raumklima sicherstellt. In diesem Klima ist Tauwasserfreiheit durch wärmebrückenreduzierte Innenoberflächen von Außenbauteilen im Ganzen und in Ecken gegeben. Mit dem Mindestwärmeschutz entsprechend der Normbedingungen wird Tauwasserfreiheit sichergestellt und das Risiko der Schimmelbildung verringert.

(15) Unter Systemgrenze versteht man die gesamte Außenoberfläche des Gebäudes bzw. der beheizten Zone eines Gebäudes, über die der Heizwärmebedarf mit einer bestimmten Innentemperatur ermittelt wird. Dies schließt alle Räume, die direkt oder indirekt durch Raumverbund beheizt werden, ein.

(16) Luftdichtheit im Sinne dieses Merkblattes bedeutet die Einhaltung bestimmter Luftwechselraten gemäß eines normierten Verfahrens zur Verringerung von Luftströmungen von innen nach außen.

(17) Eine Winddichtigkeitsschicht ist auf der Außenseite angeordnet (z. B. Unterdeckbahn mit verklebten Nähten und Stößen) und mindert Luftströmungen von außen nach innen. Die Winddichtigkeit ist nicht genormt und damit keine grundsätzliche Forderung.

(18) Wärmebrücken sind Zonen der Außenbauteile, bei denen gegenüber der sonstigen Fläche ein besonders hoher Wärmeverlust auftritt. Neben geometrischen gibt es insbesondere konstruktive Wärmebrücken, die an Bauteilanschlüssen auftreten. An diesen Stellen können sich die raumseitigen Oberflächen abkühlen und so Grundlage für eine eventuelle Schimmelpilzbildung sein. Wärmebrücken müssen deshalb besonders konstruktiv behandelt und energetisch optimiert werden.

(19) Sekundärtauwasser ist Tauwasser, das sich durch einströmende oder vorhandene Luft unter der äußersten Bauteilschicht in Verbindung mit deren Abkühlung ergeben kann.

1.3 Planungshinweise

(1) Der Wärmeschutz muss einschließlich aller Schichten und Anschlüsse bei der Planung festgelegt werden. Dies beinhaltet auch eine Koordinierung der Ausführung der einzelnen Schichten. Da die Wärmeschutzmaßnahmen sich aus mehreren funktionsbedingten Schichten zusammensetzen, müssen Ausführung, Reihenfolge und Detaillösungen aufeinander abgestimmt werden.

(2) Die Klimabedingungen für die Gebäudenutzung sind festzulegen. Siehe hierzu auch Kapitel 3.3.

(3) Bei Neubau und nachträglichem Ausbau bisher nicht genutzter Dächer sind zusätzlich zum Wärmeschutz baurechtliche Vorschriften (Brand-, Schallschutz etc.) zu beachten.

(4) Nachträglich aufgebrachte Beschichtungen können sich auf das bauphysikalische Verhalten eines Bauteils auswirken.

(5) Bei Verbesserung des Wärmeschutzes können sich aufgrund der bereits vorhandenen Schichten Einschränkungen oder Sonderlösungen ergeben.

(6) Bei ausgebauten Dachräumen mit Abseitenwänden sollte die Wärmedämmung in der Dachschräge zum Dachfußpunkt hinabgeführt werden. Für ausreichende Be- und Entlüftung ist zu sorgen.

(7) Ungedämmte Spitzböden sind zu belüften, z. B. durch Öffnungen im Firstbereich oder durch ausreichende Querlüftung.

(8) Bei gedämmten, jedoch unbeheizten Spitzböden ist die Gefahr der Tauwasserbildung wegen z. B. nicht ausreichender Luftdichtheit der Ebene zum beheizten Wohnraum gegeben.

(9) Werden Dächer ausgeführt, für die kein rechnerischer Tauwassernachweis erforderlich ist (siehe Abschnitt 3.2.2), darf der Wärmedurchlasswiderstand der Bauteilschichten unterhalb der Dampfsperre höchstens 20% des Gesamtwärmedurchlasswiderstandes betragen.

(10) Außenbauteile müssen gemäß den allgemein anerkannten Regeln der Technik luftdicht ausgeführt werden. Sie tragen in keinem Fall zum erforderlichen hygienebedingten Luftaustausch aus Nutzung des Gebäudes bei. Eine dauerhafte Abdichtung erfolgt nach DIN 4108-7.

(11) Die Klassen der Fugendurchlässigkeit zwischen Flügelrahmen und Leibungsrahmen bei Fenstern und Fenstertüren wird nach DIN EN 12207 ermittelt. Es sind mindestens die Klassen der Tabelle 1.1 nach der EnEV einzuhalten.

Tabelle 1.1: Klassen der Fugendurchlässigkeit

Zeile	Anzahl der Vollgeschosse des Gebäudes	Klasse der Fugendurchlässigkeit nach DIN EN 12207
1	bis zu 2	2
2	mehr als 2	3

(12) Ein ausreichender Luftwechsel ist aus Gründen der Hygiene, der Begrenzung der Raumluftfeuchte sowie ggf. der Zuführung von Verbrennungsluft nach bauaufsichtlichen Vorschriften (z. B. Feueranlagenverordnungen der Bundesländer) zu achten. Dies ist in der Regel der Fall, wenn während der Heizperiode ein auf das Luftvolumen innerhalb der Systemgrenze bezogener durchschnittlicher Luftwechsel von 0,5 h^{-1} (pro Stunde) bei der Planung sichergestellt wird. Hinweise zur Planung entsprechender Maßnahmen enthalten DIN 1946-2 und DIN 1946-6.

(13) Der sommerliche Wärmeschutz ist u.a. abhängig vom Gesamtenergiedurchlassgrad der Fenster, dem Anteil an der Fläche des Außenbauteils, ihrer Neigung und der Orientierung nach der Himmelsrichtung. Bei Fassaden und Dachflächenfenstern ist bei Ost-, Süd- und Westorientierung ein wirksamer Sonnenschutz wichtig. Ein wirksamer Sonnenschutz kann besonders mit außenliegenden Maßnahmen wie z. B. Rollläden, in geringerem Umfang auch mit innenliegenden Maßnahmen wie z. B., Jalousien erreicht werden.

(14) Das sommerliche Raumklima wird durch eine intensive Lüftung der Räume insbesondere während der Nacht- oder frühen Morgenstunden verbessert. Entsprechende Voraussetzungen (z. B. zu öffnende Fenster) sind daher vorteilhafter als nicht zu öffnende Belichtungsflächen.

2 Werkstoffe

2.1 Luftdichtheitsschichten

(1) Werkstoffe für die Herstellung der Luftdichtheit im wärmegedämmten Bauteil werden aus unterschiedlichen Materialien in unterschiedlichen Dicken hergestellt. Verwendet werden u.a.:
– Gipskartonplatten
– Holzwerkstoffplatten
– Kunststofffolien
– Spezialpapiere
– massive nach außen abgrenzende Bauteile wie Ortbeton oder verputztes Mauerwerk

(2) Die Luftdichtheit muss bei den verwendeten Materialien an Nähten und Stößen, bei An- und Abschlüssen und bei Durchdringungen werkstoffgerecht hergestellt und dauerhaft gewährleistet sein.

2.2 Dampfsperre

(1) Dampfsperren müssen den Produktdatenblättern des Regelwerks des Deutschen Dachdeckerhandwerks entsprechen.

(2) Die Wasserdampfdiffusionswiderstandszahlen μ sind den Herstellerangaben bzw. der DIN V 4108-4 zu entnehmen.

(3) Der Sperrwert einer Bauteilschicht s_d (wasserdampfdiffusionsäquivalente Luftschichtdicke) errechnet sich aus der Wasserdampfdiffusionswiderstandszahl μ multipliziert mit der Dicke d (in m) des Werkstoffes.

$$s_d = \mu \times d \ [m]$$

Beispiel:

Wasserdampfdiffusions-	
widerstandszahl	$\mu = 60.000$
Dicke = 3 mm	d = 0,003 m
$s_d = 60.000 \times 0,003$ m	= 180 m

(4) Es wird in Dampfsperren mit nahezu konstantem Sperrwert (z. B. PE) und Dampfsperren mit variablem Sperrwert (z. B. PA) unterschieden. Variable Sperrwerte ergeben sich bei Materialien, die durch einen entsprechenden Molekularaufbau in Abhängigkeit von der umgebenden Feuchtigkeit und/oder Temperatur ihre Wasserdampfdiffusionswiderstandzahl m verändern.

(5) Die Toleranzen in der Fertigung von Dampfsperren dürfen sich nicht nachteilig auf den angegebenen s_d-Wert auswirken.

(6) Nähte und Stöße bei Dampfsperren bleiben bei korrekter werkstoffabhängiger Nahtfügetechnik in der Bewertung des s_d-Wertes unberücksichtigt.

(7) An Nähten und Stößen sowie bei An- und Abschlüssen und bei Durchdringungen soll eine dauerhafte Verbindung zwischen den Dampfsperrbahnen untereinander bzw. der Dampfsperrbahn und dem angeschlossenen Bauteil gewährleistet sein.

(8) Trapezprofile als Tragschale für Dachdeckungen, Dachabdichtungen und Außenwandbekleidungen mit und ohne dichtende Maßnahmen im Überdeckungsbereich der Bleche stellen keine Dampfsperre dar. Bei einem Einzelnachweis sind Berechnungsmethoden erforderlich, welche die unterschiedlichen Bereiche (Fläche bzw. Überdeckung) mit ihrem jeweiligen s_d-Wert berücksichtigen.

2.3 Wärmedämmstoffe

(1) Wärmedämmstoffe müssen den jeweiligen Normen oder bauaufsichtlichen Zulassungen und den Produktdatenblättern des Regelwerks des Deutschen Dachdeckerhandwerks entsprechen. Anwendungsgebiete für Wärmedämmstoffe sind in DIN V 4108-10 enthalten und werden in Anhang I, Tabelle AI 1 angegeben.

(2) Wärmedämmungen können auch als Verbundwerkstoff eingebaut werden. Als Beispiele gelten:
– Gipskarton mit Wärmedämmung
– Sandwichelemente
– Holzwerkstoffe mit Wärmedämmung, etc.

In Berechnungen fließen alle Schichten des Verbundwerkstoffes mit den charakteristischen Bemessungswerten der Wärmeleitfähigkeit getrennt ein.

(3) Wärmedämmungen müssen dicht gestoßen verlegt werden. Dickenabweichungen aus zulässigen Maßabweichungen bei der Herstellung genormter Wärmedämmstoffe oder temperaturbedingte Längenänderungen sind nicht auszuschließen. Kreuzstöße sind zu vermeiden.

(4) Der Bemessungswert der Wärmeleitfähigkeit (Wärmeleitzahl) λ ist nach den Herstellerangaben und DIN V 4108-4 zu ermitteln. Bei Wärmedämmstoffen der Normenreihe DIN EN 13162 bis DIN EN 13171, die ohne Fremdüberwachung produziert werden, ist nur der Nennwert der Wärmeleitfähigkeit λ_D angegeben. Diese Wärmedämmstoffe entsprechen der Kategorie I nach DIN V 4108-4. Diese Wärmedämmstoffe sind bezüglich der Wärmeleitfähigkeit nur mit einem CE-Kennzeichen versehen. Bei diesen Wärmedämmstoffen ist wegen der zu erwartenden Materialstreuung der Nennwert der Wärmeleitfähigkeit mit dem Sicherheitsbeiwert $\gamma = 1,2$ zu multiplizieren, um den Bemessungswert λ zu erhalten.

Beispiel:

Der Nennwert eines Wärmedämmstoffes beträgt laut Herstellerangaben $\lambda_D = 0,033$ W/(mK).
Damit beträgt der Bemessungswert $\lambda = 0,033 \times 1,2 = 0,040$ W/(mK)

Wird die Wärmeleitfähigkeit eines Wärmedämmstoffes fremdüberwacht und hat der Wärmedämmstoff eine bauaufsichtliche Zulassung, ist der Grenzwert der Wärmeleitfähigkeit λ_{grenz} angegeben. Diese Wärmedämmstoffe entsprechen der Kategorie II der DIN V 4108-4. Diese Wärmedämmstoffe tragen bezüglich der Wärmeleitfähigkeit zusätzlich zur CE-Kennzeichnung ein Ü-Kennzeichen. Bei diesen Wärmedämmstoffen ist der Grenzwert der Wärmeleitfähigkeit mit dem Sicherheitsbeiwert $\gamma = 1,05$ zu multiplizieren, um den Bemessungswert λ zu erhalten.

Beispiel:

Der Grenzwert eines Wärmedämmstoffes beträgt laut Herstellerangaben $\lambda_{grenz} = 0,0385$ W/(mK).
Damit beträgt der Bemessungswert $\lambda = 0,0385 \times 1,05 = 0,040$ W/(mK)

(5) Der Wärmedurchlasswiderstand R eines Werkstoffes errechnet sich aus der Dicke d in [m] und dem Bemessungswert der Wärmeleitfähigkeit [W/mK].

$$R = d/\lambda \ [m^2 K/W]$$

Beispiel:

Bemessungswert der	
Wärmeleitfähigkeit	$\lambda = 0,040$ W/mK
Dicke	d = 0,10 m

Wärmedurchlasswiderstand R = 0,10 m/0,040 W/mK
R = 2,50 m²K/W

(6) Der Bemessungswert der Wärmeleitfähigkeit für belassene Wärmedämmungen und vorhandene Bauteilschichten im Gebäudebestand kann nicht einfach übertragen werden, sondern muss gemäß den Berechnungsverfahren der DIN 4108 ff. durch eine anerkannte Materialprüfstelle ermittelt werden. Bleiben diese Schichten bei der Ermittlung des U-Wertes unberücksichtigt, so liegen die mit neuen Schichten ermittelten U-Werte auf der sicheren Seite.

2.4 Diffusionsoffene Werkstoffe auf Wärmedämmungen

(1) Unter diffusionsoffenen Werkstoffen/Bauteilschichten auf Wärmedämmungen versteht man Bauteilschichten, die direkt auf der Wärmedämmschicht angeordnet werden und die über einen Sperrwert $s_d \leq 0{,}50$ m verfügen.

(2) Diffusionsoffene Werkstoffe, die durch Witterungsverhältnisse während der Ausführung ihren s_d-Wert über den in (1) genannten Wert ändern (z. B. Wasseraufnahme von Holzwerkstoffen), sollen während der Einbauphase geschützt werden.

(3) Diffusionsoffene Werkstoffe können auf Schalung, auf ausreichend druckfester Wärmedämmung oder über den Sparren angeordnet werden.

(4) Diffusionsoffene Abdeckungen müssen den Produktdatenblättern Unterdachbahnen, Unterdeckbahnen, Unterspannbahnen des Regelwerks des Deutschen Dachdeckerhandwerks entsprechen.

2.5 Hilfsstoffe

(1) Komprimierte Bänder zum Ausgleichen von Unebenheiten, Klebebänder für Naht- und Stoßverbindungen, Befestigungsmittel, Anpressleisten, Klebstoffe etc. werden als Hilfsstoffe bezeichnet.

(2) Hilfsstoffe müssen für den jeweiligen Anwendungszweck dauerhaft geeignet sein. Dabei ist die chemische Verträglichkeit der verwendeten Stoffe zu beachten.

(3) Hilfsstoffe werden überwiegend an Durchdringungen, Anschlüssen, Nähten und Stößen verwendet.

3 Anforderungen

3.1 Luftdichtheit

(1) Soweit die wärmeübertragende Umfassungsfläche durch Verschalungen oder gestoßene, überlappende sowie plattenartige Bauteile gebildet wird, ist eine ausreichend luftdichte Schicht über die gesamte Fläche einzubauen. Die Forderung kann entfallen, wenn eine bereits vorhandene Bauteilschicht wie z. B. eine Stahlbetondecke aus Ortbeton diese Funktion übernimmt.

(2) Fugen sind bereits in der Planungsphase zu berücksichtigen. Die Verarbeitungsrichtlinien für die jeweiligen Fugenmaterialien sind zu beachten. Für Fugen in massiven Bauteilen gelten DIN 18540 und DIN 18542.

(3) Bei Dächern mit Wärmedämmungen soll die Luftdichtheitsschicht auf der Raumseite der Wärmedämmung angeordnet werden.

(4) Für die Herstellung ausreichend luftdichter Schichten auf der Rauminnenseite sind z. B. luftdichte Folien mit werkstoffgerecht verklebten Nähten und Stößen oder luftdichte Platten mit dauerhaft geschlossenen Fugen und Stößen geeignet. Beispiele hierfür können DIN 4108-7 entnommen werden.

(5) Befestigungen für innere Bekleidungen oder der Folien selbst sind unvermeidbar. Sie sind werkstoffgerecht zu überkleben, abzudecken oder zu verspachteln. Zum Beispiel gelten Latten mit mindestens 3 Befestigungen je Meter als Abdeckungen.

(6) Die luftdichte Schicht muss an alle Durchdringungen und Anschlüssen entsprechend den anerkannten Regeln der Technik angeschlossen werden. Bereits bei der Planung sollte die Anzahl der Durchdringungen auf das notwendige Maß reduziert werden.

(7) Um Durchdringungen zu reduzieren, sollten Installationsebenen für die Aufnahme von Installationen aller Art raumseitig der Luftdichtheitsschicht vorgesehen werden.

(8) Innere Bekleidungen aus kleinformatigen Platten, aus Schalung, Paneelen oder Profilblechen sind ohne zusätzliche Maßnahmen als luftdichte Schicht nicht geeignet.

(9) Soweit es im Einzelfall erforderlich wird, die Luftdichtheit zu prüfen, erfolgt diese Prüfung nach DIN EN 13829 Verfahren A, mit einer Druckdifferenz von 50 Pa. Dabei darf die Luftwechselrate bei Gebäuden ohne raumlufttechnische Anlagen maximal 3, bei Gebäuden mit raumlufttechnischen Anlagen maximal 1,5 pro Stunde betragen.

(10) Die Luftdichtheitsschicht kann gemäß ihrer wasserdampfdiffusionsäquivalenten Luftschichtdicken s_d gleichzeitig als Dampfsperre verwendet werden. In diesem Fall sind zusätzlich die Kapitel 2.2 und 3.2 zu beachten.

3.2 Diffusion

3.2.1 Allgemeines

(1) Durch Diffusion darf es im wärmegedämmten Bauteil nicht zu einer schädlichen Tauwasserbildung kommen, die durch Erhöhung des Feuchtegehalts den Wärmeschutz und die Standsicherheit der Tragkonstruktion gefährdet oder zu Schädlingsbefall führt.

(2) Der Nachweis, dass Diffusion nicht zu schädlichem Tauwasserausfall führt, erfolgt durch Diffusionsberechnung nach DIN 4108-3. Auf diesen rechnerischen Nachweis kann unter den in den Abschnitten 3.2.2 und 3.2.3 genannten Voraussetzungen verzichtet werden.

(3) Dampfsperren mit variablem Sperrwert nutzen auch das Austrocknungsvermögen in den Innenraum. Dies kann z. B. zur schnelleren Erreichung der Ausgleichsfeuchte von trockenem Holz sowie dem schnelleren Austrocknen der während der Bauzeit

eingedrungenen Feuchtigkeit beitragen. Durch Dampfsperren mit variablem Sperrwert können halbtrockene Hölzer nicht getrocknet werden, da dies kurzfristig nur durch technische Trocknung möglich ist. Die Verwendbarkeit dieser Dampfsperren ergibt sich nur aus dem jeweiligen systembedingten Aufbau des Herstellers.

(4) Beim Einbau von Dampfsperren mit konstantem und variablen Sperrwert von außen im Zusammenhang mit nachträglich eingebrachter Wärmedämmung zwischen den Sparren im Gebäudebestand, kann die Dampfsperre bei darunter liegenden trockenen Hölzern (mittlere Holzfeuchte ≤ 20%) über den Sparren auf die kalte Seite geführt werden. Vorraussetzung hierfür ist, dass die ausreichende Luftdichtheit durch andere Bauteilschichten unterhalb des Sparrens und nicht durch die Dampfsperre erbracht wird. Bei Dampfsperren mit konstantem Sperrwert sollte die Bahn auf der Oberkante des Sparrens eingeschnitten werden.

(5) Dampfsperren, die gleichzeitig die Funktion einer Luftdichtheitsschicht übernehmen (z. B. Dampfsperre auf Trapezprofilen ohne dichtende Maßnahmen an Blechüberdeckungen oder einer raumseitig vorhandenen ausreichend luftdichten Schicht) sind an Nähten und Stößen, An- und Abschlüssen und Durchdringungen ausreichend luftdicht anzuschließen. Die Kapitel 2.1 und 3.1 sind zu beachten.

(6) Dampfsperren sollen an Nähten und Stößen verklebt werden.

(7) Auf eine Verklebung kann verzichtet werden,
– wenn eine raumseitige Luftdichtheitsschicht vorhanden ist und
– die Überdeckungsbreite der Bahnen mindestens 10 cm bei einer ebenen, planen Auflage an Nähten und Stößen beträgt sowie ein ausreichender Anpressdruck gegeben ist. Ein ausreichender Anpressdruck für die Überdeckungen ist gegeben, wenn der Abstand der Einzelbefestigungen max. 33 cm beträgt oder eine Linienbefestigung vorliegt und die mechanische Befestigung im Naht-/Stoßbereich der Dampfsperre angeordnet ist.
– wenn durch eine mechanische Befestigung der Dachabdichtung über einen ausreichend druckfesten Wärmedämmstoff ein Anpressdruck auf die Überdeckung der Dampfsperrbahnen gegeben ist.
– wenn im Stoßbereich der Dampfsperre bei nicht flächigem Untergrund (z. B. Stahlprofilblech) eine Unterlage aus Blech mit mind. 1,5 mm Dicke angeordnet wird.

(8) Anstatt einer Dampfsperre können auch diffusionsdichte Dämmstoffe (z. B. Schaumglas) verwendet werden. Vorraussetzung für die zusätzliche Funktion als Dampfsperre ist die Verlegung auf starren Unterlagen (z. B. Stahlbetondecke) und das satte Einschwemmen z. B. in Heißbitumen. Bei An- und Abschlüssen sowie Durchdringungen sind die Fugen/Hohlräume entweder auszugießen oder durch Anschlussstreifen mit Dampfsperrbahnen zu schließen.

3.2.2 Dächer

(1) Dächer werden unterschieden in:
– belüftete Dächer
– unbelüftete Dächer

(2) Bei folgenden belüfteten Dächern kann auf einen rechnerischen Nachweis verzichtet werden:

a) Belüftete Dächer mit einer Dachneigung < 5° und einer Dampfsperre mit $s_{d,i} \geq 100$ m unterhalb der Wärmedämmschicht.

b) Belüftete Dächer mit einer Dachneigung ≥ 5° unter folgenden Bedingungen:
– Die Höhe des freien Lüftungsquerschnittes innerhalb des Dachbereiches über der Wärmedämmung muss mindestens 2 cm betragen.
– Der freie Lüftungsquerschnitt an den Traufen bzw. an Traufe und Pultdachabschluss muss mindestens 2‰ der zugehörigen geneigten Dachfläche, mindestens jedoch 200 cm²/m betragen.
– An First und Grat sind Mindestlüftungsquerschnitte von 0,5‰ der zugehörigen geneigten Dachflächen erforderlich, mindestens jedoch 50 cm²/m.
– Der s_d-Wert der unterhalb der Belüftungsschicht angeordneten Bauteilschichten muss insgesamt mindestens 2 m betragen. Siehe hierzu in Anhang I Tabelle AI 2 und Anhang II Abb. AII 1.

(3) Bei folgenden nicht belüfteten Dächern kann auf einen rechnerischen Nachweis verzichtet werden:

a) Nicht belüftete Dächer mit Dachdeckungen
– Nicht belüftete Dächer mit belüfteter Dachdeckung (Abb. A II 2) oder mit zusätzlich belüfteter Luftschicht unter nicht belüfteter Dachdeckung (z. B. Schieferdeckung auf Schalung) und einer Wärmedämmung zwischen, unter und/oder über den Sparren und einer Zusatzmaßnahme gemäß „Merkblatt Unterdächer, Unterdeckungen und Unterspannungen" bei einer Zuordnung der Werte der wasserdampfdiffusionsäquivalenten Luftschichtdicken s_d nach Tabelle 3.1.
– Nicht belüftete Dächer mit nicht belüfteter Dachdeckung und einer raumseitigen Dampfsperre $s_{d,i} \geq 100$ m unterhalb der Wärmedämmschicht.

Tabelle 3.1: Zuordnung der s_d-Werte der außen- und raumseitig zur Wärmedämmung liegenden Schichten

Wasserdampfdiffusionsäquivalente Luftschichtdicke in m	
außen $s_{d,e}$ [1]	innen $s_{d,i}$ [2]
≤ 0,1	≥ 1,0
≤ 0,3 [3]	≥ 2,0
> 0,3	$s_{d,i} \geq 6\, s_{d,e}$

[1] $s_{d,e}$ ist die Summe der Werte der wasserdampfdiffusionsäquivalenten Luftschichtdicken der Schichten, die sich oberhalb der Wärmedämmung befinden bis zur ersten durch die Außenluft belüfteten Luftschicht (z. B. Konterlattenebene oberhalb der Zusatzmaßnahme).

[2] $s_{d,i}$ ist die Summe der Werte der wasserdampfdiffusionsäquivalenten Luftschichtdicken aller Schichten, die sich unterhalb der Wärmedämmschicht bzw. unterhalb gegebenenfalls vorhandener Untersparrendämmungen befinden bis zur ersten an die Innenluft angeschlossenen Luftschicht (z. B. Installationsebene, die über Öffnungen an die Innenluft angeschlossen ist).

[3] Bei nicht belüfteten Dächern mit $s_{d,e} \leq 0,2$ m kann auf chemischen Holzschutz verzichtet werden, wenn die Bedingungen nach DIN 68800-2 eingehalten werden.

b) Nicht belüftete Dächer mit Dachabdichtung

– Nicht belüftete Dächer mit Dachabdichtung und einer Dampfsperre mit $s_{d,i} \geq 100$ m unterhalb der Wärmedämmung. Bei diffusionsdichten Dämmstoffen (z. B. Schaumglas) auf starren Unterlagen kann auf eine zusätzliche Dampfsperre verzichtet werden.

– Nicht belüftete Dächer aus Porenbeton nach DIN 4223 mit Dachabdichtung und ohne Dampfsperre an der Unterseite und ohne zusätzliche Wärmedämmung.

– Nicht belüftete Dächer mit Dachabdichtung und Wärmedämmung oberhalb der Dachabdichtung (so genannte „Umkehrdächer") und dampfdurchlässiger Auflast auf der Wärmedämmung (z. B. Grobkies).

(4) Die Funktionsfähigkeit von unbelüfteten, wärmegedämmten Dächern mit einer Dampfsperre mit einem Sperrwert von $s_{d,i} < 100$ m und diffusionsdichteren Schichten auf der Außenseite lässt sich nachweisen. Hiervon sollte jedoch bei äußeren Schichten mit $s_{d,e} \geq 100$ m nur in Ausnahmefällen Gebrauch gemacht werden, da eingeschlossene oder später eingedrungene Feuchtigkeit z. B. durch Undichtigkeiten oder erhöhter Baufeuchte nur noch schlecht oder gar nicht austrocknen kann.

3.2.3 Außenwände

(1) Bei nachfolgend genannten Außenwänden kann auf einen rechnerischen Nachweis verzichtet werden:

a) Mauerwerk nach DIN 1053-1 (ein- und zweischalig), Normalbeton nach DIN 1045-2 und Leichtbeton nach DIN 4219-1 und 2 bzw. DIN 4232, jeweils mit Innenputz und

– hinterlüfteter Außenwandbekleidung mit und ohne Wärmedämmung nach dem Regelwerk des Deutschen Dachdeckerhandwerks oder nach DIN 18516;

– Außendämmung aus Holzwolle-Leichtbauplatten nach DIN EN 13168 und Verarbeitung und Verwendung nach DIN 1102.

b) Wände in Holzbauart nach DIN 68800-2 (siehe Abb. 3.1)

– mit vorgehängten Außenwandbekleidungen mit zusätzlicher diffusionshemmender Schicht mit $s_{d,i} \geq 2$ m auf der Raumseite.

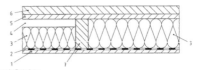

1 Bekleidung oder Beplankung
2 Dampfsperrschicht, erforderlichenfalls
3 mineralischer Faserdämmstoff nach DIN 18165-1 oder Dämmstoff, dessen Verwendbarkeit für diesen Anwendungsfall besonders nachgewiesen ist, z. B. durch eine allgemeine bauaufsichtliche Zulassung für diesen Anwendungsfall
4 Hohlraum, nicht belüftet, insektenunzugänglich
5 äußere Bekleidung oder Beplankung
6 Wetterschutz
7 Holzquerschnitt

Abb. 3.1: Wände in Holzbauart nach DIN 68800-2

c) Holzfachwerkwände mit Luftdichtheitsschicht

– mit wärmedämmender Ausfachung (Sichtfachwerk);

– mit Innendämmung (über Fachwerk und Gefach) mit einem Wärmedurchlasswiderstand der Wärmedämmschicht $R \leq 1,0$ m²K/W und einem $s_{d,i}$ (gegebenenfalls einschließlich Luftdichtheitsschicht) mit Innenputz und Innenbekleidung $1,0$ m $\leq s_{d,i} \leq 2$ m;

– mit Innendämmung (über Fachwerk und Gefach) aus Holzwolle-Leichtbauplatten nach DIN EN 13168;

– mit Außendämmung und hinterlüfteter Außenwandbekleidung.

d) Kelleraußenwände aus einschaligem Mauerwerk nach DIN 1053-1 oder Beton nach DIN 1045-2 mit außenliegender Wärmedämmung (Perimeterdämmung).

Weitere Konstruktionen sind DIN 4108-3 zu entnehmen.

3.3 Gebäudenutzung

(1) Die Angaben dieses Merkblattes hinsichtlich Luftdichtheit und Diffusion gelten für nichtklimatisierte Wohn- und Büroräume sowie für Gebäude mit vergleichbarer Nutzung, so dass eine Diffusionsberechnung für die in Kapitel 3.2 genannten Bauteile nur für Abweichungen von den vereinfachten Klimabedingungen erforderlich ist. Die vereinfachten Klimabedingungen dieser Räume sind in Tabelle 3.2 angegeben.

(2) Unter anderen Klimabedingungen, z. B. in Schwimmbädern oder Wäschereien, in klimatisierten

Tabelle 3.2: Vereinfachte Klimabedingungen

Zeile	Klima	Temperatur θ in °C	Relative Luftfeuchte Φ in %	Dauer h	d
1	Tauperiode				
1.1	Außenklima [1]	–10	80	1440	60
1.2	Innenklima	20	50		
2	Verdunstungsperiode				
2.1	Wandbauteile und Decken unter nicht ausgebauten Dachräumen				
2.1.1	Außenklima	12	70	2160	90
2.1.2	Innenklima				
2.1.3	Klima im Tauwasserbereich		100		
2.2	Dächer, die Aufenthaltsräume gegen die Außenluft abschließen [2]				
2.2.1	Außenklima	12	70	2160	90
2.2.2	Temperatur der Dachoberfläche	20	–		
2.2.3	Innenklima	12	70		

[1] Gilt auch für nicht beheizte, belüftete Nebenräume, z. B. belüftete Dachräume, Garagen.
[2] Vereinfachend können bei diesen Dächern auch die Klimabedingungen für Bauteile der Zeile 2.1 zu Grunde gelegt werden

bzw. anders beaufschlagten Räumen oder bei extremen Außenklima, sind das tatsächliche Raumklima und das Außenklima am Standort des Gebäudes mit deren zeitlichem Verlauf zu berücksichtigen. In diesen Fällen ist eine Diffusionsberechnung nach DIN 4108-3 mit den geplanten Klimabedingungen erforderlich.

(3) Bei Nutzungsänderungen von Gebäuden, die zu einer höheren bauphysikalischen Beanspruchung führen, ist die Funktionsfähigkeit des Bauteils anhand der Klimadaten der zu erwartenden Beanspruchung in einer Berechnung nach (2) nachzuweisen.

3.4 Wärmedämmung

(1) Der genaue U-Wert eines Bauteils wird nach DIN EN ISO 6946 ermittelt. Vereinfachend darf der U-Wert unter Vernachlässigung anderer Bauteilschichten mit der Dicke des Wärmedämmstoffs und dem Bemessungswert der Wärmeleitfähigkeit unter Einbeziehung der Wärmeübergangswiderstände ermittelt werden. Die so ermittelten Werte liegen auf der sicheren Seite.

(2) Durch mechanisch befestigte Wärmedämmung bzw. eine Durchdringung der Wärmedämmschicht durch mechanische Befestigungsteile und durch Luftspalte ergeben sich Korrekturwerte des Wärmedurchgangskoeffizienten eines Bauteils. Der korrigierte U-Wert wird mit U_c bezeichnet und ergibt sich aus:

$$U_c = U + \Delta U_f + \Delta U_g$$

U Wärmedurchgangskoeffizient unter Berücksichtigung aller Bauteilschichten und Übergangswiderstände

ΔU_f Korrekturwert für mechanische Befestigungen durch die Dämmschicht

ΔU_g Korrekturwert für Luftspalte

(3) Ist die Summe von ΔU_f und ΔU_g geringer als 3% von U, braucht nicht korrigiert zu werden.

(4) Der Korrekturwert für Durchdringungen der Wärmedämmschicht ist insbesondere zu beachten bei:
– mechanisch befestigten Wärmedämmungen unter Dächern mit Abdichtungen,
– mechanisch befestigten Wärmedämmungen bei Außenwandbekleidungen,
– mechanisch befestigten Wärmedämmungen auf den Sparren unter Dachdeckungen.

Eine Berechnung der Korrekturwerte erfolgt nach Anhang II Abb. AII 7, da die Dämmstoffdicke in erheblichem Umfang beeinflusst werden kann.

(5) Der Korrekturwert für Luftspalte ist in Abhängigkeit von dem ausgeführten Bauteil zu berücksichtigen. Der Korrekturwert für Luftspalte ist insbesondere zu beachten bei:
– einlagigen, nicht verfalzten Dämmschichten,
– Dämmung zwischen Tragelementen (z. B. Zwischensparrendämmung),

– möglicher Luftzirkulation auf der warmen Seite der Dämmschicht.

Eine Berechnung der Korrekturwerte erfolgt nach Anhang II Abb. AII 7, da die Dämmstoffdicke in erheblichem Umfang beeinflusst werden kann.

(6) Korrekturwerte bzw. Zuschlagswerte für Umkehrdächer sind nach Kapitel 7.3, Tabelle 7.2 festzulegen.

3.5 Zusätzliche Schichten

(1) Der Einbau zusätzlicher Schichten ist auf den vorhandenen Dachaufbau abzustimmen.

(2) Beim Einbau von zusätzlichen Wärmedämmschichten zu einer vorhandenen Dämmung ist zu beachten, dass nicht mehr als 20% des gesamten Wärmedurchlasswiderstandes unter der Dampfsperre liegen. Bei Überschreitung dieses Wertes ist ein rechnerischer Nachweis nach DIN 4108-3 für das Bauteil erforderlich.

3.6 Kombination unterschiedlicher Dämmstoffe

(1) Dämmstoffkombinationen können bei belüfteten und unbelüfteten Bauteilen eingesetzt werden.

(2) Bei unbelüfteten Dächern mit $s_{d,i} \geq 100$ m ist die Reihenfolge der unterschiedlichen Dämmstoffe unerheblich.

(3) In anderen Fällen ist der Dämmstoff mit dem höheren Diffusionswiderstand unter/vor dem diffusionsoffeneren Dämmstoff anzuordnen. Andernfalls ist ein rechnerischer Nachweis erforderlich.

3.7 Mindestwärmeschutz

(1) Der Mindestwärmeschutz ist unabhängig von weitergehenden Forderungen wie z. B. der EnEV bei beheizten Räumen vorzusehen.

(2) Der Mindestwärmeschutz wird in Abhängigkeit von der Art des Bauteils in DIN 4108-2 festgelegt. Die Mindestwerte sind in Anhang I Tabelle AI 3 für Bauteile mit einer flächenbezogenen Gesamtmasse von mindestens 100 kg/m² festgelegt.

(3) Für Außenwände, Decken unter nicht ausgebauten Dachräumen und Dächern mit flächenbezogenen Gesamtmasse unter 100 kg/m² gelten erhöhte Anforderungen mit einem Mindestwert des Wärmedurchlasswiderstandes $R \geq 1{,}75$ m²K/W. Bei Rahmen- und Skelettbauarten gelten sie nur für den Gefachbereich. In diesen Fällen ist im Mittel $R = 1{,}0$ m²K/W einzuhalten.

(4) Der Wärmedurchlasswiderstand R wird ermittelt:

R = Schichtdicke [m]/Bemessungswert der Wärmeleitfähigkeit [W/mK]

R = d/λ

Beispiel:
Stahlbetondecke ohne weitere Schichten
d = 0,20 m
λ = 2,1 W/(mK)
R = 0,20 m/2,1 W/(mK)
= 0,10 m²K/W < 1,20 m²K/W (vgl. Anhang I, Tabelle AI 3, Zeile 11.2)

Bewertung: Die Betondecke ist bis zu einer $\Sigma R \geq 1{,}20$ m²K/W nachzudämmen.

Hinweis: Die Wärmeübergangswiderstände $R_{s,i}$ bzw. $R_{s,e}$ werden in dieser Berechnungsweise nicht berücksichtigt.

3.8 Wärmebrücken

(1) Bauteile mit unterschiedlichen U-Werten verursachen unterschiedliche Transmissionswärmeverluste. Bauteile mit größerem U-Wert können sich dabei von Bauteilen mit kleinerem U-Wert unter bestimmten Klimabedingungen außen abzeichnen (z. B. Dämmung zwischen den Sparren mit den unterschiedlichen Auswirkungen auf Gefach und Sparren).

(2) Die energetischen Auswirkungen der unterschiedlichen U-Werte können nicht verhindert werden, sondern nur durch Planung gemäß Beiblatt 2 der DIN 4108 oder vergleichbarer Methoden reduziert werden.

(3) Insbesondere an auskragenden Bauteilen, Attiken und freistehenden Stützen, die in den ungedämmten Dachraum oder ins Freie ragen, entstehen erhebliche Wärmebrücken. Bei Wärmeschutzmaßnahmen am Gebäude sind insbesondere an diesen Bauteilen zusätzliche Wärmedämmmaßnahmen erforderlich (siehe Abb. 3.2).

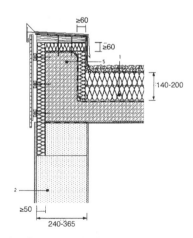

Abb. 3.2: Dämmung der Attika nach DIN 4108 Beiblatt 2

(4) Jede Wärmebrücke muss so ausgebildet sein, dass kein schädliches Tauwasser an Bauteiloberflächen oder im Inneren von Bauteilen entsteht (vgl. DIN 4108-2).

(5) Das Risiko der Schimmelbildung bei Wärmebrücken verringert sich durch:
- Planung gemäß Beiblatt 2 der DIN 4108,
- Einhaltung der Anforderungen an den Temperaturfaktor entsprechend Kapitel 6.2 der DIN 4108-2 und
- nutzungsgerechte Heizung und Lüftung.

(6) Vereinfachend kann durch den Einsatz von mindestens 60 mm Wärmedämmung, im Anschlussbereich von Dachflächenfenster mindestens 30 mm Wärmedämmung, mit $\lambda \leq 0{,}040$ W/(mK) die negativen Auswirkungen von Wärmebrücken reduziert werden.

(7) Die Dämmstoffdicke kann reduziert werden, wenn ein Wärmedämmstoff mit einem geringeren Bemessungswert der Wärmeleitfähigkeit verwendet wird. Die benötigte Dämmstoffdicke kann über das Verhältnis der λ-Werte bestimmt werden.

(8) Für übliche Verbindungsmittel, wie z. B. Nägel, Schrauben, Drahtanker, sowie bei Anschluss von Fenstern an angrenzende Bauteile und für Mörtelfugen in Mauerwerk nach DIN 1053-1, braucht für den Mindestwärmeschutz kein Nachweis der Wärmebrückenwirkung geführt zu werden (vgl. DIN 4108 Beiblatt 2).

4 Belüftete Dächer

4.1 Allgemeines

(1) Luftschichten von belüfteten Dächern müssen an die Außenluft angeschlossen werden. Sie müssen einen sich über die ganze Fläche erstreckenden, überall durchströmbaren Luftraum mit Be- und Entlüftungsöffnungen aufweisen. Die ausreichende Bemessung der Be- und Entlüftungsöffnungen und die Höhe des Belüftungsraumes sind bei der Planung zu berücksichtigen (s. Anhang I Tabelle AI 2 und Anhang II Abb. AII 1).

(2) Bei der Planung und Ausführung des Daches sind zu beachten:
- die Dicke der Wärmedämmung und deren Formstabilität,
- die Lüftungsebene und die Be- und Entlüftungsöffnungen,
- die wasserdampfdiffusionsäquivalente Luftschichtdicke,
- die Luftdichtheit.

(3) Baustellenbedingte Ungenauigkeiten, Maßtoleranzen, Querschnittseinengungen, Lüftungsgitter, u. ä. sind zu berücksichtigen.

(4) Bei Dachkonstruktionen kann in einer bewegten Luftschicht Luftbewegung nur durch Windeinwirkung, Druckdifferenzen an Dachkanten (Staudruck und Windsog) und temperaturbedingten Überdruck in der Belüftungsebene bewirkt werden. Luftbewegung durch Windeinwirkung setzt voraus, dass Lüfter und Dachkanten, an denen die Anordnung von Lüftungsöffnungen möglich ist, Windeinwirkung ausgesetzt sind. Dies ist in der Regel nicht der Fall, wenn sich eine Dachfläche in enger Bebauung befindet oder bei Dachneigungen unter 5°.

(5) Dächer mit Innengefälle sind hinsichtlich der Belüftung gleichzusetzen mit Dächern ohne Gefälle.

(6) Die Funktion von Lüftungsöffnungen kann durch Schnee ausfallen bzw. beeinträchtigt werden.

(7) Eine geplante Belüftung der Dachfläche kann durch
- Aufbauten,
- Dachflächenfenster,
- Lichtkuppeln,
- stark strukturierte Dachflächen,
- häufig unterbrochene Belüftungsebenen,
- ungünstige Dachformen etc.

zum Erliegen kommen bzw. deren Funktion wesentlich einschränken. In solchen Fällen sind unbelüftete Dächer vorzuziehen.

(8) Die Be- und Entlüftung muss an Durchdringungen wie Lichtkuppeln, Dachaufbauten, Dachflächenfenstern etc. gewährleistet sein.

(9) Bei Kehlen sind Lüftungsöffnungen im Allgemeinen nicht möglich. Solche Dachkonstruktionen sind daher zweckmäßiger ohne Belüftung auszuführen.

(10) Bei klimatisch unterschiedlich beanspruchten Flächen eines Daches (z. B. Nord/Süd- Dachflächen) sollte die Überströmung durch Trennschichten im Firstbereich gemindert werden. Bei Einbau einer Trennschicht ist der First als Pultdachabschluss getrennt zu entlüften.

4.2 Lüftungsquerschnitte

4.2.1 Dächer $\geq 5°$ Dachneigung

(1) Die Mindestlüftungsquerschnitte für Dächer mit Dachneigung $\geq 5°$ sind in DIN 4108-3 geregelt und der Tabelle 4.1 zu entnehmen. Die Anforderungen sind in den Abbildungen 4.1 bis 4.3 bildlich dargestellt.

Tabelle 4.1: Mindestlüftungsquerschnitte

Mindestlüftungsquerschnitte			Sperrwert
Traufe und Pultdachabschluss	First und Grat	Dachfläche	unterhalb der Belüftungsschicht
≥ 2 ‰ mindestens 200 cm²/m	≥ 0,5 ‰ mindestens 50 cm²/m	2 cm frei Höhe[1]	≥ 2 m

[1] punktuelle Unterschreitung ist möglich, der Lüftungsquerschnitt darf jedoch an keiner Stelle weniger als 5 mm betragen.

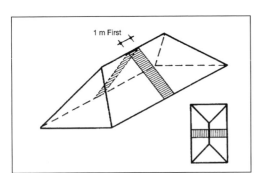

Abb. 4.1: Zugehörige Dachfläche je Meter First

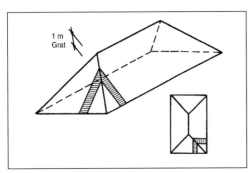

Abb. 4.2: Zugehörige Dachfläche je Meter Grat

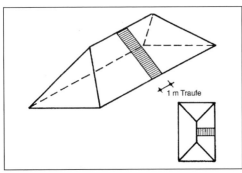

Abb. 4.3: Zugehörige Dachfläche je Meter Traufe

4.2.2 Dächer < 5° Dachneigung

(1) Belüftete Dächer mit einer Neigung < 5° und einer wasserdampfdiffusionsäquivalenten Luftschichtdicke mit $s_{d,\,i} \geq 100$ m bedürfen keines rechnerischen Nachweises.

(2) Wegen der Gefahr der Bildung von Sekundärtauwasser bei ungeregelt oder nicht ausreichend belüfteten Lufträumen ist eine unbelüftete Konstruktion für diese Dachneigungsbereiche vorzuziehen.

4.3 Ausführung

(1) Bei wärmegedämmten Dächern mit Lüftung unter einem regensicheren Unterdach oder einer Unterdeckung sind Be- und Entlüftungsöffnungen vorgeschrieben. Die notwendigen Lüftungsöffnungen dürfen hierbei auch nicht durch diffusionsoffene Bahnen geschlossen werden. Das Merkblatt Unterdächer, Unterdeckungen und Unterspannungen ist zu berücksichtigen.

(2) Der Einbau von zusätzlichen Lüftern zur ausreichenden Belüftung der Lüftungsebene kann erforderlich sein.

5. Nicht belüftete Dächer

5.1 Allgemeines

(1) Wärmegedämmte Dächer können auch ohne Lüftung zwischen der Wärmedämmung und einer diffusionsoffenen bzw. diffusionshemmenden Schicht ausgeführt werden. Dabei ist zu beachten, dass bei diffusionshemmenden Schichten mit $s_{d,\,e} \geq 2$ m erhöhte Baufeuchte oder später z. B. durch Undichtigkeiten eingedrungene Feuchte nur schlecht oder gar nicht austrocknen kann.

(2) Wärmegedämmte Dächer, die als nicht belüftete Dächer geplant sind, können ohne rechnerischen Nachweis analog der Anforderungen nach Kapitel 3.2 dieses Merkblattes ausgeführt werden.

(3) Bei unbelüfteten Dächern mit einer wasserdampfdiffusionsäquivalenten Luftschichtdicke $s_{d,\,i} < 1$ m ist ein rechnerischer Nachweis notwendig.

5.2 Ausführung

(1) Für Vollsparrendämmungen unter Bahnen eignen sich dimensionsstabile Dämmstoffe. Die Wärmedämmung darf die Unterdeckbahn nicht nach außen drücken. Die Verlegung und die erforderlichen Überdeckungen sind dem „Merkblatt Unterdächer, Unterdeckungen und Unterspannungen" zu entnehmen.

(2) Die verwendeten diffusionsoffenen Bahnen sind im First-, Grat- und Kehlbereich über den Scheitelpunkt zu führen.

(3) Bei diffusionsoffenen Bahnen auf Schalung gelten sinngemäß die Kapitel 5.2 (2) und 1.3. (7) und (8).

(4) Die Verlegung einer diffusionshemmenden Schicht, die im Gefachbereich raumseitig die Funktion der Dampfsperre übernimmt und im Sparrenbereich über den Sparren geführt ist (schlaufenförmige Verlegung der Dampfsperre), kann infolge von Luftströmung zu schädlichem Tauwasser im Sparrenbereich führen. Fehlt die Luftdichtheitsschicht, ist die diffusionshemmende Schicht im unteren Sparrenbereich durchgehend linienförmig anzupressen (siehe auch Anhang II Abb. AII 8). Der Abschnitt 3.2.1 (4) ist zu beachten.

(5) Bei schlaufenförmig verlegter Dampfsperre können Nagelspitzen im Gefachbereich durch eine Dämmschicht ausgeglichen werden und darauf die diffusionshemmende Schicht verlegt werden. Die 20%-Regel ohne rechnerischen Nachweis ist zu beachten.

6 Wärmedämmungen bei Dachdeckungen

6.1 Wärmedämmung zwischen den Sparren

(1) Die Nenndicke des Dämmstoffes darf höchstens der Höhe der Sparren bzw. der tragenden Elemente entsprechen.

(2) Wärmedämmung zwischen den Sparren kann bei belüfteten und unbelüfteten Dächern ausgeführt werden. Dabei sind die Kapitel 4 bzw. 5 besonders zu beachten.

(3) Wärmedämmungen zwischen den Sparren sollen zusammen mit den Sparren, den darunter und den darüber liegenden Schichten außer eventuell geplanter Luftschichten eine hohlraumfreie, geschlossene Schicht ergeben. Bei Luftschichten ohne Lüftungsöffnungen über der Wärmedämmung – nach Kapitel 4.2 – kann eine eingeschlossene Luftmenge in der Tauperiode einen zusätzlichen Tauwasserausfall bewirken. Dieser kann einen nach DIN 4108-3 berechneten Tauwasserausfall erhöhen und u.U. zur Überschreitung der zulässigen Feuchtigkeitsmengen, Schädlingsbefall oder schädlicher Korrosion der Tragelemente, Verbindungsmittel etc. führen.

Im Anschlussbereich von Durchdringungen und in durch die Tragkonstruktion schwer zugänglichen Bereichen eignen sich bei Hartschaumdämmung z.B. Ortschäume für die Herstellung einer lückenlosen Dämmschicht.

(4) Bei Wärmedämmung zwischen den Sparren ist der Einfluss des Sparrens auf den U-Wert des gesamten Bauteils zu berücksichtigen.

(5) Zwischen raumseitiger Bekleidung und der diffusionshemmenden Schicht/Luftdichtheitsschicht soll eine Installationsebene vorgesehen werden. Wird die raumseitige Bekleidung auch als Luftdichtheitsschicht genutzt, müssen Durchdringungen luftdicht angeschlossen oder luftdicht ausgebildet sein (z. B. luftdichte Hohlwandinstallationsdosen).

(6) Wärmedämmung zwischen den Sparren muss so eingebaut werden, dass die Lagesicherheit und die Funktion dauerhaft gewährleistet sind. Dabei sind besonders die am Bau auftretenden mechanischen Verformungen wie Schwinden, Verdrehen, Durchbiegen unter Gebrauchslast etc. nicht auszuschließen.

6.2 Wärmedämmung unter den Sparren

(1) Bei Wärmedämmungen unter den Sparren werden Dämmstoffe verwendet, die bei streifenweiser Befestigung nicht durchhängen. Bei gleichmäßig verteilter punktueller oder vollflächiger Befestigung müssen Dämmstoffe verwendet werden, die über ausreichende Zugfestigkeit verfügen.

(2) Der Regelaufbau von Wärmedämmung unter den Sparren besteht aus den Schichten (von außen nach innen):

– Dachdeckung auf Schalung mit Vordeckung
 oder
 Dachdeckung auf Lattung mit Konterlattung und Unterdach, Unterdeckung oder Unterspannung,
– Luftschicht mit Öffnungen nach Kapitel 4.2,
– Wärmedämmung,
– Luftdichtheitsschicht und/oder Dampfsperre,
– ggf. Installationsebene bei Ausbau zu Wohnräumen,
– ggf. raumseitige Bekleidungen oder Schalungen.

(3) Bei Luftschichten ohne Lüftungsöffnungen über der Wärmedämmung – nach Kapitel 4.2 – kann eine eingeschlossene Luftmenge in der Tauperiode einen zusätzlichen Tauwasserausfall bewirken. Dieser kann einen nach DIN 4108-3 berechneten Tauwasserausfall erhöhen und u.U. zu Feuchtigkeitsanreicherung, Schädlingsbefall oder schädlicher Korrosion der Tragelemente führen.

(4) Der Wärmedurchgangskoeffizient U darf in der Bauteilbetrachtung vereinfachend mit der Dicke und dem Bemessungswert der Wärmeleitfähigkeit λ des Dämmstoffes ermittelt werden.

(5) Die Befestigung der Wärmedämmung unter den Sparren soll dauerhaft geschlossene Stöße gewähr-

leisten. Verfalzte Elemente können im Sparrenfeld gestoßen werden, unverfalzte Elemente sind unter den Sparren zu stoßen.

6.3 Kombination aus Wärmedämmung zwischen und unter den Sparren

(1) Wärmedämmstoff-Kombination zwischen und unter den Sparren kann bei belüfteten und unbelüfteten Dächern ausgeführt werden. Bei der Anwendung unterschiedlicher Dämmstoffe ist besonders Kapitel 3.6 zu beachten.

(2) Wärmedämmstoff-Kombinationen sind in der Regel bei vorhandenen Dämmschichten, die mit zusätzlichen Dämmstoffen ergänzt werden, vorzufinden. Sie ergeben sich z. B. bei vorhandener Wärmedämmung aus Holzwolle-Leichtbauplatten mit nachträglicher Ergänzung aus geeigneten Wärmedämmstoffen. Hierbei sind Kapitel 3.5 und 3.6 zu beachten.

6.4 Wärmedämmung über den Sparren

(1) Der Regelaufbau der Wärmedämmung über den Sparren besteht aus den Schichten (von außen nach innen):
– Dachdeckung auf Schalung mit Vordeckung und Konterlatten oder
 Dachdeckung auf Lattung mit Konterlattung und Unterdach, Unterdeckung oder Unterspannung,
– Wärmedämmung,
– luftdichte Schicht und/oder Dampfsperre,
– ggf. Schalung,
– Tragwerk.

(2) Dämmelemente, die in Dachlatten eingehängt werden, sind nach Herstellerangaben zu verlegen.

(3) Wärmedämmung über den Sparren kann mit Wärmedämmsystemen oder mit geeigneten Wärmedämmstoffplatten ausgeführt werden. Bei Wärmedämmungen über Sparren treten zusätzliche Schubkräfte auf, die gesondert nachzuweisen sind. Dies kann mit Typenstatik oder Einzelnachweis erfolgen.

(4) Wärmedämmung über den Sparren, die gleichzeitig durch werkseitig aufgebrachte Kaschierung oder aufgelegte Bahnen die Funktion als Unterdach oder Unterdeckung ausübt, ist eine unbelüftete Wärmedämmung. Wärmedämmung über den Sparren ohne werkseitig aufgebrachte Kaschierung oder Abdeckung, welche die Funktion als Unterdach oder Unterdeckung erbringt, ist eine belüftete Wärmedämmung. Die dafür verwendeten Dämmstoffe müssen für diesen Anwendungszweck geeignet sein. Das Merkblatt für Unterdächer, Unterdeckungen und Unterspannungen ist zu berücksichtigen.

(5) Der Wärmedurchgangskoeffizient U bei der Bauteilberechnung darf vereinfachend anhand der Dicke und dem Bemessungswert der Wärmeleitfähigkeit λ des Dämmstoffes zuzüglich der Korrekturwerte (siehe Anhang II, Abb. AII 7) ermittelt werden.

(6) Wärmedämmsysteme, die gleichzeitig die Funktion der Luftdichtheit, der Dampfsperre und eines Unterdachs oder einer Unterdeckung übernehmen, müssen die Anforderungen dieser Schichten dauerhaft erfüllen. Dabei sind besonders baustellenbedingte und konstruktionsbedingte Beanspruchungen und Verformungen zu berücksichtigen. Entsprechende Nachweise sind vom Hersteller des Dämmsystems zu erbringen.

(7) Lastübertragende Dacheinbau- und Dachsystemteile wie z. B. Sicherheitsdachhaken, Laufroste etc. sind nach der Typenstatik oder dem Einzelnachweis und den einschlägigen Einbauvorschriften zu befestigen. Wärmebrücken durch die erforderliche Befestigung sind unvermeidbar.

6.5 Kombination aus Wärmedämmung zwischen und über den Sparren

(1) Wärmedämmstoff-Kombinationen zwischen und über den Sparren können als belüftete und unbelüftete Dächer ausgeführt werden. Die Einstufung erfolgt nach Kapitel 6.4 (4).

(2) Wärmedämmstoff-Kombinationen sind bei vorhandenen Dämmstoffen, die zusätzlich mit Dämmstoffen ergänzt werden, vorzufinden. Sie ergeben sich z. B. bei vorhandener Wärmedämmung zwischen Sparren mit nachträglich aufgebrachter Dämmung über den Sparren.

(3) Zwischen den Wärmedämmschichten sollen keine dampfsperrenden Schichten angeordnet werden. Lässt sich dies nicht vermeiden, so ist Abschnitt 3.2.2 zu beachten.

(4) Um den U-Wert aus beiden Dämmschichten ermitteln zu können, dürfen keine stark bewegten Luftschichten nach DIN EN ISO 6946 zwischen den Dämmschichten sein.

6.6 Tragende wärmedämmende Dachelemente

(1) Tragende wärmedämmende Dachelemente sind Elemente, die ohne zusätzliche Unterkonstruktionen wie Schalung und/oder Sparren verlegt werden können.

(2) Die Erfüllung der bauaufsichtlichen Anforderungen ist nachzuweisen. Insbesondere zu beachten sind dabei die Lastabtragung, Schall- und Brandschutzbestimmungen.

(3) Dachelemente, die gleichzeitig die Funktion der Luftdichtheit, der Dampfsperre und eines Unterdachs oder einer Unterdeckung übernehmen, müssen die Anforderungen dieser Schichten dauerhaft erfüllen.

Dabei sind besonders baustellenbedingte und konstruktionsbedingte Beanspruchungen zu berücksichtigen. Entsprechende Nachweise sind vom Hersteller der Dachelemente zu erbringen.

(4) Tragende wärmedämmende Dachelemente, die gleichzeitig durch werkseitig aufgebrachte Kaschierungen oder aufgelegte Bahnen eine Funktion als Unterdach/Unterdeckung oder Dachdeckung ausüben, sind unbelüftete Wärmedämmungen.

(5) Lastaufnehmende, gedämmte Dachelemente ohne zusätzliche Kaschierungen oder Abdeckungen sind belüftete Wärmedämmungen.

(6) Lastübertragende Dacheinbau- und Dachsystemteile, wie z. B. Sicherheitsdachhaken, Laufroste sind nach der Typenstatik oder dem Einzelnachweis und den einschlägigen Einbauvorschriften zu befestigen.

7 Wärmedämmungen bei Dachabdichtungen

7.1 Unbelüftete Wärmedämmungen

(1) Unbelüftete Wärmedämmungen sind in der Regel direkt über der Dampfsperre und unmittelbar unter der Abdichtung angeordnet (siehe Anhang II, Abb. AII 4).

(2) Der Aufbau besteht dabei aus den Schichten (von außen nach innen):
– ggf. schwerer Oberflächenschutz,
– Abdichtung,
– Wärmedämmung,
– ggf. Dampfsperre.

(3) Hinsichtlich der Sperrwerte der einzelnen Schichten ist 3.2.2 zu beachten oder ein rechnerischer Nachweis nach Abschnitt 3.2.1 zu führen. Der rechnerische Nachweis ist nicht anwendbar bei begrünten Dachkonstruktionen sowie zur Berechnung des natürlichen Austrocknungsverhaltens wie z. B. im Fall der Abgabe der Rohbaufeuchte oder aufgenommenen Niederschlagswassers.

(4) Das Aufbringen zusätzlicher Wärmedämmung und Abdichtung auf eine vorhandene unbelüftete Abdichtung mit Wärmedämmung und funktionstauglicher Dampfsperre mit $s_d \geq 100$ m verursacht keine zusätzliche Tauwassermenge und ist ohne Tauwasserberechnung möglich.

(5) Bei der Berechnung des Wärmedurchlasswiderstandes R werden nur die raumseitigen Schichten unterhalb der Dachabdichtung bzw. der Bauwerksabdichtung berücksichtigt.

(6) Bei Gefälledämmungen ist der Wärmedurchgangskoeffizient U nach DIN EN ISO 6946, Anhang C zu ermitteln. Der Wärmedurchlasswiderstand R muss an der dünnsten Stelle mindestens dem Mindestwärmeschutz nach Kapitel 3.7 entsprechen.

(7) Bei leichten Bauteilen (≤ 100 kg/m^2) ist der Mindestwärmeschutz nach Kapitel 3.7 zu erhöhen.

(8) Der Einbau von Lüftern in unbelüftete Abdichtungen mit dem Ziel der Austrocknung durchfeuchteter Dämmschichten stellt keine belüftete Wärmedämmung dar. Das Trocknungsverhalten ist von dem auszutrocknenden Dämmstoff abhängig. Nur bei Wärmedämmungen aus künstlicher Mineralfaser werden Ergebnisse in absehbaren Zeiteinheiten erreicht.

7.2 Belüftete Wärmedämmungen

(1) Bei belüfteter Wärmedämmung wird zwischen Wärmedämmung und Abdichtung eine Luftschicht angeordnet (siehe Anhang II, Abb. AII 5).

(2) Der Aufbau besteht dabei aus den Schichten (von außen nach innen):
– ggf. schwerer Oberflächenschutz,
– Abdichtung,
– Schalung, aufgeständerte Unterkonstruktion etc.,
– bewegte Luftschicht,
– Wärmedämmung,
– Dampfsperre,
– tragende Schicht aus Stahlbeton, Holzbalken etc.

(3) Hinsichtlich der Sperrwerte ist Abschnitt 3.2.2 zu beachten. Die Dicke der Luftschicht und der Lüftungsöffnungen bei belüfteten Dächer mit Dachneigung < 5° ist nicht geregelt. Es werden die Lüftungsquerschnitte nach Tabelle 7.1 empfohlen.

Tabelle 7.1: Empfohlene Lüftungsquerschnitte bei belüfteten Wärmedämmungen und Dachneigungen < 5°

Dachneigung	Sparrenlänge	Diffusionsäquivalente Luftschichtdicke $s_{d,i}$	Mindestlüftungsquerschnitt	
			Dachbereich (Lüftungshöhe)	Lüftungsöffnungen
< 5°	≤ 10 m	≥ 100 m	5 cm	≥ 2‰ der gesamten Dachgrundrissfläche an mindestens zwei gegenüberliegenden Seiten

(4) Bei Systemwechsel von belüfteten Wärmedämmungen unter Abdichtungen mit Dachneigung < 5° zu unbelüfteten Wärmedämmungen im Rahmen von Wartungs- und Instandhaltungsmaßnahmen sind insbesondere die Kapitel 3.1, 3.2, 3.5, 3.7 und 3.8 zu beachten. Das Aufbringen zusätzlicher Wärmedämmung bei o. a. Systemwechsel kann zu einem schädlichen Tauwasserausfall in eingeschlossenen Luftschichten führen.

(5) Für die Berechnung des Wärmedurchlasswiderstandes R werden die raumseitigen Schichten einschließlich der Wärmedämmung berücksichtigt.

(6) Bei leichten Bauteilen (≤ 100 kg/m^2) ist der Mindestwärmeschutz nach Kapitel 3.7 zu erhöhen.

7.3 Wärmedämmung über der Abdichtung (Umkehrdach)

(1) Bei Wärmedämmungen über der Abdichtung ist die Wärmedämmung direkter Feuchtigkeitseinwirkung ausgesetzt (siehe Anhang II, Abb. AII 6). Für diese Ausführung sind geeignete Dämmstoffe für das Anwendungsgebiet DUK (z. B. Polystyrol Extruderschaum) zu verwenden.

(2) Die Verlegung des Dämmstoffes erfolgt einlagig mit Stufenfalz.

(3) Der Regelaufbau besteht dabei aus den Schichten (von außen nach innen):
- Auflast z. B. aus Kies Körnung 16/32, Betonwerkstoffplatten im Kiesbett oder auf Abstandshaltern etc.,
- diffusionsoffenes Filtervlies,
- Wärmedämmung,
- Abdichtung,
- Unterkonstruktion z. B. aus Stahlbeton.

Bei leichten Unterkonstruktionen mit einer flächenbezogenen Masse unter 250 kg/m^2 können sich u. a. nachfolgende Beeinträchtigungen einstellen:
- Auskühlung des Raumes in Verbindung mit Niederschlägen,
- Auskühlung der Konstruktion,
- kurzfristige Tauwasserbildung an der Unterkonstruktion.

(4) Die Dachentwässerung ist z. B. durch Anordnung eines Gefälles so zu planen und auszuführen, dass ein langfristiges Überstauen der Wärmedämmplatten ausgeschlossen ist. Ein kurzfristiges Überstauen (z. B. während intensiver Niederschläge) kann als unbedenklich angesehen werden.

(5) Bei der Berechnung des Wärmedurchgangskoeffizienten einer Wärmedämmung aus extrudiertem Polystyrolschaum über der Abdichtung, die mit einer Kiesschicht oder mit einem Betonplattenbelag in Kiesbettung oder auf Abstandhaltern abgedeckt ist, ist der errechnete Wärmedurchgangskoeffizient U zu erhöhen. Und zwar um einen Betrag ΔU in Abhängigkeit des prozentualen Anteils des Wärmedurchlasswiderstandes unterhalb der Abdichtung am Gesamtwärmedurchlasswiderstand nach Tabelle 7.2.

Tabelle 7.2: Zuschlagswerte für Umkehrdächer nach DIN 4108-2

Anteil des Wärmedurchlasswiderstandes raumseitig der Abdichtung am Gesamtwärmedurchlasswiderstand %	Zuschlagswert, ΔU W/(m^{2}K)
unter 10	0,05
von 10 bis 50	0,03
über 50	0

(6) Bei leichteren Bauteilen (≤ 100 kg/m^2) ist der Mindestwärmeschutz nach Kapitel 3.7 zu erhöhen.

(7) Schichten über der Wärmedämmung sollen diffusionsoffen sein.

(8) Durch geeignete Schichten unmittelbar über der Wärmedämmung ist zu verhindern, dass Fremdkörper unter die Dämmplatten gelangen.

(9) Das Aufbringen zusätzlicher Wärmedämmung auf eine vorhandene unbelüftete Abdichtung einschließlich Wärmedämmung und funktionstauglicher Dampfsperre mit $s_d \geq 100$ m verursacht keine zusätzliche Tauwassermenge und ist ohne weitere Nachweise möglich.

(10) Die Wärmedämmung ist durch Auflast gegen Auftrieb und Windsog zu sichern.

8 Wärmedämmungen bei Wänden

8.1 Allgemeines

(1) Wärmedämmungen können vollflächig auf der zu bekleidenden Wand oder zwischen der Unterkonstruktion verlegt werden. Sie sind ausreichend gegen Verrutschen, Verdrehen oder Verschieben zu sichern. Die Wärmedämmung darf die Verankerung der Unterkonstruktion der Außenwandbekleidung nicht beeinträchtigen.

(2) Bei einer Verlegung zwischen der Unterkonstruktion ist zu beachten, dass im Bereich der Konterlatten oder Konterprofile die Mindestwärmedämmung nach Anhang I, Tabelle AI 3 vorhanden ist. Ein Abzeichnen der Unterkonstruktion unter besonderen Witterungsbedingungen ist nicht vermeidbar.

(3) Unterschiedliche Temperaturen innerhalb der Wand können zu Tauwasserausfall führen. Ein Einzelnachweis ist erforderlich, wenn die Wände von

den in Abschnitt 3.2.3 bzw. in DIN 4108-3 genannten Ausführungen abweichen.

(4) Neben konvektiven Wärmeströmen von innen nach außen führen auch kurzfristige, partielle und turbulente Luftströmungen zu Wärmeverlusten. Um diese zu minimieren, ist auf ausreichende Luftdichtheit zu achten.

(5) Bei Metallunterkonstruktionen ist der U-Wert durch einen Korrekturwert zu erhöhen. Der Korrekturwert ist vom Systemhersteller anzugeben. Bei Unterkonstruktionen aus Holz kann auf Grund der geringeren Wärmeleitfähigkeit für Holz auf einen entsprechenden Korrekturbeiwert für die Unterkonstruktion verzichtet werden. Bei beiden Unterkonstruktionen sind jedoch die Korrekturwerte nach Anhang II, Abb. AII 7 zu berücksichtigen.

(6) Durch Schlagregenbeanspruchung kann Feuchtigkeit durch die Außenwandbekleidung bzw. den Wetterschutz eindringen. Hinterlüftete Außenwandbekleidungen und Außenwände in Holzbauart mit Wetterschutz können in allen Beanspruchungsgruppen verwendet werden. Die erforderliche Abgabe des aufgenommenen Wassers durch Verdunstung, z. B. über die Außenoberfläche oder durch Hinterlüftung darf nicht unzulässig begrenzt werden.

(7) Die verwendeten Wärmedämmstoffe müssen für die zu erwartende Schlagregenbeanspruchung geeignet sein. Die Schlagregenbeanspruchung ist abhängig von

– dem Fugenanteil bzw. dem Überdeckungsbereich der Außenwandbekleidung,
– der Ausführung von Fugen oder Überdeckungen,
– der kapillaren Saugfähigkeit der Bekleidung,
– der Jahresniederschlagsmenge der Region,
– der Lage des Gebäudes (geschützt oder ungeschützt),
– der Höhe des Gebäudes und dem damit verbundenen Staudruck.

(8) Die überschlägige Ermittlung der Schlagregenbeanspruchung ist in DIN 4108-3 in Abhängigkeit von den Jahresniederschlagsmengen und der Gebäudelage festgelegt (siehe Anhang II, Abb. AII 9).

Beanspruchungsgruppe I – Geringe Schlagregenbeanspruchung
– Gebiete mit Jahresniederschlagsmengen unter 600 mm sowie für besonders windgeschützte Lagen auch in Gebieten mit größeren Niederschlagsmengen.

Beanspruchungsgruppe II – mittlere Schlagregenbeanspruchung
– Gebiete mit Jahresniederschlagsmengen von 600 mm bis 800 mm oder für windgeschützte Lagen auch in Gebieten mit größeren Niederschlagsmengen sowie für Hochhäuser in exponierten Lagen in Gebieten, die aufgrund der regionalen Regen- und Windverhältnisse einer geringen Schlagregenbeanspruchung zuzuordnen wären.

Beanspruchungsgruppe III – starke Schlagregenbeanspruchung
– Gebiete mit Jahresniederschlagsmengen über 800 mm oder für windreiche Gebiete auch mit geringeren Niederschlagsmengen (z. B. Küstengebiete, Mittel- und Hochgebirgslagen, Alpenvorland) sowie für Hochhäuser oder für Häuser in exponierter Lage in Gebieten, die aufgrund der regionalen Regen- und Windverhältnisse einer mittleren Schlagregenbeanspruchung zuzuordnen wären.

(9) Die Regenschutzwirkung von Putzen und Beschichtungen wird durch deren Wasseraufnahmekoeffizienten w, deren wasserdampfdiffusionsäquivalente Luftschichtdicke s_d und durch das Produkt aus beiden Größen ($w \cdot s_d$) nach Tabelle 8.1 bestimmt.

8.2 Belüftete Wärmedämmungen

(1) Zur Ableitung von Tauwasser an der Innenseite der Bekleidung und von eventuell eindringendem Niederschlag sowie zur kapillaren Trennung der Bekleidung von der Dämmstoffschicht bzw. der Wandoberfläche ist eine Hinterlüftung erforderlich.

(2) Die Forderung nach Hinterlüftung ist erfüllt, wenn
– der Abstand zwischen der Hinterkante einer flächigen oder waagerecht stabförmigen Tragkonstruk-

Tabelle 8.1: Kriterien für den Regenschutz von Putzen und Beschichtungen

Kriterien für den Regenschutz	Wasseraufnahmekoeffizient w $kg/(m^2 \cdot h^{0,5})$	Wasserdampfdiffusionsäquivalente Luftschichtdicke s_d	Produkt $w \cdot s_d$ $kg/(m^2 \cdot h^{0,5})$
wasserhemmend	0,5 < w < 2,0	1)	1)
wasserabweisend	w ≤ 0,5	≤ 2,0	≤ 2,0

1) Keine Festlegung bei wasserhemmenden Putzen bzw. Beschichtungen; siehe hierzu auch DIN 18550-1 sowie den Hinweis auf die Sicherstellung von Verdunstungsmöglichkeiten

tion (z. B. Schalung oder Traglatte) und Wand bzw. Wärmedämmung

oder

– bei senkrechter stabförmiger Tragkonstruktion der Abstand zwischen Bekleidung und Wand bzw. Wärmedämmung mindestens 20 mm beträgt.

Durch Wandunebenheiten darf der Hinterlüftungsraum an einzelnen Stellen bis auf 5 mm reduziert werden.

(3) Für die Funktionsfähigkeit der Hinterlüftung müssen Be- und Entlüftungsöffnungen zumindest am unteren und am oberen Abschluss von mindestens 50 cm^2 je Meter Wandlänge vorhanden sein. Querschnittseinengungen durch z. B. Lüftungsgitter sind zu berücksichtigen. Eine Be- und Entlüftung soll auch an größeren Außenwanddurchdringungen (z. B. Fenster) gewährleistet sein.

(4) Korrekturwerte durch Verankerungen, Befestigungen oder Luftspalte sind gegebenenfalls zu berücksichtigen (siehe hierzu auch Kapitel 3.4).

8.3 Unbelüftete Wärmedämmungen

(1) Unbelüftete Wärmedämmungen, die nicht den in Abschnitt 3.2.3 genannten Beispielen entsprechen, benötigen einen rechnerischen Nachweis.

(2) Unbelüftete Wärmedämmungen, bei denen Bekleidung und Wärmedämmung eine Systemeinheit darstellen, benötigen eine bauaufsichtliche Zulassung.

Anhang I

Tabellen

Tabelle AI 1	Anwendungsgebiete von Wärmedämmstoffen nach DIN V 4108-10
Tabelle AI 2	Lüftungsquerschnitte für belüftete wärmegedämmte Dächer mit Dachneigung $\geq 5°$
Tabelle AI 3	Mindestwerte für Wärmedurchlasswiderstände von Bauteilen nach DIN 4108-2
Tabelle AI 4	Gegenüberstellung bisheriger und zukünftiger Symbole physikalischer Größen

Tabelle AI 1 Anwendungsgebiete von Wärmedämmstoffen nach DIN V 4108-10

Anwendungs-gebiet	Kurzzeichen	Anwendungsbeispiele
Decke, Dach	DAD	Außendämmung von Dach und Decke, vor Bewitterung geschützt, Dämmung unter Deckung
	DAA	Außendämmung von Dach und Decke, vor Bewitterung geschützt, Dämmung unter Abdichtung
	DUK	Außendämmung des Daches, der Bewitterung ausgesetzt (Umkehrdach)
	DZ	Zwischensparrendämmung, zweischaliges Dach, nicht begehbare, aber zugängliche oberste Geschossdämmung
	DI	Innendämmung der Decke (unterseitig) oder des Daches, Dämmung unter den Sparren/Tragkonstruktion, abgehängte Decke usw.
	DEO	Innendämmung der Decke oder Bodenplatte (oberseitig) ohne Schallschutzanforderungen
	DES	Innendämmung der Decke oder Bodenplatte (oberseitig) mit Schallschutzanforderungen
Wand	WAB	Außendämmung der Wand hinter Bekleidung
	WAA	Außendämmung der Wand hinter Abdichtung
	WAP	Außendämmung der Wand unter Putz
	WZ	Dämmung von zweischaligen Wänden, Kerndämmung
	WH	Dämmung von Holzrahmen- und Holztafelbauweise
	WI	Innendämmung der Wand
	WTH	Dämmung zwischen Haustrennwänden mit Schallschutzanforderungen
	WTR	Dämmung von Raumtrennwänden
Perimeter	PW	Außenliegende Wärmedämmung von Wänden gegen Erdreich (außerhalb der Abdichtung)
	PB	Außenliegende Wärmedämmung unter der Bodenplatte gegen Erdreich (außerhalb der Abdichtung)

Tabelle AI 2: Lüftungsquerschnitte für belüftete wärmegedämmte Dächer mit Dachneigung ≥ 5°

Traufe mindestens 200 cm²/m Traufe bzw. 2‰ der zugehörigen Dachfläche	
Dachfläche mindestens 200 cm²/m bzw. mindestens 2 cm freie Höhe	
First bzw. Grat mindestens 50 cm²/m bzw. 0,5‰ der zugehörigen Dachfläche	

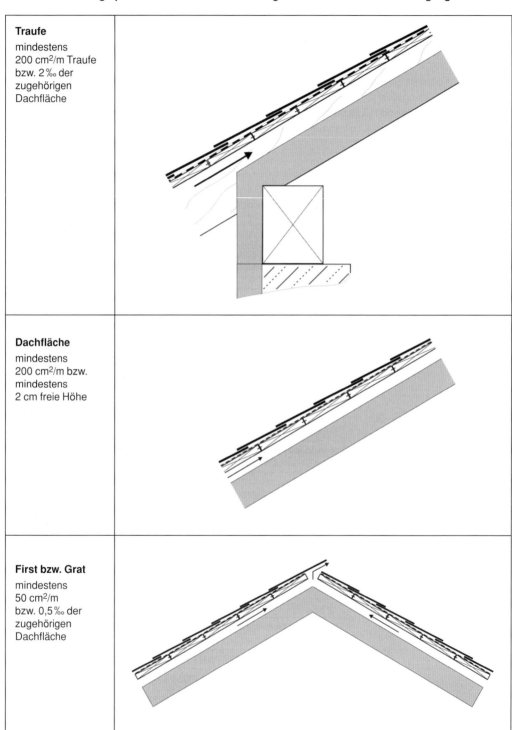

Tabelle AI 3: Mindestwerte für Wärmedurchlasswiderstände von Bauteilen nach DIN 4108-2

Zeile	Bauteile		R m^2K/W
1	Außenwände; Aufenthaltsräume gegen Bodenräume, Durchfahrten, offene Hausflure, Garagen, Erdreich		1,20
2	Wände zwischen fremdgenutzten Räumen; Wohnungstrennwände		0,07
3	Treppenraumwände	z.B.: indirekt beheizte Treppenräume $\theta \leq 10°$, frostfrei	0,25
4	Treppenraumwände	$\theta_i > 10°$ C, z.B.: Verwaltungsgebäude	0,07
5	Wohnungstrenndecken, Decken zwischen Arbeitsräumen, Decken unter Räumen zwischen gedämmten Dachschrägen und Abseitenwänden bei ausgebauten Dachräumen	allgemein	0,35
6		in zentralbeheizten Bürogebäuden	0,17
7	Unterer Abschluss nicht unterkellerter Aufenthaltsräume	unmittelbar an das Erdreich bis zu einer Raumtiefe von 5 m	0,90
8		über einen belüfteten Hohlraum an das Erdreich grenzend	
9	Decken unter nicht ausgebauten Dachräumen; Decken unter bekriechbaren oder noch niedrigen Räumen; Decken unter belüfteten Räumen zwischen Dachschrägen und Abseitenwänden bei ausgebauten Dachräumen, wärmegedämmten Dachschrägen		
10	Kellerdecken; Decken gegen abgeschlossene, unbeheizte Hausflure u. Ä.		
11.1	Decken (auch Dächer), die Aufenthaltsräume gegen die Außenluft abgrenzen	nach unten, gegen Garagen, Durchfahrten (auch verschließbare) und belüftete Kriechkeller [1]	1,75
11.2		nach oben, z.B. Dächer nach DIN 18530, Dächer und Decken unter Terrassen; Umkehrdächer Korrekturwerte nach 7.3. Vergleiche hierzu DIN EN ISO 6946	1,20

[1] Erhöhter Wärmedurchlasswiderstand wegen Fußkälte

Tabelle AI 4: Gegenüberstellung bisheriger und zukünftiger Symbole physikalischer Größen

Symbol	Einheit	Physikalische Größe	Aussprache der griechischen Buchstaben	Symbol bisher
Symbole für den Wärmeschutz nach DIN EN ISO 7345, DIN EN ISO 6946 und DIN V 4108-4				
d	m	Dicke		s
A	m^2	Fläche		A
V	m^3	Volumen		V
m	kg	Masse		m
ρ	kg/m^3	Dichte	Roh	ρ
t	s	Zeit		t
θ	°C	Celsius-Temperatur	Theta	ϑ
T	K	Thermodynamische Temperatur		T
Q	J	Wärmemenge		Q
Φ	W	Wärmestrom	Phi	Q
q	W/m^2	Wärmestromdichte		q
λ	W/(mK)	Bemessungswert der Wärmeleitfähigkeit	Lambda (klein)	λ
λ_D	W/(mK)	Nennwert der Wärmeleitfähigkeit	Lambda (klein)	
λ_{Grenz}	W/(mK)	Grenzwert der Wärmeleitfähigkeit	Lambda (klein)	
Λ	$W/(m^2K)$	Wärmedurchlasskoeffizient	Lambda (groß)	Λ
R	$(m^2K)/W$	Wärmedurchlasswiderstand		$1/\Lambda$
h	$W/(m^2K)$	Wärmeübergangskoeffizient		α
R_{si}	$(m^2K)/W$	Wärmeübergangswiderstand, innen		$1/\alpha_i$
R_{se}	$(m^2K)/W$	Wärmeübergangswiderstand, außen		$1/\alpha_a$
U	$W/(m^2K)$	Wärmedurchgangskoeffizient		k
R_T	$(m^2K)/W$	Wärmedurchgangswiderstand		1/k
Symbole für den Stofftransport nach DIN EN ISO 9346 und DIN EN ISO 12572				
p	Pa	Wasserdampfteildruck		p
Φ	–	relative Luftfeuchte	Phi	φ
u	kg/kg	Massebezogener Feuchtegehalt		u_m
ψ	m^3/m^3	Volumenbezogener Feuchtegehalt	Psi	u_v
D	m^2/s	Wasserdampf-Diffusionskoeffizient		D
G	kg/s	Wasserdampf-Diffusionsstrom		I
g	$kg/(m^2s)$	Wasserdampf-Diffusionsstromdichte		i
Z	m^2sPa/kg	Wasserdampf-Diffusionsdurchlasswiderstand		$1/\Delta$
δ	m^2/s	Wasserdampf-Diffusionsleitkoeffizient	Delta (klein)	δ
μ	–	Wasserdampf-Diffusionswiderstandszahl	My	μ
s_d	m	(wasserdampf-)diffusionsäquivalente Luftschichtdicke		s_d
Sonstiges				
w	$kg/(m^2h^{0,5})$	Wasseraufnahmekoeffizient		w
ψ	W/(mK)	Längenbezogener Wärmebrückenverlustkoeffizient	Psi	
χ	W/K	punktbezogener Wärmebrückenverlustkoeffizient	Chi	
γ	–	Sicherheitsbeiwert	Gamma	
Δ	–	Differenz	Delta (groß)	

Anhang II

Abbildungen

Abb. AII 1   Ermittlung der Lüftungsquerschnitte und der Sperrwerte für Dachdeckungen mit Dachneigungen > 5°
Abb. AII 2   Unbelüftete Wärmedämmung mit hinterlüfteter Deckung und diffusionsoffener Schicht unmittelbar auf der Wärmedämmung
Abb. AII 3   Wärmedämmung über Unterdach mit Dachneigung ≥ 5°
Abb. AII 4   Konstruktionsschema einer nicht belüfteten Wärmedämmung unter Dachabdichtung mit Dachneigung < 5°
Abb. AII 5   Konstruktionsschema einer belüfteten Wärmedämmung unter Dachabdichtung mit Dachneigung < 5°
Abb. AII 6   Konstruktionsschema einer Wärmedämmung über der Dachabdichtung
Abb. AII 7   Korrekturwerte nach DIN EN ISO 6946
Abb. AII 8   Schlaufenförmige Verlegung der Luftdichtheitsschicht/Dampfsperre mit durchgehender Anpressung im unteren Sparrenbereich
Abb. AII 9   Schlagregenbeanspruchung in der Bundesrepublik Deutschland

Tabelle AII 1.1: Lüftungsquerschnitte für belüftete Wärmedämmung mit diffusions-äquivalenter Luftschichtdicke $s_d \geq 2$ m unterhalb der Belüftungsschicht

Sparrenlänge in m	Mindestlüftungsquerschnitte			Dachfläche in cm²/m
	Traufe und Pultabschluss		First und Grat in cm²/m²[2]	
	Fläche in cm³/m	Spalthöhe in cm[1]		
1 – 5	200	2,4	50	200
6			60	
7			70	
8			80	
9			90	
10			100	
11	220	2,6	110	
12	240	2,9	120	
13	260	3,1	130	
14	280	3,3	140	
15	300	3,6	150	
16	320	3,8	160	
17	340	4,0	170	
18	360	4,3	180	
19	380	4,5	190	
20	400	4,8	200	
21	420	5,0	210	
22	440	5,2	220	
usw.				

[1] Der freie Luftspalt ist bezogen auf eine Einschränkung durch Sparren o.Ä. von maximal 15%. Durch Lüftungsgitter wird der Luftspalt zusätzlich eingeengt und ist dementsprechend zu erhöhen. Die Löcher sollen über einen Durchmesser $\emptyset \geq 5$ mm verfügen.
[2] Angabe bezieht sich auf die Gesamtfläche bei symmetrischen Dächern. Bei unsymmetrischen Dächern kann der Mindestlüftungsquerschnitt aus 0,5 ‰ der vorhandenen Dachfläche ermittelt werden.

Abb AII 1: Ermittlung der Lüftungsquerschnitte und der Sperrwerte für Dachdeckungen mit Dachneigungen $\geq 5°$

Merkblatt Wärmeschutz bei Dach und Wand

AII 1.1: Berechnung der wasserdampfdiffusionsäquivalenten Luftschichtdicke bei belüfteten Wärmedämmungen und Dachneigungen $\geq 5°$

Die diffusionsäquivalente Luftschichtdicke s_d errechnet sich aus:

$$s_d = \mu \times d$$

Hierbei ist μ die Wasserdampf-Diffusionswiderstandszahl und d die Dicke in m. Maßgebend ist bei belüfteten Wärmedämmungen der Sperrwert <u>unterhalb der Belüftungsschicht.</u> Bei mehrschichtigen Bauteilen gilt die Summe der einzelnen s_d-Werte der Schichten nach folgender Gleichung:

$$s_d = \mu_1 \times d_1 + \mu_2 \times d_2 + \mu_3 \times d_3 + \mu_n \times d_n$$

Beispiel: belüftete Wärmedämmung unter nicht belüfteter Dachdeckung

Bauteilaufbau:
– nicht belüftete Dachdeckung auf Schalung
– stark bewegte Luftschicht
– Wärmedämmung 14 cm Faserdämmstoff ohne Kaschierung ($\mu = 1$)
– Dampfsperre PE-Folie 0,2 mm ($\mu = 100.000$)
– Gipsputz 1,5 cm ($\mu = 10$)

$s_d = 1 \times 0,14 + 100.000 \times 0,0002 + 10 \times 0,015$
$s_d = 20,29$ m

Der vorhandene s_d-Wert ist größer als der erforderliche s_d-Wert von 2 m

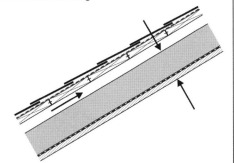

AII 1.2: Berechnung der wasserdampfdiffusionsäquivalenten Luftschichtdicke bei unbelüfteten Wärmedämmungen und Dachneigungen $\geq 5°$

Maßgebend sind bei unbelüftete Wärmedämmungen die Schichten <u>oberhalb und unterhalb der Wärmedämmung.</u> Die Berechnung der s_d-Werte erfolgt ansonsten wie in AII 1.1 beschrieben.

Beispiel: nicht belüftete Wärmedämmung unter belüfteter Dachdeckung

Bauteilaufbau:
– belüftete Dachdeckung auf Latten
– stark bewegte Luftschicht/Konterlatten
– Unterdeckbahn mit $s_d = 0,30$ m
– Schalung Nadelholz d = 18 mm ($\mu = 40$)
– Wärmedämmung 14 cm Faserdämmstoff ohne Kaschierung ($\mu = 1$)
– Dampfsperre PE-Folie 0,2 mm ($\mu = 100.000$)
– Luftschicht mit d = 24 mm ($\mu = 1$)
– Gipskartonplatten 1,5 cm ($\mu = 8$)

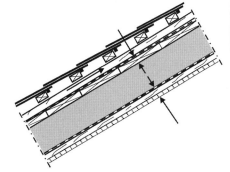

unterhalb der Wärmedämmung
$s_d = 100.000 \times 0,0002 + 1 \times 0,024 + 8 \times 0,015$
$s_d = 20,14$ m

oberhalb der Wärmedämmung
$s_d = 0,30 + 40 \times 0,018$
$s_d = 1,02$ m

Der vorhandene Sperrwert unterhalb der Wärmedämmung ist mehr als 6 mal größer als der Sperrwert oberhalb der Wärmedämmung und somit ausreichend.

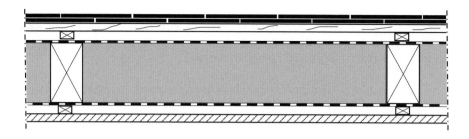

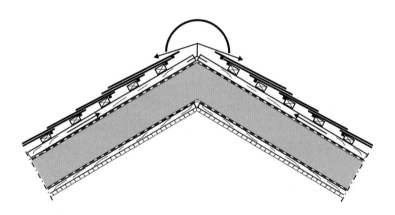

Abb. AII 2: Unbelüftete Wärmedämmung mit hinterlüfteter Deckung und diffusionsoffener Schicht unmittelbar auf der Wärmedämmung

Für die Lüftungsöffnungen zur Hinterlüftung der Dachdeckung werden die Flächen nach Tabelle AII 1.1 im Anhang II, Abb. AII 1 empfohlen.

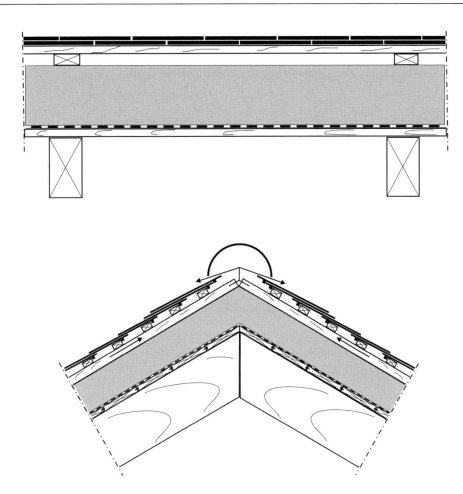

Abb. AII 3: Wärmedämmung über Unterdach mit Dachneigung ≥ 5°

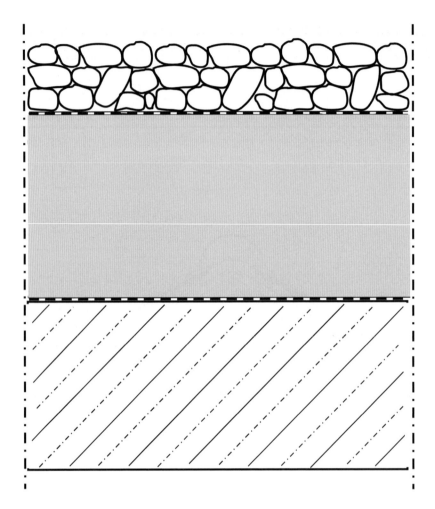

Abb. AII 4: Konstruktionsschema einer nichtbelüfteten Wärmedämmung unter Dachabdichtung mit Dachneigung < 5°

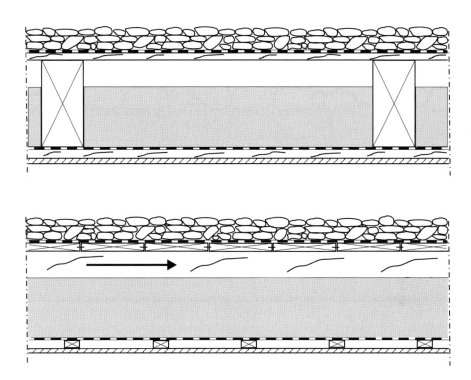

Abb. AII 5: Konstruktionsschema einer belüfteten Wärmedämmung unter Dachabdichtung mit Dachneigung < 5°

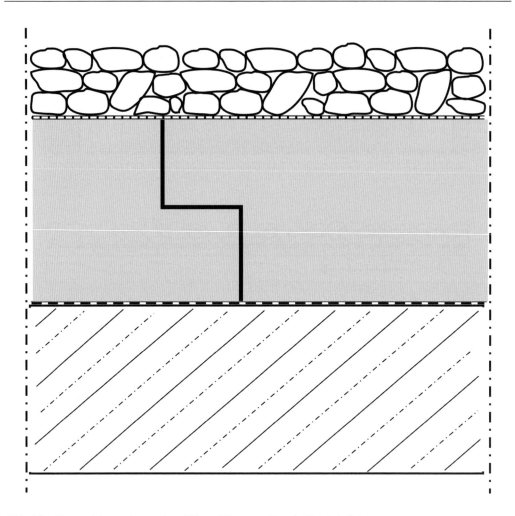

Abb. AII 6: Konstruktionsschema einer Wärmedämmung über der Dachabdichtung

Anl 7.1 Korrekturwerte für Befestigung

Der Korrekturwert für Befestigungsteile bzw. Durchdringungen ergibt sich nach

$$\Delta U_f = \frac{0{,}8\, \lambda_f A_f n_f}{d_i} \left(\frac{R_i}{R_T}\right)^2$$

Dabei ist:

- λ_f die Wärmeleitfähigkeit des Befestigungsteils;
- A_f die Querschnittsfläche des Befestigungsteils in m²;
- n_f die Anzahl der Befestigungsteile pro m²;
- d_i die Länge des Bereichs des Befestigungsteils, der die Dämmschicht durchdringt, in m;
- R_i der Wärmedurchlasswiderstand der Dämmschicht, die von den mechanischen Befestigungsteilen durchdrungen wird;
- R_T Wärmedurchgangswiderstand des Bauteils über alle Schichten.

Bei einer vereinfachten Ermittlung von R_T ausschließlich mit der Wärmedämmung und den Wärmeübergangswiderständen nach 3.4 (1) kann $\left(\frac{R_i}{R_T}\right)^2$ auf 1 aufgerundet werden, daraus ergibt sich

$$\Delta U_f = \frac{0{,}8\, \lambda_f A_f n_f}{d_i}$$

Dieses Verfahren zur Ermittlung eines Korrekturwertes ist nicht anwendbar, wenn beide Enden des Befestigungsteils mit Metallteilen verbunden sind. Lastverteiller und Metallschienen von mechanischen Befestigungen werden aufgrund ihrer geringen Fläche nicht als Metallteile betrachtet.

In anderen Fällen ist ein Korrekturwert nach DIN EN ISO 10211-1 zu ermitteln.

Auf einen Korrekturwert darf verzichtet werden, wenn die Wärmeleitfähigkeit (λ_f) des Befestigungsteils oder ein Teil davon geringer als 1 W/(mK) ist. Stahl verfügt allgemein über ein $\lambda_f = 50$, legierter Stahl allgemein über ein $\lambda_f = 15$. Genaue Herstellerangaben des λ_f hinsichtlich des verwendeten Befestigungsmaterials dürfen, wenn vorhanden, verwendet werden.

In vielen Fällen entspricht d_i der Dicke der betreffenden Dämmschicht. Falls das Befestigungsteil schräg eingebaut wird (z. B. Wärmedämmsysteme auf den Sparren), kann d_i die Dämmstoffdicke übersteigen und ist mit der tatsächlichen Länge zu berechnen, wodurch sich geringere Korrekturwerte ergeben. Bei Befestigungsteilen, die in Aussparungen eingebaut werden, beziehen sich d_i und R_i auf die Dicke des Dämmstoffbereiches, der den Befestigungsteil enthält.

Bei Flächen mit einer unterschiedlichen Anzahl der Befestigungsteile/m² ist ein Mittelwert $\Delta U_{f,m}$ anhand der einzelnen Teilflächen im Verhältnis zur Gesamtfläche zu ermitteln.

Beispiel:
Mechanisch befestigte Flachdachabdichtung, Durchmesser des Befestigungsteiles ⌀ 4,8 mm ($A_f = 0{,}000018$ m²) aus Stahl ($\lambda_f = 50$), Dicke der Dämmschicht = 0,14 m = d_i, Anzahl der Befestigungsteile im Flächenbereich = 4 Stück./m², im Randbereich 7 Stück/m², im Eckbereich 11 Stück/m², Flächenbereich = 120 m², Randbereich = 30 m², Eckbereich 10 m², Gesamtfläche = 160 m², Bemessungswert der Wärmeleitzahl des Dämmstoffs $\lambda = 0{,}031$ W/mK, unbelüftetes Bauteil, $R_{si} = 0{,}10$ m²K/W, $R_{se} = 0{,}04$ m²K/W (Wärmestrom aufwärts)

$R_T = 0{,}14/0{,}031 + 0{,}10 + 0{,}04 = 4{,}656$ m²K/W; U-Wert $= 1/R_T = 0{,}215$ W/m²K

Eckbereich:

$\Delta U_f = (0{,}8 \times 50 \times 0{,}000018 \times 11)/0{,}14$ $= 0{,}0569$ W/m²K

Randbereich:

$\Delta U_f = (0{,}8 \times 50 \times 0{,}000018 \times 7)/0{,}14$ $= 0{,}0360$ W/m²K

Flächenbereich:

$\Delta U_f = (0{,}8 \times 50 \times 0{,}000018 \times 4)/0{,}14$ $= 0{,}0206$ W/m²K

$\Delta U_{f,m} = (0{,}0569 \times 10 + 0{,}036 \times 30 + 0{,}0206 \times 120)/160$ $= 0{,}0258$ W/m²K

$U_c = U + \Delta U_f = 0{,}215 + 0{,}0258$ $= 0{,}241$ W/m²K

All 7.2 Korrekturwerte für Luftspalte

Bei Wärmedämmungen mit Luftspalte ergibt sich der Korrekturwert nach

$$\Delta U_g = \Delta U'' \left(\frac{R_i}{R_T}\right)^2$$

R_λ Wärmedurchlasswiderstand der Spalte aus d/λ der Dämmschicht
R_T Wärmedurchgangswiderstand des Bauteils über alle Schichten
$\Delta U''$ Korrekturen nach Tabelle A II 7.1

Bei einer vereinfachten Ermittlung von R_T ausschließlich mit der Wärmedämmung und den Wärmeübergangswiderständen nach 3.4 (1) kann $\left(\frac{R_i}{R_T}\right)^2$ auf 1 aufgerundet werden, daraus ergibt sich

$$\Delta U_g = \Delta U''$$

Abb. A II 7: Korrekturwerte nach DIN EN ISO 6946

Tabelle A II 7.1: Korrekturen für Luftspalte

Stufe	$\Delta U''$ (W/m²K)	Beschreibung der Luftspalte
0	0,00	Die Dämmung ist so angebracht, dass keine Luftzirkulation auf der warmen Seite der Dämmung möglich ist. Keine die gesamte Dämmschicht durchdringende Luftspalte vorhanden.
1	0,01	Die Dämmung ist so angebracht, dass keine Luftzirkulation auf der warmen Seite der Dämmung möglich ist. Luftspalte können die Dämmschicht durchdringen
2	0,04	Mögliche Luftzirkulation auf der warmen Seite der Dämmung. Luftspalte können die Dämmung durchdringen

Tabelle AII 7.2: Korrekturstufen der Luftspalte nach DIN EN ISO 6946

Korrekturstufe	Beschreibung	Beispiel
0	Durchgehende mehrlagige Dämmung mit versetzten Fugen	
0	Durchgehende einlagige Dämmung mit Stufenfalz oder Nut-Federverbindungen oder abgedichteten Fugen	
0	Durchgehende einlagige stumpfgestoßene Dämmung unter der Voraussetzung, dass die Längen-, Breiten- und Rechtwinkligkeitstoleranzen so sind, dass Luftspalte 5 mm nicht überschreiten. Diese Anforderungen gilt als erfüllt, wenn die Summe entweder der Längen- oder Breitentoleranzen und der Maßänderungen weniger als 5 mm beträgt und die Abweichung der Rechtwinkligkeit von Platten geringer als 5 mm ist.	

0	Zweilagige Dämmschicht, die erste von Sparren, Stützen, Querbalken oder ähnlichen Konstruktionen unterbrochen, die andere durchgehend die erste Schicht bedeckend. Z.B. Kombination aus Wärmedämmung unter und zwischen den Sparren	
0	Einlagige Dämmschicht auf einer Konstruktion, wobei der Wärmedurchlasswiderstand der Konstruktion (ohne Dämmschicht) mindestens 50% des Wärmedurchgangswiderstandes beträgt ($R_I \leq 0{,}5\ R_T$).	
1	Einlagige Dämmung zwischen Sparren, Querbalken, Stützen oder ähnlichen Konstruktionsteilen angebracht	
1	Durchgehende Dämmung, einlagig stumpf gestoßen, bei der Längen-, Breiten- und Rechtwinkligkeitstoleranzen plus Maßhaltigkeit der Dämmung so beschaffen sind, dass Spalte 5 mm überschreiten. Diese Bedingung wird angenommen, wenn die Summe entweder der Längen- oder Breitentoleranzen und die Maßänderungen mehr als 5 mm betragen, oder wenn die Abweichung von der Rechtwinkligkeit für Platten mehr als 5 mm beträgt	

| 2 | Konstruktionen mit der Möglichkeit einer Luftzirkulation auf der warmen Seite der Dämmung infolge unzureichender Befestigung oder Abdichtung oben oder unten. Z.B. Nicht ausreichende Befestigung der Wärmedämmung bei Außenwandbekleidungen. | 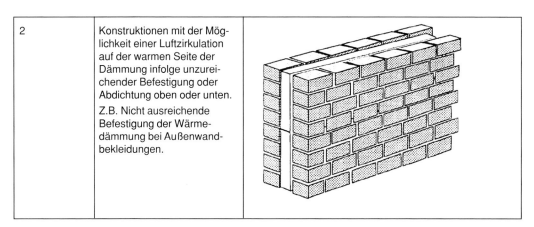 |

Abb. AII 7: Korrekturwerte nach DIN EN ISO 6946

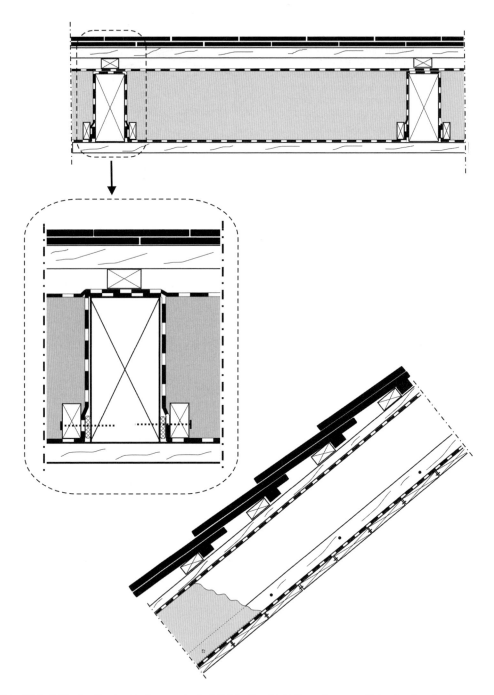

Abb. AII 8: Schlaufenförmige Verlegung der Luftdichtheitsschicht/Dampfsperre mit durchgehender Anpressung im unteren Sparrenbereich

(ggf. ist die Dampfsperre mit konstantem Sperrwert auf der Sparrenoberseite aufzuschneiden)

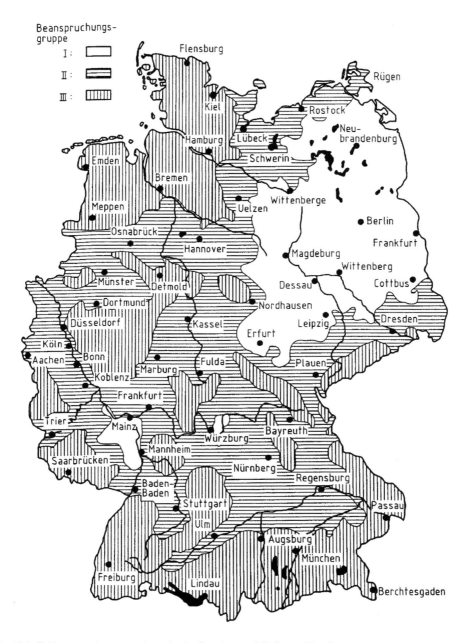

Abb. AII 9: Schlagregenbeanspruchung in der Bundesrepublik Deutschland

Deutsches Dachdeckerhandwerk
– Regelwerk –

Merkblatt
Äußerer Blitzschutz
auf Dach und Wand

Aufgestellt und herausgegeben vom

**Zentralverband
des Deutschen Dachdeckerhandwerks
– Fachverband Dach-, Wand- und Abdichtungstechnik – e.V.**

in Zusammenarbeit mit dem

**Ausschuss Blitzschutz und Blitzforschung (ABB) im VDE
Verband der Elektrotechnik Elektronik
Informationstechnik e.V.**

Ausgabe März 2003

Vorgänger:

Merkblatt Blitzschutz auf und an Dächern   Ausgabe September 1999

© Alle Rechte bei der D + W-Service GmbH für Management, PR und Messewesen, Köln 2003
D + W-Service GmbH für Management, PR und Messewesen
Nachdruck und Vervielfältigung, auch auszugsweise, nur mit Genehmigung der D + W-Service GmbH und des Verlages gestattet.

Inhaltsverzeichnis

1	**Allgemeines** 5	3.5	Erdungsanlage. 7
1.1	Geltungsbereich. 5	3.6	Messstellen 7
1.2	Begriffe 5	3.7	Dachdurchführungen bei Dächern mit Abdichtungen 7
1.2.1	Blitzschutzsystem 5		
1.2.2	Blitzschutzklassen 5	3.8	Dachaufbauten mit leitfähigen Verbindungen. 7
1.2.3	Äußerer Blitzschutz 5		
1.2.4	Innerer Blitzschutz 5	3.9	Außenwandbekleidung 8
1.2.5	Fangeinrichtung. 5	3.9.1	Metallene Unterkonstruktionen. 8
1.2.6	Schutzwinkel 5	3.9.2	Metallene Außenwandbekleidungen 8
1.2.7	Sicherheitsabstand 5		
1.2.8	Ableitungseinrichtung 5	**4**	**Prüfung/Wartung** 8
1.2.9	Erdungsanlage. 5		
1.2.10	Natürlicher Bestandteil 5	**Anhang I**	
1.2.11	Verbindung 5	Tabelle 1 nach DIN V VDE V 0185-3 (VDE V 0185 Teil 3):2002-11, Hauptabschnitt 1 Tabelle 7 9
1.2.12	Befestigung 5		
1.2.13	Schutzlage 5		
		Tabelle 2 nach DIN V VDE V 0185-3 (VDE V 0185 Teil 3):2002-11, Hauptabschnitt 1 Tabelle 8 10
2	**Werkstoffe und Anforderungen**. 6		
2.1	Werkstoffe 6		
2.1.1	Verträglichkeit von Werkstoffen 6	Tabelle 3 nach DIN V VDE V 0185-3 (VDE V 0185 Teil 3):2002-11, Hauptabschnitt 1 Tabelle 4 10
2.1.2	Abmessungen 6		
2.1.3	Konstruktiver Korrosionsschutz 6		
2.2	Anforderungen 6	Tabelle 4 nach DIN V VDE V 0185-3 (VDE V 0185 Teil 3):2002-11, Hauptabschnitt 4 11
2.2.1	Planung eines Blitzschutzsystems 6		
3	**Ausführung**. 6		
3.1	Planungsvorgaben. 6	**Anhang II**	
3.2	Fangeinrichtung. 6	Detailskizzen 13
3.3	Ableitungen 6		
3.4	Befestigungen 6		

1 Allgemeines

1.1 Geltungsbereich

Dieses Merkblatt gilt für die Planung und Montage des Äußeren Blitzschutzes an und auf Dächern und an Wänden. Es ist eine Ergänzung zu den grundsätzlichen Anforderungen an Blitzschutz in Normen und VDE-Vorschriften (siehe Anlage). Blitzschutzsysteme müssen durch Fachkräfte errichtet werden.

1.2 Begriffe

1.2.1 Blitzschutzsystem

Ein Blitzschutzsystem ist das gesamte System für den Schutz einer baulichen Anlage gegen Auswirkungen des Blitzes. Es besteht sowohl aus dem Äußeren als auch aus dem Inneren Blitzschutz.

1.2.2 Blitzschutzklassen

Schutzklassen dienen zur Klassifizierung von Blitzschutzsystemen entsprechend deren Wirksamkeit. Die Blitzschutzklasse drückt die Wahrscheinlichkeit aus, mit der ein Blitzschutzsystem eine bauliche Anlage gegen Blitzeinwirkungen schützt.

1.2.3 Äußerer Blitzschutz

Äußerer Blitzschutz besteht aus der Fangeinrichtung, der Ableitungseinrichtung und der Erdungsanlage.

1.2.4 Innerer Blitzschutz

Alle zusätzlichen Maßnahmen zu den in Abschnitt 1.2.3 aufgeführten notwendigen Maßnahmen einschließlich Potenzialausgleich, Einhaltung des Sicherheitsabstandes und der Verminderung der elektromagnetischen Auswirkungen des Blitzstromes innerhalb der zu schützenden baulichen Anlage.

1.2.4.1 Blitzschutzpotenzialausgleich

Der Blitzschutzpotenzialausgleich ist die Verbindung aller getrennten leitenden Anlagenteile direkt durch Leitungen oder Überspannungsschutzgeräte als Teil des Inneren Blitzschutzes, um die vom Blitzstrom hervorgehobenen Potenzialunterschiede zwischen diesen Teilen zu reduzieren.

1.2.4.2 Potenzialausgleichsschiene

Die Potenzialausgleichsschiene ist eine Sammelschiene, an der metallene Installationen wie z. B. metallene Rohrleitungen und metallene Lüftungskanäle, äußere leitende Teile und Leitungen der Energie- und Informationstechnik mit dem Blitzschutzsystem verbunden werden.

1.2.5 Fangeinrichtung

Die Fangeinrichtung ist der Teil des Äußeren Blitzschutzes, der zum Auffangen der Blitze bestimmt ist.

1.2.6 Schutzwinkel

Der Schutzwinkel (Schutzraum) beschreibt den Schutzbereich um Teile der Fangeinrichtung.

1.2.7 Sicherheitsabstand (Vermeidung einer Näherung)

Der Sicherheitsabstand ist der Mindestabstand zwischen zwei leitenden Teilen der zu schützenden baulichen Anlage, über den keine gefährliche Funkenbildung stattfindet.

1.2.8 Ableitungseinrichtung

Die Ableitungseinrichtung ist der Teil des Äußeren Blitzschutzes, der dazu bestimmt ist, den Blitzstrom von der Fangeinrichtung zur Erdungsanlage abzuleiten.

1.2.9 Erdungsanlage

Die Erdungsanlage ist der Teil des Äußeren Blitzschutzes, der den Blitzstrom in die Erde leiten und verteilen soll.

1.2.10 Natürlicher Bestandteil

Ein „natürlicher Bestandteil" ist ein Bestandteil der baulichen Anlage, der eine Blitzschutzfunktion erfüllt, aber nicht speziell zu diesem Zwecke installiert wurde.

Beispiele für die Anwendung dieser Bezeichnung:
– „natürliche" Fangeinrichtung, z. B. Mauerabdeckung, Regenrinnen usw.
– „natürliche" Ableitungseinrichtung, z. B. durchgehende elektrisch leitfähige Fassadenteile
– „natürliche" Erdungsanlagenteile, z. B. Fundamentarmierungen

1.2.11 Verbindung

Verbindungen sind Klemmen oder Anschlussbauteile, die Leitungen untereinander oder mit anderen leitfähigen Bauteilen verbinden.

1.2.12 Befestigung

Eine Befestigung ist ein Bauteil, das die Leitung in der vorgegebenen Lage fixiert.

1.2.13 Schutzlage

Eine Schutzlage schützt die vorhandene Dachabdichtung vor mechanischen und chemischen Einflüssen (z. B. Bautenschutzmatte).

2 Werkstoffe und Anforderungen

2.1 Werkstoffe

2.1.1 Verträglichkeit von Werkstoffen

Nur untereinander verträgliche Werkstoffe dürfen verwendet werden. Die am Bauwerk befindlichen Materialien sind hierbei zu berücksichtigen (siehe Regeln für Metallarbeiten im Dachdeckerhandwerk).

2.1.2 Abmessungen

Die erforderlichen Mindestmaße der Einbauteile sind in DIN V VDE V 0185-3 (VDE V 0185-3): 2002-11, Hauptabschnitt 1 Tabelle 7 und 8, Werkstoffe (Anhang I Tabelle 1 und 2) beschrieben.

2.1.3 Konstruktiver Korrosionsschutz

Innerhalb und unmittelbar auf Mauerwerk oder Beton müssen Leitungen aus Aluminium mit einer Umhüllung gegen Korrosion geschützt werden. Bei der Verbindung von verschiedenen Materialien sind spezielle Bauelemente zu verwenden, damit die Korrosion bei Feuchtigkeit unterbunden wird. Verbindungen mit Blei-Zwischenlagen sind nicht zulässig.

2.2 Anforderungen

2.2.1 Planung eines Blitzschutzsystems

(1) Ein technisch und wirtschaftlich optimierter Entwurf eines Blitzschutzsystems ist nur möglich, wenn die Schritte der Planung des Blitzschutzsystems und die der Planung und Errichtung der zu schützenden baulichen Anlage aufeinander abgestimmt sind. Die notwendige Planung erstreckt sich auf das gesamte Blitzschutzsystem unter Berücksichtigung der Nutzung der einzelnen Komponenten in Verbindung mit der notwendigen Abstimmung zur vorhandenen Dachdeckung, Dachabdichtung, Außenwand und der statischen Berechnung.

(2) Die temperaturbedingte Längenänderung sowie Schnee- und Windlast sind zu berücksichtigen.

3 Ausführung

3.1 Planungsvorgaben

(1) Bei der Planung sind die gewerküberschreitenden technischen Berührungspunkte zu berücksichtigen und abzustimmen.

(2) Die Ermittlung der Blitzschutzklasse erfolgt durch den Planer des Blitzschutzsystems. Abhängig von der Blitzschutzklasse ergibt sich die Anordnung der Fangeinrichtung und die Anzahl der Ableitungen.

3.2 Fangeinrichtung

(1) Die Abmessungen und Werkstoffe für Fangeinrichtungen müssen der Tabelle Anhang I entsprechen.

(2) Natürliche Bestandteile wie Bekleidungen und Abdeckungen aus Metall an der zu schützenden baulichen Anlage können als Fangeinrichtung verwendet werden. Voraussetzung ist die dauerhafte, blitzstromtragfähige Verbindung zwischen den verschiedenen Teilen.

(3) Bei Blitzeinschlag kann es am Einschlagpunkt zum Durchschmelzen oder zu unzulässiger Erhitzung kommen. Dies kann weitestgehend vermieden werden, wenn die Mindestdicken t aus der Tabelle 3 (Anhang I) eingehalten werden.

(4) Soll dies aufgrund einer Vereinbarung mit dem Auftraggeber nicht ausgeschlossen werden, müssen die Mindestdicken t' aus der Tabelle 3 (Anhang I) eingehalten werden. Die Regensicherheit der Dacheindeckung kann dann nach Blitzeinschlag nicht mehr gegeben sein.

(5) Eine Beschichtung mit Farbe, $\leq$ 1 mm Bitumen oder $\leq$ 0,5 mm PVC, ist nicht als Isolierung zu betrachten.

3.3 Ableitungen

(1) Natürliche Bestandteile, wie Metallkonstruktionen, Bleche, metallene Unterkonstruktionen und Metallfassaden an der zu schützenden baulichen Anlage, können als Ableitung verwendet werden, wenn ihre Abmessungen den Anforderungen an Ableitungen entsprechen (siehe Anhang I) und ihre Dicke $\geq$ 0,5 mm beträgt und eine elektrisch leitende Verbindung gewährleistet ist. Überlappende Verbindungen gelten nicht als elektrisch leitende Verbindung.

(2) Enge Biegungen der Ableitung sind zu vermeiden.

(3) Erforderliche Isolierungen der Leitungen nach Kapitel 3.6 (2) sind zu beachten.

(4) Sofern erforderlich, sind Wasserabweiser einzubauen.

3.4 Befestigungen

(1) Die Bauteile müssen so befestigt werden, dass elektrodynamische oder andere mechanische Kräfte (z. B. Schwingungen, Ausdehnungen), Schneeabrutschungen usw. nicht zu Unterbrechungen der Leitungen führen.

(2) Auf Dachabdichtungen, z. B. mit Bitumen- oder Kunststoffdachdichtungsbahnen, dürfen keine starren Verbindungen der Leitungshalter angebracht werden. Die Einbauanweisungen der Hersteller müssen eingehalten werden.

(3) Damit Dachleitungshalter auf der ungeschützten Oberfläche von Dachabdichtungen mit Kunststoffbahnen durch Wind und Wasser nicht verschoben werden, ist eine Lagesicherung der Dachleitungshalter zu empfehlen. Für diese Anwendungsfälle eignen sich z. B. Dachleitungshalter mit Schnapptechnik. Hierzu wird ein Streifen der Kunststoffdachbahn in üblicher Fügetechnik mit einer Länge von ca. 200 mm und einer Breite von ca. 100 mm zwischen dem Dachleitungshalter und der darauf aufzuschnappenden Grundplatte rechtwinklig zur Fangleitung befestigt. Dadurch wird ein Verschieben der Fangleitungen auf den Kunststoffbahnen verhindert. Bei einer Dachneigung von > 5° ist jeder Dachleitungshalter und bei einer Dachneigung von ≤ 5° jeder zweite Dachleitungshalter mit einem Streifen der Kunststoffdachbahn zu versehen. Die Anordnung der Dachleitungshalter sollte bei mechanisch befestigten Kunststoffbahnen im unmittelbaren Bereich der mechanischen Befestigung erfolgen (siehe Anhang II, Abb. 10). Diese Arbeiten müssen von einem Dachdeckerfachbetrieb ausgeführt werden.

(4) Leitungshalter müssen nach den jeweiligen Herstellerangaben befestigt werden.

3.5 Erdungsanlage

(1) Die Erdungsanlage hat die Aufgabe, einen gut leitenden Kontakt mit dem Erdreich herzustellen. Hierdurch soll ein Ausgleich des Blitzstromes mit der Erde möglichst ungehindert stattfinden.

(2) Form und Abmessung der Erdungsanlage sind wichtiger als ein bestimmter Erdungswiderstand. Empfohlen wird jedoch ein niedriger Wert. Eine Erdungsanlage als geschlossener Ring um das zu schützende Gebäude ist einem Erdungssystem aus Einzelerdern immer vorzuziehen. Sind Einzelerder nicht zu vermeiden, dann muss pro erforderliche Ableitung eine Mindestlänge von 5 m für Horizontalerder und 2,5 m für Vertikalerder bei Blitzschutzklasse III und IV verlegt werden. Bei Blitzschutzklasse I und II bestimmt die Leitfähigkeit des Erdreichs die Erderlänge. Die Einzelerder müssen auf Höhe des Erdniveaus alle miteinander verbunden werden. Diese Verbindung kann auch durch Leitungen oder Rohrleitungen, die durch das Gebäude geführt sind, hergestellt werden.

(3) Die Erdungsanlage soll für alle Zwecke der baulichen Anlage geeignet sein (Blitzschutz, Niederspannungsanlage u. a.).

(4) Man unterscheidet grundsätzlich zwischen zwei Arten der Erderanordnung: Erder Typ A (Einzelerder) und Erder Typ B (Fundament- oder Ringerder).

(5) Nach den anerkannten technischen Richtlinien müssen Erdungsanlagen ohne Verwendung von vorhandenen metallenen Wasserleitungen für sich alleine funktionsfähig sein. Diese Forderung stützt sich auf die zunehmende Verwendung von Kunststoffrohren für Wasserleitungen.

(6) Die Erdungsanlage muss mit der Potenzialausgleichsschiene verbunden werden.

3.6 Messstellen

(1) Die Messstellen sollen an jedem Anschluss zur Erdungsanlage angebracht sein. Bei der Verwendung von natürlichen Ableitungen können diese auch auf dem Dach angeordnet werden.

(2) Um eine Messung des Äußeren Blitzschutzes durchführen zu können, ist, falls notwendig, die Ableitung bzw. die Verbindungsleitung isoliert auszuführen.

(3) Messstellen müssen jederzeit zugänglich und sollen witterungsbeständig fortlaufend nummeriert sein.

3.7 Dachdurchführungen bei Dächern mit Abdichtungen

(1) Dachdurchführungen sollen möglichst vermieden werden. Falls sie erforderlich sind, muss zum Randbereich ein Abstand von ≥ 1 m (Rohbaumaß) und zu allen anderen Anschlüssen ein Abstand von ≥ 0,5 m eingehalten werden.

(2) Nach oben muss sie von Oberkante-Belag eine Höhe von ≥ 150 mm haben. Der verbleibende Hohlraum muss ausgeschäumt werden.

(3) Enge Biegungen müssen vermieden werden. Der Anschluss der Fangeinrichtung muss so erfolgen, dass keine Kräfte auf die Durchführung wirken.

(4) Die Abdichtungsarbeiten müssen von einem Dachdeckerfachbetrieb ausgeführt werden.

3.8 Dachaufbauten mit leitfähigen Verbindungen

(1) Dachaufbauten mit leitfähigen Verbindungen ins Gebäudeinnere müssen in das Blitzschutzsystem integriert werden. Um ein Verschleppen von Blitzteilströmen in das Innere des Objektes zu verhindern, ist der Schutz dieser Einrichtungen durch Fangstangen oder durch getrennte Fangeinrichtungen zu realisieren. Die zu schützende Einrichtung darf nicht mit der Fangeinrichtung verbunden werden. Der Sicherheitsabstand muss beachtet werden.

(2) Die Höhe der Fangstange ist entsprechend der Blitzschutzklasse zu bemessen (siehe Anhang I Tabelle 4).

(3) Bei Dächern mit Abdichtungen ist als mechanischer Schutz der Dachbahn unterhalb des Betonsockels der Fangstange eine Schutzlage aus einem geeigneten Werkstoff zu legen. Die Werkstoffverträg-

lichkeit der Schutzlage mit der Dachbahn muss gegeben sein.

3.9 Außenwandbekleidung

3.9.1 Metallene Unterkonstruktionen

(1) Die Mindestanzahl von Ableitungen, die für das Gebäude erforderlich ist, kann durch eine entsprechende Anzahl elektrisch leitend verbundener senkrechter Teile der Unterkonstruktion erreicht werden. Die notwendigen Verbindungen zur Fangeinrichtung und zur Erdungsanlage müssen hergestellt werden.

(2) Der erforderliche Sicherheitsabstand der Unterkonstruktion zu anderen leitfähigen Teilen kann verringert werden, wenn die Unterkonstruktion horizontal verbunden wird. Eine wesentliche Verbesserung ergibt sich bei engmaschigerer Verbindung der Unterkonstruktionen (waagerecht und senkrecht).

3.9.2 Metallene Außenwandbekleidungen

(1) Metallene Außenwandbekleidungen können als Ableitung verwendet werden, wenn ihre Abmessungen den Anforderungen an Ableitungen entsprechen (siehe Anhang I) und ihre Dicke $\geq 0,5$ mm beträgt und eine elektrisch leitende Verbindung gewährleistet ist. Die notwendigen Verbindungen zur Fangeinrichtung und zur Erdungsanlage müssen hergestellt werden. Überlappende Verbindungen gelten nicht als elektrisch leitende Verbindung.

(2) Eine Gebäudeschirmung ergibt sich bei einer engmaschigen und großflächigen elektrisch leitenden Verbindung. Die Verbindung der großflächigen Elemente kann auch über die Unterkonstruktion erfolgen.

4 Prüfung und Wartung

(1) Prüfungen sind eine der Grundbedingungen für die bestimmungsgemäße Wirksamkeit und die zuverlässige Instandhaltung eines Blitzschutzsystemes.

(2) Grundlage der Prüfung sind die jeweils zum Errichtungszeitpunkt der Blitzschutzanlage geltenden Normen sowie die Maßgaben sonstiger zutreffender Vorschriften, Bauverordnungen und dergleichen. Werden bei Überprüfungen Abweichungen von den Anforderungen der aktuellen Normen festgestellt, muss der Bauherr darauf hingewiesen werden.

(3) Bestehen keine behördlichen Auflagen oder Verordnungen mit Prüffristen, so werden die Zeitabstände zwischen den Prüfungen für Blitzschutzanlagen der Blitzschutzklasse III und IV empfohlen. Darüber hinaus wird empfohlen, zur Funktionserhaltung der Blitzschutzanlage eine regelmäßige Wartung durchführen zu lassen.

(4) Prüffristen sind in den Verordnungen über bautechnische Prüfungen (BauPrüfVO) der Länder und in der DIN V VDE V 0185-3 (VDE V 0185 Teil 3): 2002-11 Hauptabschnitt 3, Leitfaden zur Prüfung von Blitzschutzsystemen, festgelegt.

Anhang I

Tabelle 1
nach DIN V VDE V 0185-3 (VDE V 0185 Teil 3): 2002-11 Hauptabschnitt 1
Tabelle 7: Werkstoff, Form und Mindestquerschnitte von Fangleitungen, Fangstangen und Ableitungen

Werkstoff	Form	Querschnitt	Anmerkung
Kupfer	Band	50 mm^2	Dicke 2 mm
	Rund	50 mm^2	8 mm Ø
	Seil	50 mm^2	je Draht 1,7 mm Ø
	Rund 3), 4)	200 mm^2	16 mm Ø
Kupfer verzinnt (Zinnüberzug > 2 µm)	Band	50 mm^2	Dicke 2 mm
	Rund	50 mm^2	8 mm Ø
	Seil	50 mm^2	je Draht 1,7 mm Ø
Aluminium	Band	70 mm^2	Dicke 3 mm
	Rund	50 mm^2	8 mm Ø
	Seil	50 mm^2	je Draht 1,7 mm Ø
Aluminiumlegierung	Band	50 mm^2	Dicke 2,5 mm
	Rund	50 mm^2	8 mm Ø
	Seil	50 mm^2	je Draht 1,7 mm Ø
	Rund 3)	200 mm^2	16 mm Ø
Stahl feuerverzinkt (Zinküberzug > 50 µm)	Band	50 mm^2	Dicke 2,5 mm
	Rund	50 mm^2	8 mm Ø
	Seil	50 mm^2	je Draht 1,7 mm Ø
	Rund 3), 4)	200 mm^2	16 mm Ø
Nichtrostender Stahl (Cr ≥ 16 %; Ni ≥ 8 %; C ≤ 0,03 %)	Band 5)	60 mm^2	Dicke 2 mm
	Rund 5)	50 mm^2	8 mm Ø
	Seil	70 mm^2	je Draht 1,7 mm Ø
	Rund 3)	200 mm^2	16 mm Ø
	Rund 4)	78 mm^2	10 mm Ø

Anmerkung 3: für Fangstangen; Anmerkung 4: für Erdeinführungen; Anmerkung 5: Bei nicht rostendem Stahl in Beton und/oder in direktem Kontakt mit entflammbarem Werkstoff ist der Mindestquerschnitt für Rund-Material auf 78 mm^2 (10 mm Durchmesser) und für Flachmaterial auf 75 mm^2 (3 mm Dicke) zu erhöhen.

Tabelle 2
nach DIN V VDE V 0185-3 (VDE V 0185 Teil 3): 2002-11 Hauptabschnitt 1
Tabelle 8: Werkstoff, Form und Mindestabmessungen von Erdern

Werkstoff	Form	Querschnitt	Anmerkung
Kupfer	Rund	50 mm²	8 mm Ø
	Band	50 mm²	Dicke 2 mm
	Seil	50 mm²	je Draht 1,7 mm Ø
	Rund für Staberder		20 mm Ø
Stahl feuerverzinkt (Zinküberzug > 50 µm)	Rund		10 mm Ø
	Band	100 mm²	Dicke 3 mm
	Seil	100 mm²	je Draht 1,7 mm Ø
	Rund für Staberder		20 mm Ø
Nichtrostender Stahl (Cr ≥ 16 %; Ni ≥ 5 %; Mb ≥ 2 %; C ≥ 0,03 %)	Rund		10 mm Ø
	Rund für Staberder		20 mm Ø
	Band	100 mm²	Dicke 3 mm

Aluminium und Aluminiumlegierungen dürfen nicht in Erde verlegt werden.
Blei und bleiummanteltes Material ist aus Gründen der Umweltbelastung nicht zu verwenden.

Tabelle 3
nach DIN V VDE V 0185-3 (VDE V 0185 Teil 3): 2002-11 Hauptabschnitt 1
Tabelle 4: Mindestdicke von Metallblechen oder Metallrohren in Fangeinrichtungen

Material	Dicke t (mm) ohne Gefahr des Durchschmelzens, Überhitzung und Entzündung am Fußpunkt des Blitzes	Dicke t' (mm) mit Gefahr des Durchschmelzens, Überhitzung und Entzündung am Fußpunkt des Blitzes
Fe	4	0,5
Cu	5	0,5
Al	7	0,7

Metallbleche, Metallrohre und Behälter können als natürliche Bestandteile der Fangeinrichtung verwendet werden (unabhängig von der Schutzklasse), wenn die Dicke des Metalles nicht kleiner ist als in obiger Tabelle angegeben.

Tabelle 4
Berechnung der Eindringtiefe zur Anordnung mehrerer Fangstangen auf der Basis des Blitzkugelverfahrens gemäß DIN V VDE V 0185-3 (VDE V 0185 Teil 3): 2002-11 Hauptabschnitt 4

Berechnungsformel:

$$p = R - \sqrt{R^2 - \left(\frac{d}{2}\right)^2} \ [m]$$

Schutzklasse	I	II	III	IV
Radius der Blitzkugel R (m) in Abhängigkeit von der Schutzklasse	20	30	45	60
Abstand zwischen den Fangstangen	Eindringtiefe p (m)	Eindringtiefe p (m)	Eindringtiefe p (m)	Eindringtiefe p (m)
2,00	0,03	0,02	0,01	0,01
3,00	0,06	0,04	0,03	0,02
4,00	0,10	0,07	0,04	0,03
5,00	0,16	0,10	0,07	0,05
6,00	0,23	0,15	0,10	0,08
7,00	0,31	0,20	0,14	0,10
8,00	0,40	0,27	0,18	0,13
9,00	0,51	0,34	0,23	0,17
10,00	0,64	0,42	0,28	0,21
15,00	1,46	0,95	0,63	0,47
20,00	2,68	1,72	1,13	0,84

Hinweis: Bei mehreren Fangstangen muss immer die größte Entfernung zwischen den Fangstangen beachtet werden. Die Blitzkugel muss einen Abstand von 0,1 m von dem zu schützenden Objekt einhalten.

Anhang II

Detailskizzen

Die folgenden Skizzen von Dachdetails sind Beispiele für die Arbeitsausführung. Sie sind nicht maßstabsgetreue bildliche Darstellungen der einzelnen Techniken und dienen der Veranschaulichung der textlichen Beschreibung.

Verzeichnis der Abbildungen

Abb. 1:	Ableitung auf der Wand mit Attika als Fangeinrichtung
Abb. 2:	Ableitung unter der Wärmedämmung mit Attika als Fangeinrichtung und Trennstelle
Abb. 3:	Ableitung im Beton/Mauerwerk mit Attika als Fangeinrichtung und Trennstelle
Abb. 4:	Dachdurchdringung
Abb. 5:	Fangleitung auf Dachziegeln/-steinen
Abb. 6:	Fangeinrichtung für einen Motorlüfter
Abb. 7:	Fangeinrichtung für eine Lichtkuppel/RWA
Abb. 8:	Fangeinrichtung für eine Lichtkuppel/RWA mit zwei Fangstangen
Abb. 9:	Verbindung zwischen Wandanschlussprofil und einer Blitzschutzleitung
Abb. 10:	Dachleitungshalter auf Dächern mit Kunststoffbahnen
Abb. 11:	Erder Typ B: Fundamenterder
Abb. 12:	Erder Typ B: Ringerder
Abb. 13:	Erder Typ A: Einzelerder

Abb. 14:	Nutzung der metallenen Außenwandbekleidung als natürliche Ableitung
Abb. 15:	Nutzung der metallenen Unterkonstruktion als natürliche Ableitung
Abb. 16:	Verbindung metallener Fenster mit der metallenen Außenwandbekleidung
Abb. 17:	Typische Unterkonstruktion für eine Außenwandbekleidung
Abb. 18:	Typische Befestigung von Paneelen und Metallkassetten

Übersicht der DIN-Normen Blitzschutz
DIN V VDE V 0185 (VDE V 0185): 2002-11

Teil 1	Allgemeine Grundsätze
Teil 2	Risikomanagement – Abschätzung des Schadensrisikos für bauliche Anlagen
Teil 3	Schutz von baulichen Anlagen
Teil 4	Schutz von elektrischen und elektronischen Systemen in baulichen Anlagen

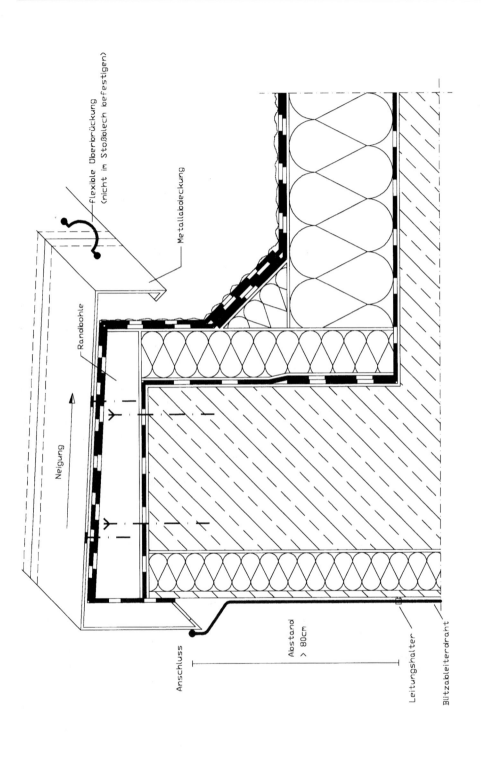

Abb. 1: Ableitung auf der Wand mit Attika als Fangeinrichtung
Bei der Installation der flexiblen Überbrückung ist darauf zu achten, dass das Stoßblech nicht befestigt wird, um Längenausdehnungen zu gewährleisten.

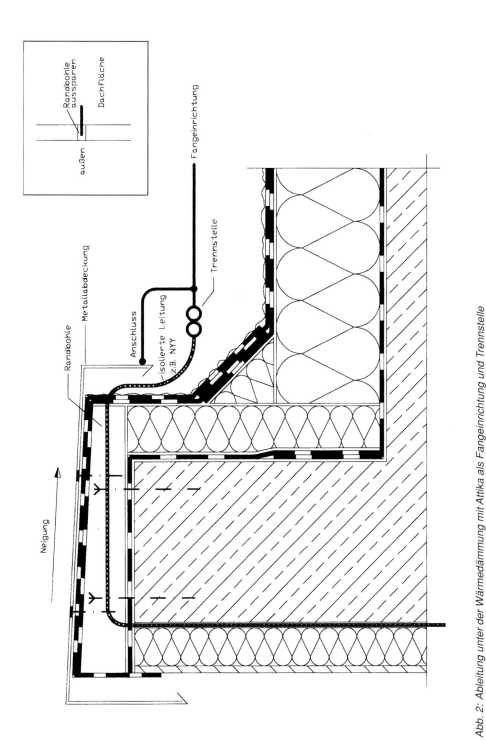

Abb. 2: Ableitung unter der Wärmedämmung mit Attika als Fangeinrichtung und Trennstelle

Bei dieser Ausführungsform ist die Ableitung zwischen Gebäudewand und Wärmedämmung verlegt. Um eine Messung des Äußeren Blitzschutzes durchführen zu können, ist die Ableitung als isolierte Leitung auszuführen. Enge Biegungen sind zu vermeiden.
Die Randbohle muss für die Durchführung der Leitung ausgespart werden.

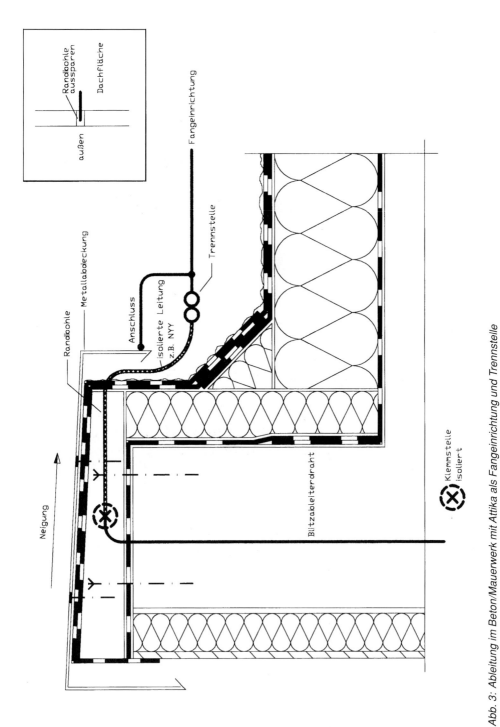

Abb. 3: Ableitung im Beton/Mauerwerk mit Attika als Fangeinrichtung und Trennstelle
Bei dieser Ausführungsform ist die Ableitung im Beton/Mauerwerk hochgeführt.
Um eine Messung des Äußeren Blitzschutzes durchführen zu können, ist die Verbindungsleitung zur Messstelle isoliert auszuführen.

Merkblatt Äußerer Blitzschutz auf Dach und Wand

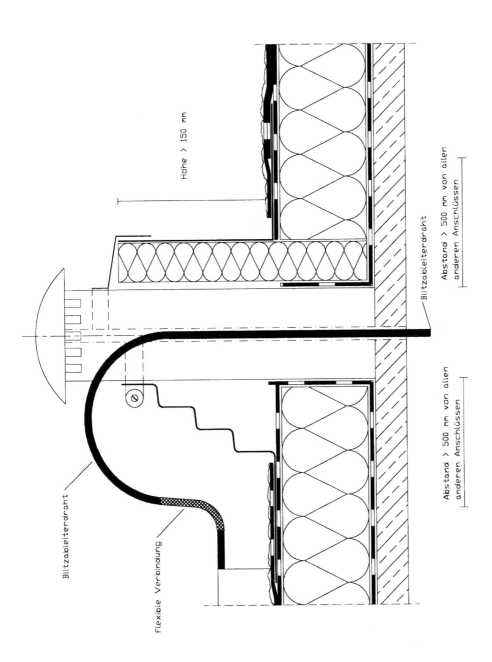

Abb. 4: Dachdurchdringung

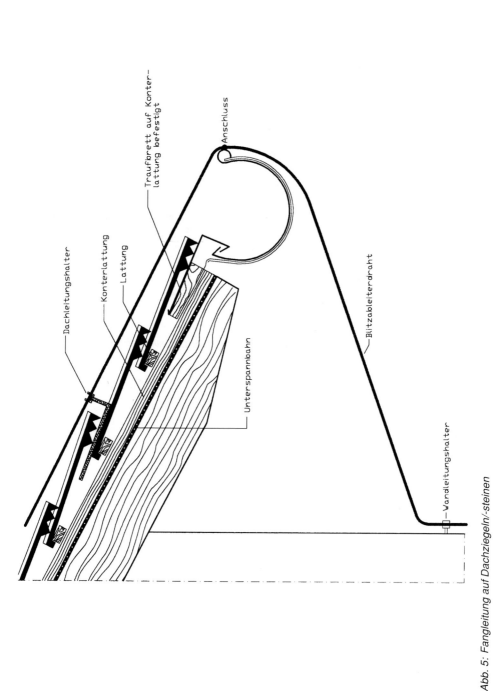

Abb. 5: *Fangleitung auf Dachziegeln/-steinen*

Aufgrund der verschiedenartigsten Dacheindeckungen wird in diesem Bild exemplarisch eine Installationsvariante dargestellt. Der Dachleitungshalter wird entsprechend seiner Konstruktion eingebaut.

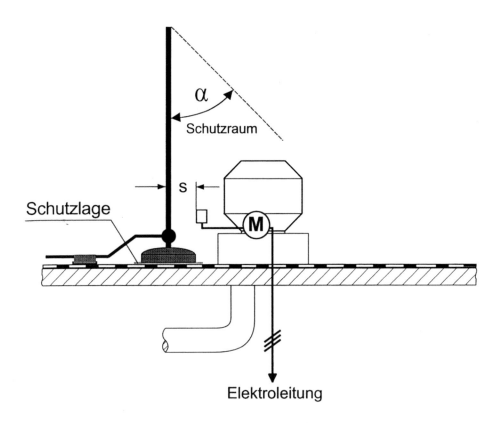

- isolierte Fangeinrichtung: z.B. Fangstange
- kein direkter Anschluss der Fangeinrichtung an Lüftergehäuse
- Leitungsführung mit Abstand

- s Sicherheitsabstand nach Berechnung
- α Schutzwinkel nach Blitz-Schutzklasse

Abb. 6: Fangeinrichtung für einen Motorlüfter

Bei dieser Ausführungsform ist zu beachten, dass auch bei seitlich angeordneten Steuerungselementen der notwendige Sicherheitsabstand eingehalten wird.

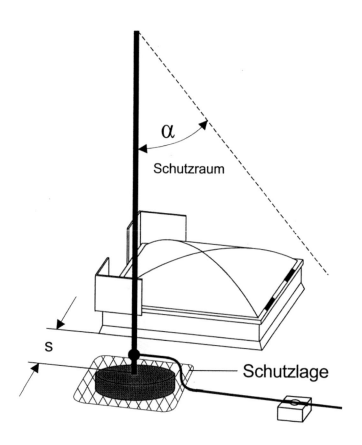

- s Sicherheitsabstand nach Berechnung
- α Schutzwinkel nach Blitz-Schutzklasse

Abb. 7: Fangeinrichtung für eine Lichtkuppel/RWA

Die Fangstangen sind seitlich so anzuordnen, dass durch das Öffnen einer Lichtkuppel oder einer Rauch-Wärme-Abzugsklappe die Fangstangen nicht berührt werden.
Die Höhe der Fangstangen ergibt sich aus der Blitzschutzklasse, sie wird ermittelt bei geschlossener Anlage.

Merkblatt Äußerer Blitzschutz auf Dach und Wand 21

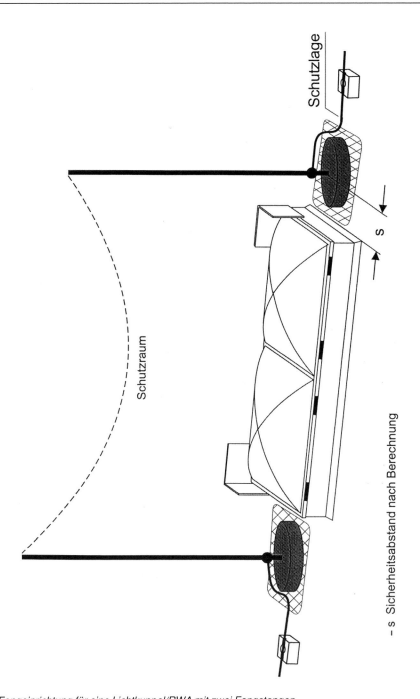

Abb. 8: Fangeinrichtung für eine Lichtkuppel/RWA mit zwei Fangstangen

Die Fangstangen sind seitlich so anzuordnen, dass durch das Öffnen einer Lichtkuppel oder einer Rauch-Wärme-Abzugsklappe die Fangstangen nicht berührt werden.
Die Höhe der Fangstangen ergibt sich aus der Blitzschutzklasse, sie wird ermittelt bei geschlossener Anlage.

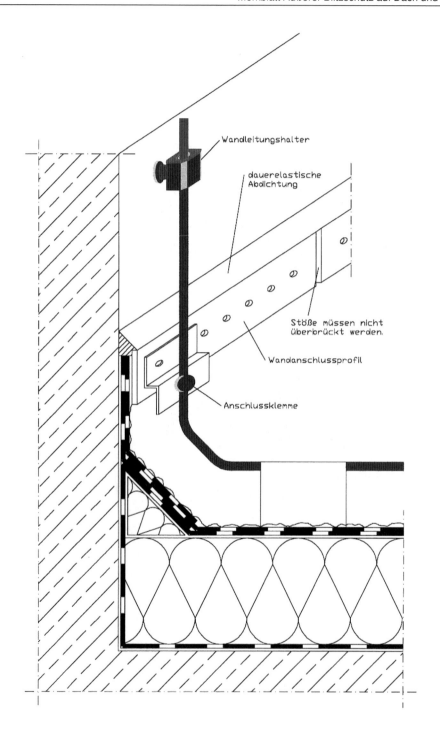

Abb. 9: Verbindung zwischen Wandanschlussprofil und einer Blitzschutzleitung

Merkblatt Äußerer Blitzschutz auf Dach und Wand 23

Abb. 10: Beispiel eines Dachleitungshalters auf Dächern mit Kunststoffbahnen

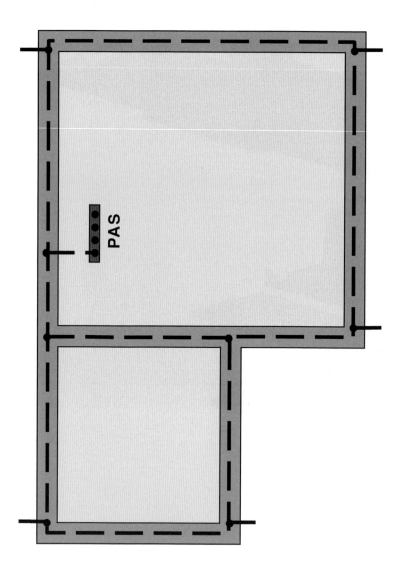

Abb. 11: Erder Typ B: Fundamenterder

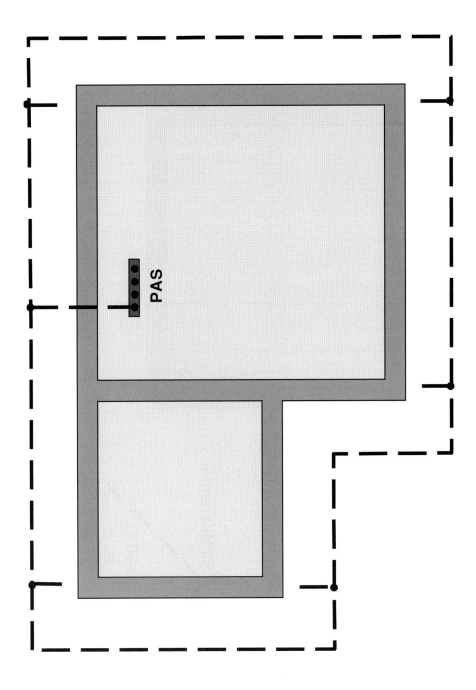

Abb. 12: Erder Typ B: Ringerder

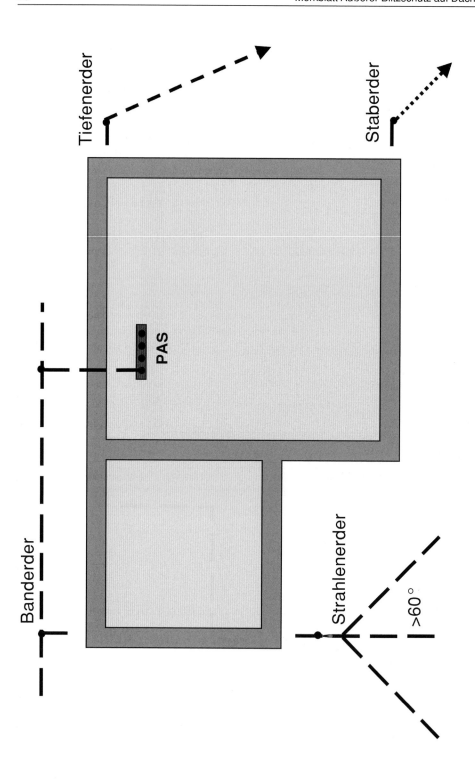

Abb. 13: Erder Typ A: Einzelerder

Merkblatt Äußerer Blitzschutz auf Dach und Wand

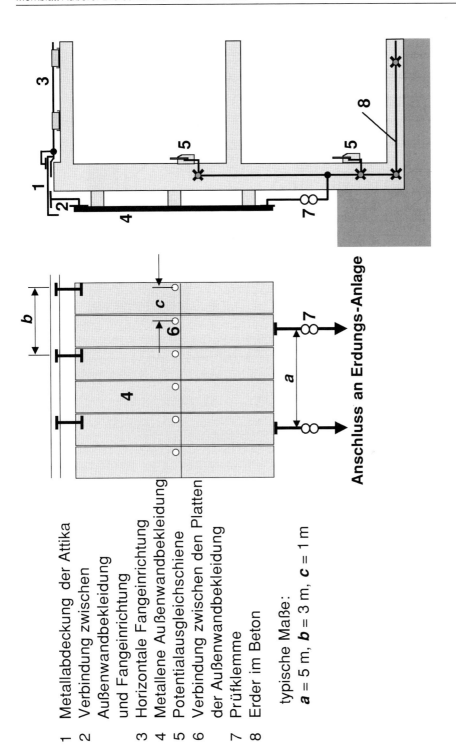

1 Metallabdeckung der Attika
2 Verbindung zwischen Außenwandbekleidung und Fangeinrichtung
3 Horizontale Fangeinrichtung
4 Metallene Außenwandbekleidung
5 Potentialausgleichschiene
6 Verbindung zwischen den Platten der Außenwandbekleidung
7 Prüfklemme
8 Erder im Beton

typische Maße:
$a = 5$ m, $b = 3$ m, $c = 1$ m

Abb. 14: Nutzung der metallenen Außenwandbekleidung als natürliche Ableitung

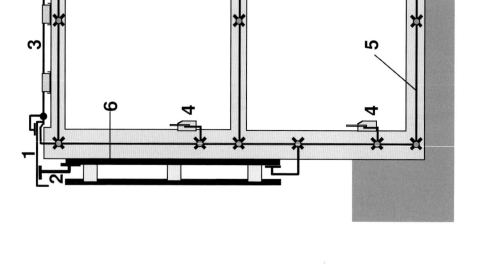

1 Metallabdeckung der Attika
2 Verbindung zwischen Unterkonstruktion und Fangeinrichtung
3 Horizontale Fangeinrichtung
4 Potentialausgleichschiene
5 Erder im Beton
6 leitfähige Unterkonstruktion

Abb. 15: Nutzung der metallenen Unterkonstruktion als natürliche Ableitung

Merkblatt Äußerer Blitzschutz auf Dach und Wand 29

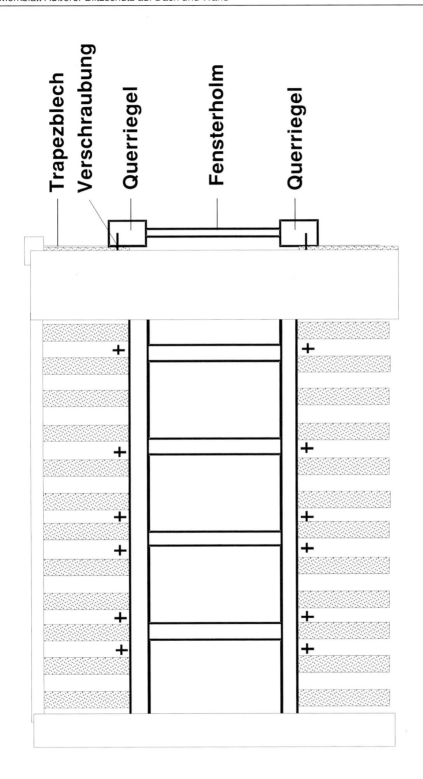

Abb. 16: Verbindung metallener Fenster mit der metallenen Außenwandbekleidung

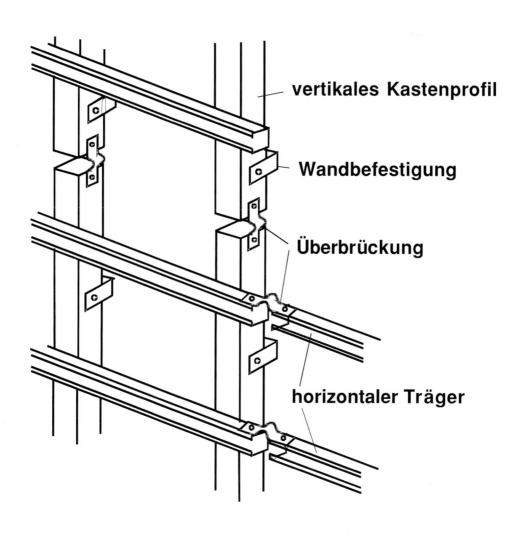

Abb. 17: Typische Unterkonstruktion für eine Außenwandbekleidung

Merkblatt Äußerer Blitzschutz auf Dach und Wand

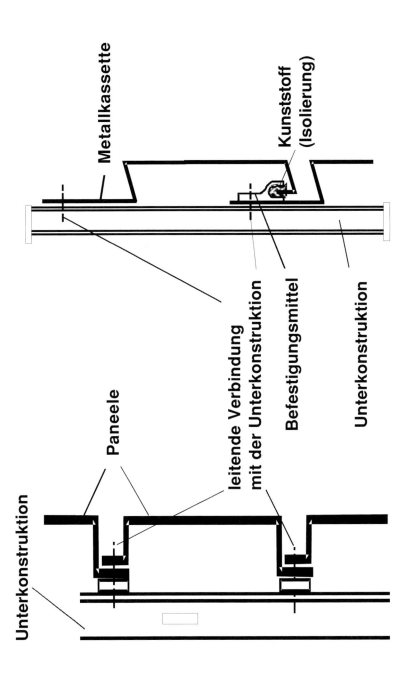

Abb. 18: Typische Befestigung von Paneelen und Metallkassetten

Deutsches Dachdeckerhandwerk
– Regelwerk –

Merkblatt
Solartechnik
für Dach und Wand

Aufgestellt und herausgegeben vom

**Zentralverband
des Deutschen Dachdeckerhandwerks
– Fachverband Dach-, Wand- und Abdichtungstechnik – e.V.**

Ausgabe Juni 2001

Vorgänger:

keine

© Alle Rechte bei der D + W-Service GmbH für Management, PR und Messewesen, Köln 2001
Nachdruck und Vervielfältigung, auch auszugsweise, nur mit Genehmigung der D + W-Service GmbH und des Verlages gestattet.
Verlag: Verlagsgesellschaft Rudolf Müller GmbH & Co. KG, Stolberger Str. 84, 50933 Köln
Druck: Druckerei Engelhardt GmbH, Neunkirchen

Inhaltsverzeichnis

1	**Allgemeines**	4
1.1	Geltungsbereich	4
1.2	Begriffe	4
1.3	Planungshinweise	4
2	**Werkstoffe und Anforderungen**	4
3	**System- und Funktionsprinzip von Solaranlagen**	4
3.1	Allgemeines	4
3.2	Solarthermie-Anlagen	4
3.3	Photovoltaik-Anlagen	5
4	**Ausführung**	5
4.1	Allgemeines	5
4.2	Solaranlagen bei Dachdeckungen	5
4.2.1	Dachaufständerung bei Dachdeckungen	5
4.2.2	Dachintegration bei Dachdeckungen	5
4.2.3	Solardach – Solardachdeckung	5
4.3	Solaranlagen bei Dachabdichtungen	5
4.3.1	Dachaufständerung bei Dachabdichtungen	5
4.3.2	Dachintegration bei Dachabdichtungen	6
4.4	Solaranlagen bei Außenwandbekleidungen	6
4.4.1	Allgemeines	
4.4.2	Solaranlagen vor der Außenwandbekleidung	6
4.4.3	In die Außenwandbekleidung integrierte Solaranlagen	6
4.4.4	Solaraußenwand	6
5	**Pflege und Wartung**	6

Anhang I	8
Grundsätze für die Dimensionierung und die Planung einer Solaranlage	8
Anhang II	14
Detailskizzen	14
Verzeichnis der Abbildungen	14

1 Allgemeines

1.1 Geltungsbereich

(1) Dieses Merkblatt gilt für die Planung und die Ausführung von Solartechnik im Einbaubereich der Dachdeckung, Dachabdichtung und Außenwandbekleidung.

(2) Dieses Merkblatt gilt für die Solartechnik in und über der Dachfläche sowie in und vor der Außenwandbekleidung.

(3) Dieses Merkblatt gibt im Anhang I Grundsätze für die Dimensionierung und die Planung der Solaranlage.

1.2 Begriffe

(1) Solartechnik ist die Technik, die aus der Umwelt entnommene, überleitete, direkt genutzte oder im Speicher gesammelte Energie aus Sonnenstrahlung nutzbar macht. Es wird unterschieden in Solarthermie und Photovoltaik.

(2) Solarthermie ist die Übertragung der Wärme aus der Sonnenenergie auf ein geschlossenes System (siehe Abb. 1.1).

(3) Photovoltaik ist die Wandlung von Sonnenstrahlung in Elektrizität (siehe Abb. 1.2).

(4) Eine Solaranlage ist ein System, das die Umsetzung von regenerativen Energien ermöglicht.

(5) Energiegewinnungsflächen aus Absorbern (Kollektoren) oder Solarzellen (Modulen) dienen zur Aufnahme und Umwandlung von regenerativen Energien aus der Umwelt.

(6) Ein Solardach ist eine Dachfläche mit einer Energiegewinnungsfläche als Deck- oder Dachabdichtungswerkstoff.

(7) Eine Solaraußenwand ist eine Außenwand mit einer Energiegewinnungsfläche als Außenwandbekleidung.

(8) Globalstrahlung ist die gesamte Sonnenstrahlung, die auf der Erdoberfläche auftrifft.

1.3 Planungshinweise

(1) Die Solaranlage muss einschließlich aller funktionsbedingten Anlagenteile bei der Planung festgelegt werden. Dies beinhaltet auch eine Koordinierung der Ausführung der einzelnen Anlagenteile. Ausführung, Reihenfolge und Detaillösungen müssen aufeinander abgestimmt werden.

(2) Die Energiegewinnungsflächen sollten sowohl von der Himmelsrichtung als auch vom Neigungswinkel her optimal zur Sonne stehen. Abschattungen sind zu vermeiden (siehe Abb. 1.3).

(3) Im Neubaubereich sind die erforderlichen Energiegewinnungsflächen bei Dach und Wand in Bezug auf die gesamte Planung zu gestalten.

(4) Bei nachträglichem Ein- bzw. Aufbau einer Solaranlage in, über oder vor die bestehende Dach- bzw. Wandfläche sind die Anforderungen der Dachdeckung, Dachabdichtung oder Außenwandbekleidung zu berücksichtigen. Insbesondere müssen der Wärmeschutz, die Standsicherheit und das Alterungsverhalten geprüft werden.

(5) Die Lüftungsebene unterhalb der Dachdeckung und hinter der Wandbekleidung darf durch den Einbau einer Energiegewinnungsfläche nicht auf ein unzulässiges Maß eingeschränkt werden.

(6) Bei der Integration von Solarmodulen in die Dachdeckung, Dachabdichtung oder Außenwandbekleidung ist eine Hinterlüftung der Module nach Angaben des Herstellers einzuhalten.

(7) Energiegewinnungsflächen müssen windsogsicher befestigt bzw. verankert werden.

2 Werkstoffe und Anforderungen

(1) Kollektoren und Module einer Solaranlage müssen eine Bauartzulassung besitzen.

(2) Alle Teile einer Solaranlage müssen aufeinander abgestimmt und die Werkstoffe untereinander verträglich sein.

3 System- und Funktionsprinzip von Solaranlagen

3.1 Allgemeines

(1) Bei aufgeständerten Energiegewinnungsflächen werden Anlagenteile verwendet, die eine ausreichende Trag- und Zugfestigkeit haben müssen. Die Trag- und Zugfestigkeit der aufgeständerten Energiegewinnungsflächen muss unter Berücksichtigung der DIN 1055 nachgewiesen werden (z. B. Befestigung, Auflast).

(2) Bei integrierten Energiegewinnungsflächen werden Anlagenteile verwendet, die als Einbauteile in Dachdeckungen, Dachabdichtungen oder Außenwandbekleidungen eingebaut werden.

3.2 Solarthermie-Anlagen

(1) Die Solarthermie-Anlage besteht üblicherweise aus:
- Absorber (Kollektor),
- Kreislauf zur Abführung der Wärme,
- Wärmetauscher,
- Regeltechnik,
- Speicherung.

(2) Ein Absorber nimmt die Wärme aus der Sonnenenergie auf und überträgt diese auf einen Wärmeträger.

(3) Der Wärmetransport erfolgt über den Wärmeträger mechanisch oder durch Schwerkraft vom Absorber zum Solarspeicher und wird durch eine Regelung gesteuert.

(4) Bei Direktverbrauch aus einer Solarthermie-Anlage können der Speicher und der Wärmetauscher entfallen.

(5) Der Kollektor sollte einen Blitzschutz erhalten. Besteht eine Blitzschutzanlage, muss er angeschlossen werden. Ein Potentialausgleich der Solarthermie-Anlage ist herzustellen.

3.3 Photovoltaik-Anlagen

(1) Die Photovoltaik-Anlage besteht üblicherweise aus:
- Solarzelle (Modul),
- Ableitung,
- Regler (Wechselrichter),
- Speicherung,
- Netzeinspeisung.

(2) Die Energiegewinnungsfläche einer Photovoltaik-Anlage besteht aus Solarmodulen, die sich aus einzelnen Solarzellen zusammensetzen. Solarzellen können z. B. bestehen aus monokristallinem Silizium, multikristallinem Silizium oder auch amorphem Silizium.

(3) Der gewonnene Strom wird mit einem abgestimmten Solarkabel zur Schnittstelle der elektrotechnischen Anlage geführt.

(4) Die Photovoltaik-Anlage sollte einen Blitzschutz erhalten. Besteht eine Blitzschutzanlage, muss er angeschlossen werden. Ein Potentialausgleich der Photovoltaik-Anlage ist herzustellen.

4 Ausführung

4.1 Allgemeines

(1) Der Anschluss von Durchdringungen, z. B. Verkabelung, Verrohrung, an das Schichtenpaket ist mit entsprechend vorgefertigten Formteilen oder handwerklich hergestellten Einfassungen auszuführen. Dabei müssen diese auf die Dachdeckung, Dachabdichtung oder Außenwandbekleidung entsprechend den jeweiligen Regelwerksteilen des deutschen Dachdeckerhandwerks angeschlossen werden.

(2) Die Anschlusshöhen und Anschlussbreiten der „Fachregel für Metallarbeiten im Dachdeckerhandwerk" sind einzuhalten.

4.2 Solaranlagen bei Dachdeckungen

4.2.1 Dachaufständerung bei Dachdeckungen

(1) Die Aufständerung dient der Aufnahme der Energiegewinnungsfläche. Sie besteht aus vorgefertigten Elementen, die auftretende Kräfte (Eigengewicht, Wind, Schnee usw.) auf die Unterkonstruktion übertragen.

(2) Für die Aufständerung einer Energiegewinnungsfläche sind verschiedene Systeme möglich, z. B. Schienen- und Trägerelemente aus verschiedenen Werkstoffen, die mindestens feuerverzinkt sind. Die Verschraubungen sind mit nicht rostenden Metallen auszuführen.

(3) Die Aufständerungselemente sind auf die jeweilige Dachdeckung, die Dachneigung und auf die örtlichen Gegebenheiten abzustimmen.

(4) Bei aufgeständerten Energiegewinnungsflächen muss die Funktionsfähigkeit der darunter liegenden Deckung gewährleistet sein. Der Mindestabstand zwischen Oberkante Dachdeckung und Unterseite Element darf 60 mm nicht unterschreiten.

(5) Die Demontage der Energiegewinnungsflächen ist notwendig
- bei Reparaturen an der Dachdeckung,
- bei groben Verschmutzungen

unter der aufgeständerten Energiegewinnungsfläche.

4.2.2 Dachintegration bei Dachdeckungen

(1) Integrierte Energiegewinnungsflächen werden wie Einbauteile in die Dachdeckung eingebaut und sind regensicher an diese anzuschließen. Sie bestehen aus:
- Solarelementen,
- Eindeckrahmen,
- Abdeckungen.

(2) Bei der Wahl der Eindeckrahmen ist die Verträglichkeit der Werkstoffe untereinander zu beachten (siehe „Fachregel für Metallarbeiten im Dachdeckerhandwerk").

4.2.3 Solardach – Solardachdeckung

(1) Bei dem Solardach übernehmen die Energiegewinnungsflächen die Funktion der Dachdeckung.

(2) Bei der Solardachdeckung sind die Energiegewinnungsflächen auf den Deckwerkstoff abgestimmte und/oder integrierte Module, die als System mit den Deckwerkstoffen eingedeckt werden.

4.3 Solaranlagen bei Dachabdichtungen

4.3.1 Dachaufständerung bei Dachabdichtungen

(1) Die Energiegewinnungsflächen können auf bauseits vorhandenen und in die Dachabdichtung eingebundenen Sockeln oder Stützen angebracht werden.

(2) Außerdem können sie auch freistehend auf lastverteilende Unterlagen aufgestellt werden. Diese Unterlagen können z. B. Wannen sein, die mit Auflast (z. B. Kies oder Plattenbelag) beschwert werden. Hierbei sind erforderliche Schutzmaßnahmen für Dachabdichtungen (siehe „Fachregel für Dächer mit Abdichtungen") unter den lastverteilenden Unterlagen vorzusehen. Die statische Belastbarkeit der Tragkonstruktion und des Dachaufbaus (Druckfestigkeit der Wärmedämmung u. a.) ist zu beachten.

(3) Die Aufständerung dient der Aufnahme, Ausrichtung und Neigungsgebung der Solaranlage. Somit können diese auch optimiert nachgeführt werden.

(4) Bei aufgeständerten Energiegewinnungsflächen muss die Funktionsfähigkeit der darunter liegenden Dachabdichtung gewährleistet sein. Ein Anstauen von Niederschlagswasser ist zu vermeiden.

(5) Die Demontage der Energiegewinnungsflächen ist notwendig

– bei Reparaturen oder Sanierungen an der Dachabdichtung,

– bei groben Verschmutzungen

unter der aufgeständerten Energiegewinnungsfläche.

4.3.2 Dachintegration bei Dachabdichtungen

(1) Integrierte Energiegewinnungsflächen werden wie Einbauteile, z. B. Lichtkuppeln, in die Dachabdichtung eingebaut und sind wasserdicht an diese anzuschließen. Sie bestehen aus:

– Solarelementen/-schalen,

– Aufsatzkranz.

(2) Bei der Wahl der Aufsatzkränze ist die Verträglichkeit der Werkstoffe untereinander zu beachten (siehe „Fachregel für Dächer mit Abdichtungen").

(3) Integrierte Energiegewinnungsflächen können auch auf die Dachabdichtungswerkstoffe abgestimmte und/oder integrierte Module sein, die als System mit den Dachabdichtungswerkstoffen verlegt werden.

4.4 Solaranlagen bei Außenwandbekleidungen

4.4.1 Allgemeines

Solaranlagen bei Außenwandbekleidungen werden nach statischem Nachweis mit systembedingten, nicht rostenden Befestigungen an der tragenden Unterkonstruktion befestigt bzw. verankert und eingebaut.

4.4.2 Solaranlagen vor der Außenwandbekleidung

(1) Die Energiegewinnungsflächen werden vor der Außenwandbekleidung an Halterungen oder Konsolen befestigt, die die Bekleidung durchdringen.

(2) Die Ausrichtung der Energiegewinnungsflächen kann durch neigungsgerechte Halterungen oder Konsolen optimiert werden.

(3) Bei Solaranlagen vor der Außenwandbekleidung muss die Funktionsfähigkeit der darunter liegenden Bekleidung gewährleistet sein. Der Mindestabstand zwischen Oberkante Bekleidung und Unterseite Element von 60 mm darf nicht unterschritten werden.

(4) Die Demontage der Energiegewinnungsflächen ist üblicherweise notwendig

– bei Reparaturen oder Sanierungen an der Außenwandbekleidung,

– bei groben Verschmutzungen

hinter der vorgehängten Energiegewinnungsfläche.

4.4.3 In die Außenwandbekleidung integrierte Solaranlagen

(1) Integrierte Energiegewinnungsflächen werden wie Einbauteile systemgerecht auf die Außenwandbekleidung abgestimmt und eingedeckt.

(2) In die Außenwandbekleidung integrierte Solaranlagen bestehen aus:

– Solarelementen,

– Anschlussrahmen,

– Abdeckungen.

(3) Bei der Wahl der Anschlussrahmen ist die Verträglichkeit der Werkstoffe untereinander zu beachten (siehe „Fachregel für Metallarbeiten im Dachdeckerhandwerk").

4.4.4 Solaraußenwand

(1) Bei der Solaraußenwand übernehmen die Energiegewinnungsflächen die Funktion der Außenwandbekleidung.

(2) Die Energiegewinnungsflächen können auf den Bekleidungswerkstoff abgestimmte und/oder integrierte Module sein, die als System mit dem Bekleidungswerkstoff eingedeckt werden.

5 Pflege und Wartung

(1) Dach- und Wandflächen mit Solaranlagen sollten regelmäßig inspiziert werden. Hierfür wird der Abschluss eines Inspektions- oder Wartungsvertrages empfohlen. Rechtzeitige Pflege kann die Energiegewinnung erhalten, die Nutzungsdauer verlängern und vor Schäden bewahren.

(2) Für die Pflege und Wartung sind die Unfallverhütungs-Vorschriften der Bauberufsgenossenschaften zu beachten.

(3) Für Pflege und Wartung sind
- Laufstege,
- Trittflächen,
- Einzeltritte,
- Sicherheitsdachhaken,
- Anschlagspunkte,
- Arbeitsschutzgerüste

erforderlich. Einbauteile sind auf die jeweilige Dach- oder Wandfläche abzustimmen.

Anhang I

Grundsätze für die Dimensionierung und die Planung einer Solaranlage

In die Dimensionierung und die Planung einer Solaranlage fließen folgende Einflüsse ein:
- Lage des Objektes (siehe Abb. 1.1),
- Dachneigung und Ausrichtung (siehe Abb. 1.2 und Abb. 1.3),
- Verbrauch (siehe Abb. 1.4),
- Bemessungsfläche von Kollektoren (siehe Abb. 1.5).

Für die Einflussgrößen sind in den folgenden Abbildungen Abhängigkeiten beispielhaft angegeben. Eine Solaranlage muss immer objektbezogen dimensioniert und geplant werden.

Sonnenscheinzone	Durchschnittliche jährliche Sonnenscheindauer in h	Durchschnittliche jährliche Globalstrahlung in kWh/m²
I	< 1500	ca. 920
II	1500 - 1700	ca. 1030
III	1700 - 1900	ca. 1150

Abb. 1.1
Durchschnittliche Sonnenstunden und Globalstrahlung pro Jahr

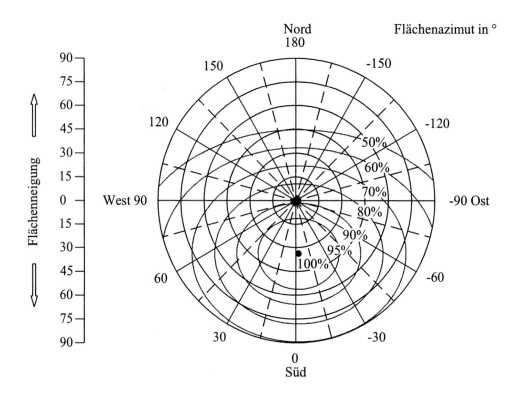

Abb. 1.2
Einfluss der Dachneigung und der Himmelsrichtung auf die Ausnutzung der eingestrahlten Sonnenenergie im Sommer

Merkblatt Solartechnik für Dach und Wand

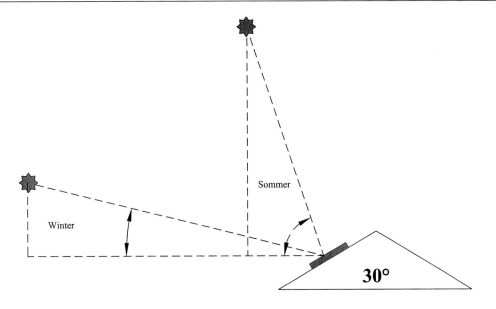

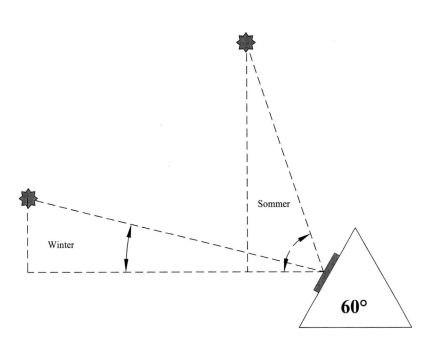

Abb. 1.3
Optimale Dachneigung abhängig vom Sonnenstand

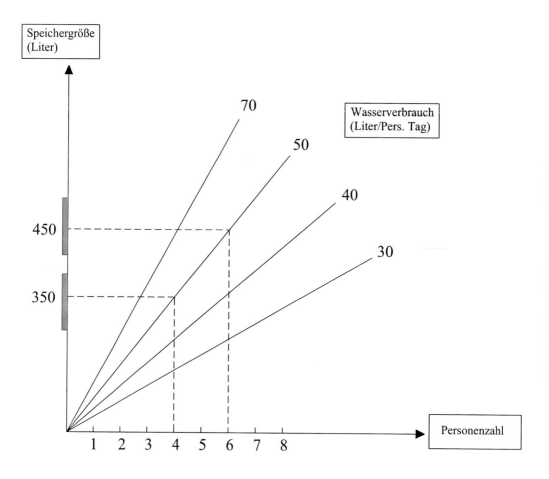

Abb. 1.4
Abhängigkeit der Speichergröße von Personenzahl und Verbrauch

Merkblatt Solartechnik für Dach und Wand 13

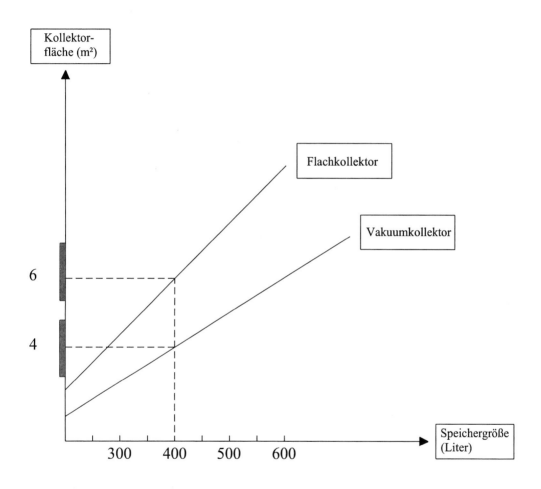

Abb. 1.5
Notwendige Kollektorfläche in Abhängigkeit von der vorhandenen Speichergröße (Beispiel)

Anhang II

Detailskizzen

Die folgenden Skizzen von Dachdetails sind Beispiele für die Arbeitsausführung.

Sie sind nicht maßstabsgetreue bildliche Darstellungen der einzelnen Techniken und dienen der Veranschaulichung der textlichen Beschreibung.

Verzeichnis der Abbildungen:

Abb. 2.1	Solarthermie-System
Abb. 2.2	Photovoltaik-System
Abb. 2.3	Dachaufständerung bei Dachdeckungen
Abb. 2.4	Dachintegration bei Dachdeckungen
Abb. 2.5	Solardachdeckung
Abb. 2.6	Dachaufständerung bei Dachabdichtungen

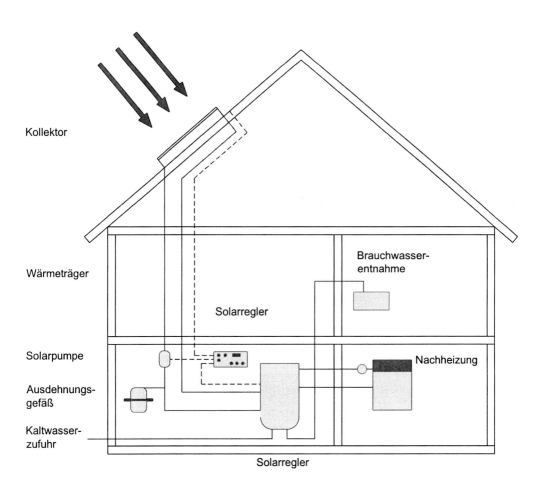

Abb. 2.1
Solarthermie-System

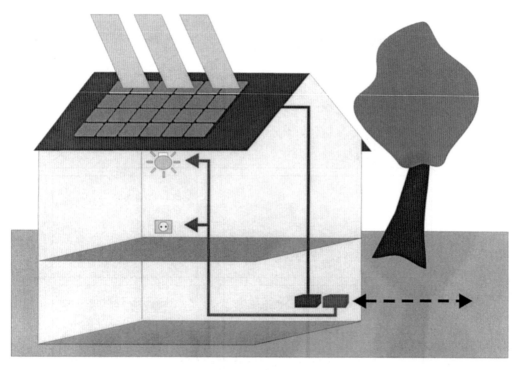

- Solargenerator
- Gleichstrom-Huaptrichtung
- Wechselrichter
- Stromkreisverteiler und Zähler
- Verbraucherstromkreis (Wechselstrom)
- Einspeisung in das öffentliche Netz/ Bezug aus dem öffentlichen Netz

Vom Solargenerator fleißt der Strom über den Wechselrichter, der aus Gleichstrom Wechselstrom macht, in den Stromkreis des Hauses

Abb. 2.2
Photovoltaik-System

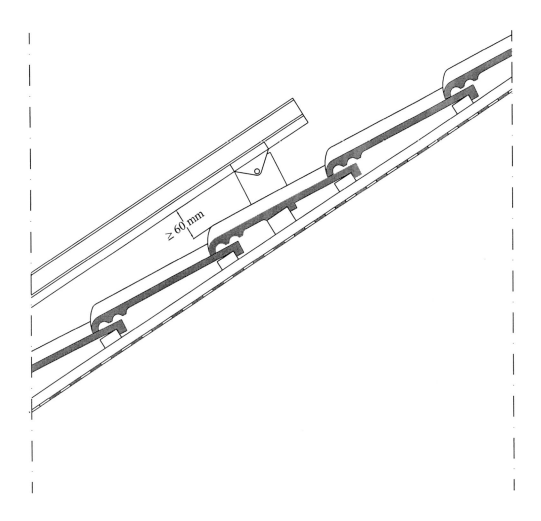

Abb. 2.3
Dachaufständerung bei Dachdeckungen

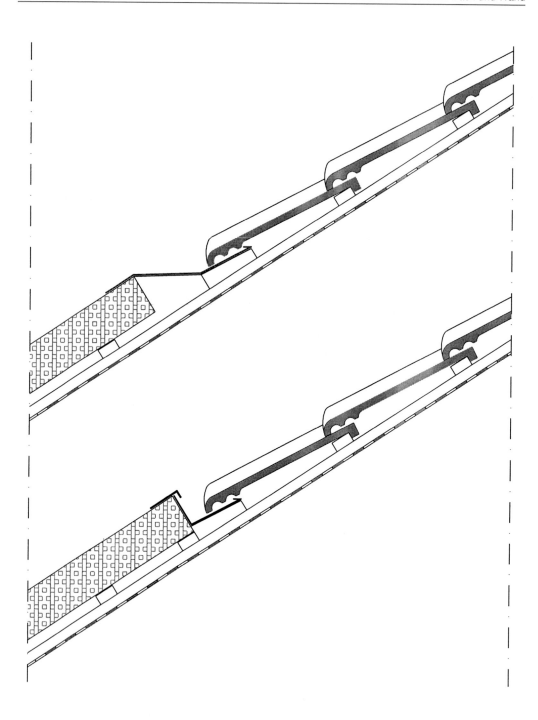

Abb. 2.4
Dachintegration bei Dachdeckungen

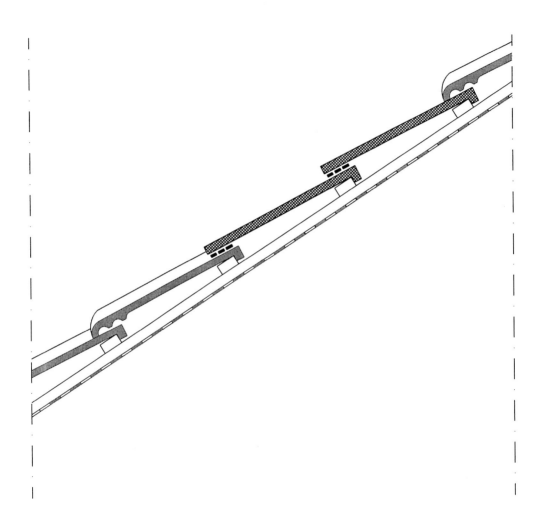

Abb. 2.5
Solardachdeckung

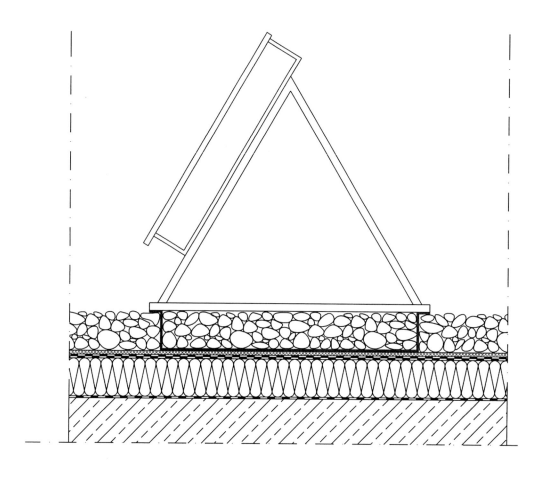

Abb. 2.6
Dachaufständerungen bei Dachabdichtungen

Deutsches Dachdeckerhandwerk
– Regelwerk –

Produktdatenblatt für Dampfsperrbahnen

Aufgestellt und herausgegeben vom

**Zentralverband
des Deutschen Dachdeckerhandwerks
– Fachverband Dach-, Wand- und Abdichtungstechnik – e. V.**

Ausgabe September 2001

 Rudolf Müller

Vorgänger:

keine

© Alle Rechte bei der D + W-Service GmbH für Management, PR und Messewesen, Köln 2001
Nachdruck und Vervielfältigung, auch auszugsweise, nur mit Genehmigung der D + W-Service GmbH und des Verlages gestattet.
Verlag: Verlagsgesellschaft Rudolf Müller GmbH & Co. KG, Stolberger Str. 84, 50933 Köln
Druck: Druckerei Engelhardt GmbH, Neunkirchen

(1) Dampfsperrbahnen sind industriell hergestellte, flexible Bahnen, die in Rollen gebrauchsfertig geliefert werden und zur Verminderung oder Verhinderung von Wasserdampfwanderung eingesetzt werden.

(2) Als Dampfsperrbahnen sind z. B. geeignet:
– Bitumendampfsperrbahnen,
– Dachabdichtungsbahnen aus Bitumen,
– Kunststoffdampfsperrbahnen,
– Dachabdichtungsbahnen aus Kunststoff,
– Verbundfolien.

(3) Der Diffusionswiderstand s_d der Bahnen muss bekannt bzw. aus allgemeinen Bemessungsnormen für die Diffusionswiderstandszahl µ, z. B. DIN 4108-4, über $s_d = s_d \cdot \mu$ errechenbar sein oder vom Hersteller angegeben werden. Die Herstellerangabe soll auf einem Prüfzeugnis einer anerkannten Prüfstelle basieren. Die Ermittlung soll aufgrund eines anerkannten Prüfverfahrens erfolgen.

(4) Alle genormten Bitumenbahnen, die den Anforderungen des Produktdatenblattes für Bitumenbahnen entsprechen, sind als Dampfsperrbahnen geeignet.

(5) Alle genormten Kunststoff- und Elastomerbahnen, die den Anforderungen des Produktdatenblattes für Kunststoff- und Elastomerbahnen entsprechen, sind als Dampfsperrbahnen geeignet.

(6) Spezielle Dampfsperrbahnen dürfen nicht mit dem Übereinstimmungszeichen gekennzeichnet werden. Dampfsperrbahnen entsprechend (4) und (5) müssen mit einem Übereinstimmungszeichen entsprechend der Bauregelliste A, Teil 1, gekennzeichnet werden.

(7) Für nicht genormte Dampfsperrbahnen muss ein Prüfzeugnis einer amtlich anerkannten Prüfstelle über das Brandverhalten (mindestens B2 nach DIN 4102) vorliegen.

Deutsches Dachdeckerhandwerk
– Regelwerk –

Produktdatenblatt für Wärmedämmstoffe

Aufgestellt und herausgegeben vom

**Zentralverband des Deutschen Dachdeckerhandwerks
– Fachverband Dach-, Wand- und Abdichtungstechnik – e. V.**

Ausgabe März 2004

 Rudolf Müller

Vorgänger:

Produktdatenblatt für Wärmedämmstoffe   September 2001

Änderungen:

Das Produktdatenblatt für Wärmedämmstoffe wurde aufgrund der erforderlichen CE-Kennzeichnung komplett überarbeitet.

© Alle Rechte bei der D + W-Service GmbH für Management, PR und Messewesen, Köln 2004
Nachdruck und Vervielfältigung, auch auszugsweise, nur mit Genehmigung der D + W-Service GmbH und des Verlages gestattet.
Verlag: Verlagsgesellschaft Rudolf Müller GmbH & Co. KG, Stolberger Str. 84, 50933 Köln
Druck: Druckerei Engelhardt GmbH, Neunkirchen

(1) Wärmedämmstoffe im Sinne dieses Produktdatenblattes sind werkmäßig hergestellte, kaschierte oder unkaschierte, beschichtete oder unbeschichtete Produkte für die Wärmedämmung von Gebäuden. Die Produkte werden in Form von Platten, Rollen (Mineralwolle, expandiertes Polystyrol, Holzfasern), Bahnen (Mineralwolle) oder Matten (Holzfasern) hergestellt. Für Ortschäume, Schüttdämmstoffe oder lose Dämmstoffe gilt dieses Produktdatenblatt nicht.

(2) Wärmedämmstoffe nach diesem Produktdatenblatt müssen mit einer CE-Kennzeichnung entsprechend der harmonisierten Normen gekennzeichnet werden. Eine Erstprüfung einer zugelassenen Prüfstelle und werkseigene Produktionskontrollen in Übereinstimmung mit der betreffenden Produktnorm sind vorgeschrieben.

(3) Wärmedämmstoffe mit CE-Kennzeichnung müssen den anwendungsbezogenen Anforderungen nach DIN V 4108-10, die in Tabelle 4 dieses Produktdatenblattes aufgeführt sind, entsprechen.

(4) Für einige Dämmstofftypen sind von den Herstellern zusätzliche Qualitätskriterien entwickelt worden, die durch eine Fremdüberwachung die Einhaltung wesentlicher Anforderungen nach DIN V 4108-10 zusichern bzw. darüber hinausgehen. Wärmedämmstoffe sollen diesen Kriterien entsprechen.

(5) Für nicht genormte Wärmedämmstoffe muss eine Europäische Technische Zulassung ETA, eine Zulassung des DIBt oder eine Zustimmung im Einzelfall vorliegen und der nicht genormte Wärmedämmstoff soll zu einer Dämmstoffgruppe zugeordnet werden können.

(6) Genormte Wärmedämmstoffe sind mit ihren Bezeichnungen und den Normen in Tabelle 1 dieses Produktdatenblattes aufgeführt.

(7) In Tabelle 2 dieses Produktdatenblattes sind die Anwendungsgebiete mit ihren Kurzzeichen und Anwendungsbeispielen genannt.

(8) In Abbildung 2 dieses Produktdatenblattes sind Piktogramme aufgeführt, in der die Anwendungstypen abgebildet sind. Wenn für die Kennzeichnung von Wärmedämmstoffen Piktogramme verwendet werden, müssen diese Piktogramme verwendet werden.

(9) Die Anwendungstypen werden in Tabelle 3 dieses Produktdatenblattes hinsichtlich ihrer Eigenschaften weiter differenziert.

(10) Bei genormten Wärmedämmstoffen ist der Nennwert der Wärmeleitfähigkeit λ_D oder der Nennwert des Wärmedurchlasswiderstandes R_D anzugeben. Dieser Nennwert repräsentiert 90 % der Produktion mit einer Annahmewahrscheinlichkeit von 90 %. Diese Produkte entsprechen der Kategorie I in Tabelle 5 dieses Produktdatenblattes. Der Bemessungswert der Wärmeleitfähigkeit bzw. des Wärmedurchlasswiderstandes ergibt sich zu

$$\lambda = 1{,}2 * \lambda_D \text{ bzw.}$$
$$R = R_D / 1{,}2.$$

Das Produkt ist bezüglich des Wärmedämmverhaltens nur mit einem CE-Zeichen gekennzeichnet.

(11) In einer technischen Spezifikation kann der Grenzwert der Wärmeleitfähigkeit λ_{grenz} angegeben sein. Der Grenzwert der Wärmeleitfähigkeit λ_{grenz} entspricht dem schlechtesten gemessenen λ-Wert über alle bei den Prüfungen gemessenen Werte. Diese Produkte entsprechen der Kategorie II in Tabelle 5. Der Bemessungswert der Wärmeleitzahl ergibt sich zu

$$\lambda = 1{,}05 * \lambda_{grenz}$$

Eine technische Spezifikation ist beispielsweise eine bauaufsichtliche Zulassung. Dann trägt das Produkt bezüglich des Wärmedämmverhaltens zusätzlich zur CE-Kennzeichnung ein Ü-Zeichen einschließlich der Nummer des Zulassungsbescheides. In einer bauaufsichtlichen Zulassung kann in dem Übereinstimmungszertifikat zusätzlich zu dem Grenzwert λ_{grenz} bereits der Bemessungswert λ genannt sein, der dann direkt für wärmetechnische Berechnungen herangezogen werden kann.

(12) Bei Wärmedämmstoffen nach (9) oder (10) oder bei nicht genormten Wärmedämmstoffen nach (5) können λ_D bzw. R_D, λ_{grenz} oder der Bemessungswert λ angegeben sein. Die Berechnung des tatsächlichen U-Wertes eines Bauteils erfolgt stets mit dem Bemessungswert der Wärmeleitfähigkeit λ bzw. des Bemessungswertes des Wärmedurchlasswiderstandes R des Wärmedämmstoffes unter Berücksichtigung der Übergangswiderstände und ggf. weiterer vorhandener Schichten im Bauteil.

(13) Wärmedämmstoffe, die nach DIN V 4108-10 verwendet werden, müssen in ihrem Brandverhalten mindestens der Klasse E nach DIN EN 13501-1 entsprechen. Für den Nachweis des Brandverhaltens gelten die Bestimmungen der vom DIBt herausgegebenen Baurgellisten. Da die harmonisierten Normen noch keine vollständigen Festlegungen für die Prüfung des Brandverhaltens enthalten, ist das Brandverhalten deshalb bis auf Weiteres mit Ausnahme der Klasse A1 noch nicht harmonisiert und ist im Rahmen einer bauaufsichtlichen Zulassung festzulegen. Die Wärmedämmstoffe tragen zur Zeit zusätzlich zur CE-Kennzeichnung bezüglich des Brandverhaltens noch ein Ü-Zeichen.

(14) Wärmedämmstoffe müssen entweder auf dem Produkt selbst, auf dem Etikett oder auf der Verpackung deutlich mit folgenden Angaben gekennzeichnet sein:

a) Produktname oder andere Identifizierung

b) Name oder Warenzeichen und Adresse des Herstellers oder seines Bevollmächtigten

c) Herstellungsjahr (die letzten zwei Ziffern des Jahres)

d) Schicht oder Produktionszeit oder nachvollziehbarer Schlüssel

e) Klasse des Brandverhaltens

f) Nennwert des Wärmedurchlasswiderstandes

g) Nennwert der Wärmeleitfähigkeit (wenn möglich)

h) Nenndicke

i) Bezeichnungsschlüssel entsprechend der jeweiligen Produktnorm des Wärmedämmstoffes

j) Nennlänge und Nennbreite

k) Art einer etwaigen Kaschierung/Beschichtung

l) Anzahl der Stücke und die Gesamtfläche in der Verpackung, wenn zutreffend.

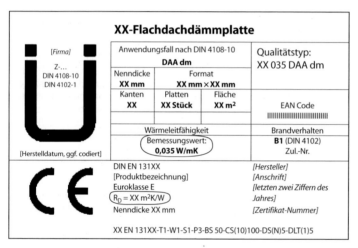

Abb. 1 Beispiel einer Kennzeichnung eines Wärmedämmstoffes mit Angabe des Bemessungswertes der Wärmeleitfähigkeit λ und des Nennwertes des Wärmedurchlasswiderstandes R_D

Produktdatenblatt für Wärmedämmstoffe

Tabelle 1: genormte Wärmedämmstoffe

DIN EN 13162	Mineralwolle	MW
DIN EN 13163	Polystyrol-Hartschaum	EPS
DIN EN 13164	Polystyrol-Extruderschaum	XPS
DIN EN 13165	Polyurethan-Hartschaum	PUR
DIN EN 13166	Phenolharz-Hartschaum	PF
DIN EN 13167	Schaumglas	CG
DIN EN 13168	Holzwolle	WW
DIN EN 13169	Expandiertes Perlite	EPB
DIN EN 13170	Expandiertes Kork	ICB
DIN EN 13171	Holzfaser	WF

Tabelle 2: Anwendungsgebiete, ihre Kurzzeichen und Anwendungsbeispiele nach DIN V 4108-10

Anwendungsgebiet	Kurzzeichen	Anwendungsbeispiele
Decke, Dach	DAD	Außendämmung von Dach oder Decke, vor Bewitterung geschützt, Dämmung unter Deckungen
	DAA	Außendämmung von Dach oder Decke, vor Bewitterung geschützt, Dämmung unter Abdichtungen
	DUK[1]	Außendämmung des Daches, der Bewitterung ausgesetzt (Umkehrdach)
	DZ	Zwischensparrendämmung, zweischaliges Dach, nicht begehbare, aber zugängliche oberste Geschossdecken
	DI	Innendämmung der Decke (unterseitig) oder des Daches, Dämmung unter den Sparren/Tragkonstruktion, abgehängte Decke usw.
	DEO	Innendämmung der Decke oder Bodenplatte (oberseitig) unter Estrich ohne Schallschutzanforderungen
	DES	Innendämmung der Decke oder Bodenplatte (oberseitig) unter Estrich mit Schallschutzanforderungen
Wand	WAB	Außendämmung der Wand hinter Bekleidung
	WAA	Außendämmung der Wand hinter Abdichtung
	WAP	Außendämmung der Wand unter Putz
	WZ	Dämmung von zweischaligen Wänden, Kerndämmung
	WH	Dämmung von Holzrahmen- und Holztafelbauweise
	WI	Innendämmung der Wand
	WTH	Dämmung zwischen Haustrennwänden mit Schallschutzanforderung
	WTR	Dämmung von Raumtrennwänden
Perimeter	PW	Außen liegende Wärmedämmung von Wänden gegen Erdreich (außerhalb der Abdichtung)
	PB	Außen liegende Wärmedämmung unter der Bodenplatte gegen Erdreich (außerhalb der Abdichtung)

[1] Es sind die Festlegungen für Umkehrdächer nach DIN 4108-2 zu beachten (siehe auch Merkblatt Wärmeschutz)

Tabelle 3: Produkteigenschaften und ihre Kurzzeichen nach DIN V 4108-10

Produkteigenschaft	Kurzzeichen	Beschreibung	Beispiele
Druckbelastbarkeit	dk	keine Druckbelastbarkeit	Hohlraumdämmung, Zwischensparrendämmung
	dg	geringe Druckbelastbarkeit	Wohn- und Bürobereich unter Estrich
	dm	mittlere Druckbelastbarkeit	nicht genutztes Dach mit Abdichtung
	dh	hohe Druckbelastbarkeit	genutzte Dachflächen, Terrassen
	ds	sehr hohe Druckbelastbarkeit	Industrieböden, Parkdeck
	dx	extrem hohe Druckbelastbarkeit	hoch belastete Industrieböden, Parkdeck
Wasseraufnahme	wk	keine Anforderungen an die Wasseraufnahme	Innendämmung im Wohn- und Bürobereich
	wf	Wasseraufnahme durch flüssiges Wasser	Außendämmung von Außenwänden und Dächern
	wd	Wasseraufnahme durch flüssiges Wasser und/oder Diffusion	Perimeterdämmung, Umkehrdach
Zugfestigkeit	zk	keine Anforderungen an die Zugfestigkeit	Hohlraumdämmung, Zwischensparrendämmung
	zg	geringe Zugfestigkeit	Außendämmung der Wand hinter Bekleidung
	zh	hohe Zugfestigkeit	Außendämmung der Wand unter Putz, Dach mit verklebter Abdichtung
Schalltechnische Eigenschaften	sk	keine Anforderung an schalltechnische Eigenschaften	alle Anwendungen ohne schalltechnische Anforderungen
	sh	Trittschalldämmung, erhöhte Zusammendrückbarkeit	Schwimmender Estrich, Haustrennwände
	sm	mittlere Zusammendrückbarkeit	
	sg	Trittschalldämmung, geringe Zusammendrückbarkeit	
Verformung	tk	keine Anforderung an die Verformung	Innendämmung
	tf	Dimensionsstabilität unter Feuchte und Temperatur	Außendämmung der Wand unter Putz, Dach mit Abdichtung
	tl	Verformung unter Last und Temperatur	Dach mit Abdichtung

Produktdatenblatt für Wärmedämmstoffe

Tabelle 4: Anwendungsgebiete und Differenzierungen der Produkteigenschaften der Wärmedämmstoffe nach DIN V 4108-10

Anwendung	Dämmstoff	MW	EPS	XPS	PUR	PF	CG	EPB	ICB	WF	WW
Dach, Decke	DAD	dk[a]/dh	+	+	+	+	+	+	wk/wf	dg/dm/ds	dk/dh
	DAA	+	dm/dh	dm/dh/ds/dx	dh/ds	+	dh/ds/dx	ds M.S.D.[b, c]	+	dh/ds	+
	DUK	–	–	dh/ds/dx	–	–	–	–	–	–	–
	DZ	+[a]	+	–	+	+	–	+	+	+	+
	DI	+	+	+	+	+	+	+	dk/dh	dk/dm	dk/dm
	DEO	+	+	dm/dh/ds/dx	dh/ds	dh/ds	+	+	+	dg/dm/ds	+
	DES	sh/sg	sh/sm/sg	–	–	–	–	M.S.D.[b,c] sh M.S.D.[b,c] sg	–	sh/sg	–
Wand	WAB	+	+	+	+	+	+	+	dk/dh	dg/dm/ds	dk/dh
	WAA	–	dm/dh	–	+	+	+	–	–	–	dk/dh
	WAP	zg/zh	+	+	+	+	+	+	+	+	dk/dh
	WZ	+	+	+	+	+	+	+	+	+	+
	WH	+	–	–	+	+	–	+	+	+	dk/dm/dh

Anwendung \ Dämmstoff		MW	EPS	XPS	PUR	PF	CG	EPB	ICB	WF	WW
Wand	WI	zk / zg / zh	+	+	+	+	+	+	dk / dh	dk / dm	dk / dm
Wand	WTH	sh / sg	−	−	−	−	−	M.S.D.[b,c] sh / M.S.D.[b,c] sg	−	−	−
Wand	WTR	+	−	−	−	+	+	+	+	+	+
Perimeter	PW		−	−	dh / ds / dx	−	−	dh / ds / dx	−	−	−	−
Perimeter	PB		−	−	dh / ds / dx	−	−	dh / ds / dx	−	−	−	−

Legende:

+: Anwendung möglich, keine weiteren Differenzierungen der Produkteigenschaften des Wärmedämmstoffes

−: keine genormte Anwendung

M.S.D.: Mehrschichtdämmung

[a] Für diese Anwendung muss der λ_D-Nennwert der Wärmeleitfähigkeit nach DIN EN 13162 ≤ 0,040 W/(m*K) betragen.

[b] Bei Mehrschichtplatten müssen die einzelnen Schichten die Mindestanforderungen nach DIN V 4108-10 für die vorgesehene Anwendung erfüllen. Sie müssen zusätzliche Mindestanforderungen an die Punktlast (für DAA), an die Grenzabmaße für die Dicke (für DES), an die Zusammendrückbarkeit (für DES, WTH) und an die dynamische Steifigkeit (für DES, WTH) erfüllen. Im Bezeichnungsschlüssel für Mehrschichtdämmungen sind die Bezeichnungsschlüssel für die einzelnen Schichten und für die anwendungsbezogenen zusätzlichen Mindestanforderungen auszuweisen.

[c] Dämmplatten aus Schichten von Blähperlit und nach DIN EN 13162

Tabelle 5: wärmetechnische Bemessungswerte nach DIN V 4108-4 für Wärmedämmstoffe nach harmonisierten Europäischen Normen

	Kategorie I		Kategorie II	
	Nennwert	Bemessungswert	Grenzwert	Bemessungswert
	λ_D	λ	λ_{grenz}	λ
Mineralwolle (MW) nach DIN EN 13162	0,030	0,036	0,029	0,030
	0,031	0,037	0,0299	0,031
	...	...	...	...
	0,035	0,042	0,0338	0,035
	...	...	...	...
	0,050	0,060	0,0480	0,050
Expandierter Polystyrolschaum (EPS) nach DIN EN 13163	0,030	0,036	0,029	0,030
	0,031	0,037	0,0299	0,031
	...	...	...	...
	0,035	0,042	0,0338	0,035
	...	...	...	...
	0,050	0,060	0,0480	0,050
Extrudierter Polystyrolschaum (XPS) nach DIN EN 13164	0,026	0,031	0,0252	0,026
	0,027	0,032	0,0261	0,027
	...	...	...	...
	0,030	0,036	0,0290	0,030
	...	...	...	...
	0,040	0,048	0,0385	0,040
Polyurethan-Hartschaum (PUR) nach DIN EN 13165	0,020	0,024	0,0195	0,020
	0,021	0,025	0,0204	0,021
	...	...	...	...
	0,025	0,030	0,0242	0,025
	...	...	...	...
	0,040	0,048		
			0,0428	0,045
Phenolharz-Hartschaum (PF) nach DIN EN 13166	0,020	0,024	0,0195	0,020
	0,021	0,025	0,0204	0,021
	...	...	...	...
	0,025	0,030	0,0242	0,025
	...	...	...	...
	0,045	0,054	0,0428	0,045
Schaumglas (CG) nach DIN EN 13167	0,038	0,046	0,0366	0,038
	0,039	0,047	0,0375	0,039
	0,040	0,048	0,0385	0,040
	...	...	...	...
	0,055	0,066	0,0529	0,055
Holzwolleleichtbauplatten nach DIN EN 13168				

	Kategorie I		Kategorie II	
	Nennwert	Bemessungswert	Grenzwert	Bemessungswert
	λ_D	λ	λ_{grenz}	λ
Holzwolle-Platten (WW)	0,060	0,072	0,0576	0,060
	0,061	0,073	0,0585	0,061
	...	...	...	...
	0,065	0,078	0,0623	0,065
	...	...	...	...
	0,10	0,12	0,0957	0,10
Holzwolle-Mehrschichtplatten nach DIN EN 13168 (WW-C)				
Mit Hartschaumschicht nach DIN EN 13163	0,030	0,036	0,0290	0,030
	0,031	0,037	0,0299	0,031
	...	...	...	...
	0,035	0,042	0,0338	0,035
	...	...	...	...
	0,050	0,060	0,0480	0,050
Mit Kern aus Mineralwolle nach DIN EN 13162	0,030	0,036	0,0290	0,030
	0,031	0,037	0,0299	0,031
	...	...	...	...
	0,035	0,042	0,0338	0,035
	...	...	...	...
	0,050	0,060	0,0480	0,050
Holzwolledeckschicht(en) nach DIN EN 13168	0,10	0,12	0,0957	0,10
	0,11	0,13	0,1090	0,11
	...	...	...	...
	0,14	0,17	0,1380	0,14
Blähperlit (EPB) nach DIN EN 13169	0,038	0,046	0,0366	0,038
	0,039	0,047	0,0375	0,039
	0,040	0,048	0,0385	0,040
	...	...	...	...
	0,050	0,066	0,048	0,050
Expandierter Kork (ICB) nach DIN EN 13170	0,040	0,049	0,0385	0,040
	0,041	0,050	0,0394	0,041
	...	...	...	...
	0,045	0,055	0,0428	0,045
	...	...	...	...
	0,055	0,067	0,0529	0,055
Holzfaserdämmstoff (WF) nach DIN EN 13171	0,032	0,043	0,0309	0,032
	0,033	0,044	0,0319	0,033
	...	...	...	...
	0,040	0,053	0,0385	0,040
	...	...	...	...
	0,060	0,072	0,0575	0,060

Produktdatenblatt für Wärmedämmstoffe

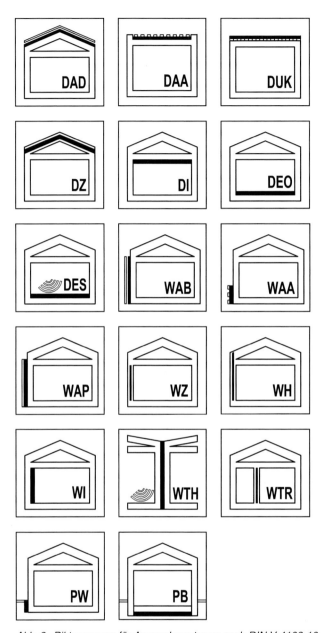

Abb. 2 Piktogramme für Anwendungstypen nach DIN V 4108-10

Deutsches Dachdeckerhandwerk
– Regelwerk –

Produktdatenblatt für Bitumenbahnen

Aufgestellt und herausgegeben vom

**Zentralverband des Deutschen Dachdeckerhandwerks
– Fachverband Dach-, Wand- und Abdichtungstechnik – e. V.**

Ausgabe September 2001

 Rudolf Müller

Vorgänger:

keine

© Alle Rechte bei der D + W-Service GmbH für Management, PR und Messewesen, Köln 2001
Nachdruck und Vervielfältigung, auch auszugsweise, nur mit Genehmigung der D + W-Service GmbH und des Verlages gestattet.
Verlag: Verlagsgesellschaft Rudolf Müller GmbH & Co. KG, Stolberger Str. 84, 50933 Köln
Druck: Druckerei Engelhardt GmbH, Neunkirchen

Produktdatenblatt für Bitumenbahnen

(1) Bitumenbahnen mit Trägereinlage sind industriell hergestellte, flexible Bahnen, die einen oder mehrere Träger enthalten und in Rollen gebrauchsfertig geliefert werden. Deckschichten können aus oxidiertem Bitumen, Polymerbitumen, modifiziert mit thermoplastischen Elastomeren, oder Polymerbitumen, modifiziert mit thermoplastischen Kunststoffen, bestehen.

(2) Genormte Bitumenbahnen sind mit ihren Bezeichnungen, Normen und Bestandteilen in der Tabelle 1 genannt.

(3) Die in den zugehörigen Normen genannten Anforderungen an mechanische und thermische Eigenschaften sind für die genormten Bitumenbahnen in der Tabelle 2 genannt.

(4) Bitumenbahnen müssen mit einem Übereinstimmungszeichen entsprechend der Bauregelliste A, Teil 1, gekennzeichnet werden. Eine werkseigene Produktionsüberwachung entsprechend DIN V 52144 ist vorgeschrieben. Die Durchführung der werkseigenen Produktionsüberwachung muss von einem anerkannten Institut kontrolliert werden.

(5) Für nicht genormte Bitumenbahnen muss ein allgemeines bauaufsichtliches Prüfzeugnis einer amtlich anerkannten Prüfstelle vorliegen und die nicht genormte Bitumenbahn soll zu einer Bahnengruppe zugeordnet werden können. Auch bei nicht genormten Bitumenbahnen muss die Durchführung der werkseigenen Produktionsüberwachung von einem anerkannten Institut kontrolliert werden.

Tabelle 1: Genormte Bitumenbahnen

Bestandteile der Bitumenbahn				Bezeichnung der Bitumenbahn					
Einlagen	Bitumen			Dachbahnen DIN 52143	Bitumen-Dachdichtungsbahnen DIN 52130	Bitumen-Schweißbahn DIN 52131	Polymerbitumen-Dachdichtungsbahn DIN 52132	Polymerbitumen-Schweißbahn DIN 52133
	Gehalt an Löslichem	Dicke*	Bitumenart**					
Glasvlies 60 g/m²	1300 g/m²		X	V 13				
		4 mm	X			V 60 S4		
Glasgewebe 200 g/m²	1600 g/m²		X		G 200 DD			
		4 mm	X			G 200 S4		
		5 mm				G 200 S5		
	2100 g/m²		E				PYE-G 200 DD	
		4 mm	E					PYE-G 200 S4
		5 mm	E					PYE-G 200 S5
		4 mm	P					PYP-G 200 S4
		5 mm	P					PYP-G 200 S5
Polyesterfaservlies 200 g/m²	2000 g/m²		X		PV 200 DD			
		5 mm	X			PV 200 S5		
	2100 g/m²		E				PYE-PV 200 DD	
		5 mm	E					PYE-PV 200 S5
		5 mm	P					PYP-PV 200 S5

* Mittlere Dicke für nicht beschieferte Bahnen. Bei beschieferten Bahnen erhöht sich die Dicke um 0,2 mm.

** Bitumenarten

   X = Oxidationsbitumen

   E = Polymerbitumen, mit thermoelastischen Elastomeren modifiziert

   P = Polymerbitumen, mit thermoplastischen Kunststoffen modifiziert

Tabelle 2: Anforderungen an genormte Bitumenbahnen

Bahnentyp	Norm	mechanische Eigenschaften		thermische Eigenschaften	
		Höchstzugkraft* längs/quer	Dehnung bei Höchstzugkraft*	Kaltbiege- verhalten*	Wärmestand- festigkeit*
V 13	DIN 52143	400 N/300 N	2 %	0 °C	+70 °C
G 200 DD	DIN 52130	1000 N	2 %	0 °C	+70 °C
PV 200 DD	DIN 52130	800 N	35 %**	0 °C	+70 °C
V 60 S4	DIN 52131	400 N/300 N	2 %	0 °C	+70 °C
G 200 S4 (5)	DIN 52131	1000 N	2 %	0 °C	+70 °C
PV 200 S5	DIN 52131	800 N	35 %**	0 °C	+70 °C
PYE-G 200 DD	DIN 52132	1000 N	2 %	−25 °C	+100 °C
PYE-PV 200 DD	DIN 52132	800 N	35 %**	−25 °C	+100 °C
PYE-G 200 S4 (5)	DIN 52133	1000 N	2 %	−25 °C	+100 °C
PYP-G 200 S4 (5)	DIN 52133	1000 N	2 %	−15 °C	+130 °C
PYE-PV 200 S5	DIN 52133	800 N	35 %**	−25 °C	+100 °C
PYP-PV 200 S5	DIN 52133	800 N	35 %**	−15 °C	+130 °C

* Prüfverfahren nach DIN 52123
** Prüfung mit gekühlten Backen

Deutsches Dachdeckerhandwerk
– Regelwerk –

Produktdatenblatt für Kunststoff- und Elastomerbahnen

Aufgestellt und herausgegeben vom

Zentralverband des Deutschen Dachdeckerhandwerks
– Fachverband Dach-, Wand- und Abdichtungstechnik – e. V.

Ausgabe September 2001

Vorgänger:

keine

© Alle Rechte bei der D + W-Service GmbH für Management, PR und Messewesen, Köln 2001
Nachdruck und Vervielfältigung, auch auszugsweise, nur mit Genehmigung der D + W-Service GmbH und des Verlages gestattet.
Verlag: Verlagsgesellschaft Rudolf Müller GmbH & Co. KG, Stolberger Str. 84, 50933 Köln
Druck: Druckerei Engelhardt GmbH, Neunkirchen

(1) Kunststoff- und Elastomerbahnen sind industriell hergestellte, flexible Bahnen auf Basis eines Kunststoffs oder Elastomers, zurzeit in Deutschland auch Kautschuk genannt, die in Rollen gebrauchsfertig geliefert werden.

(2) Genormte Kunststoff- und Elastomerbahnen sind mit ihren Bezeichnungen, Normen und ihrer Nenndicke in der Tabelle 1 genannt. Für Abdichtungen von genutzten Dächern ist eine Mindestbahnendicke von 1,5 mm erforderlich.

(3) Kunststoff- und Elastomerbahnen müssen mit einem Übereinstimmungszeichen entsprechend der Bauregelliste A, Teil 1, gekennzeichnet werden.

Eine Eigenüberwachung ist vorgeschrieben. Genormte Kunststoff- und Elastomerbahnen müssen durch eine neutrale Fremdüberwachung durch ein anerkanntes Institut kontrolliert werden.

(4) Für nicht genormte Kunststoff- und Elastomerbahnen muss ein Prüfzeugnis einer amtlich anerkannten Prüfstelle vorliegen und die nicht genormte Kunststoff- und Elastomerbahn soll zu einer Bahnengruppe zugeordnet werden können. Auch nicht genormte Kunststoff- und Elastomerbahnen müssen durch eine neutrale Fremdüberwachung analog zu genormten Bahnen durch ein anerkanntes Institut kontrolliert werden.

Tabelle 1: Genormte Kunststoff- und Elastomerbahnen

Norm	Titel	Bezeichnung	Nenndicke* mindestens
DIN 7864-1	Elastomerbahnen für Abdichtungen	EPDM CR IIR	1,2 mm 1,2 mm 1,2 mm
DIN 16729	Kunststoff-Dachbahnen und Kunststoff-Dichtungsbahnen aus Ethylencopolymerisat-Bitumen	ECB	1,5 mm
DIN 16730	Kunststoff-Dachbahnen aus weichmacherhaltigem Polyvinylchlorid, nicht bitumenverträglich	PVC-P-NB	1,2 mm
DIN 16731	Kunststoff-Dachbahnen aus Polyisobutylen, einseitig kaschiert	PIB	2,5 mm
DIN 16734	Kunststoff-Dachbahnen aus weichmacherhaltigem Polyvinylchlorid mit Verstärkung aus synthetischen Fasern, nicht bitumenverträglich	PVC-P-NB-V-PW	1,2 mm
DIN 16735	Kunststoff-Dachbahnen aus weichmacherhaltigem Polyvinylchlorid mit einer Glasvlieseinlage, nicht bitumenverträglich	PVC-P-NB-E-GV	1,2 mm
DIN 16736	Kunststoff-Dachbahnen und Kunststoff-Dichtungsbahnen aus chloriertem Polyethylen, einseitig kaschiert	PE-C-K-PV	1,2 mm
DIN 16737	Kunststoff-Dachbahnen und Kunststoff-Dichtungsbahnen aus chloriertem Polyethylen mit einer Gewebeeinlage	PE-C-E PW	1,2 mm
DIN 16935	Kunststoff-Dichtungsbahnen aus Polyisobutylen	PIB	1,5 mm
DIN 16937	Kunststoff-Dichtungsbahnen aus weichmacherhaltigem Polyvinylchlorid, bitumenverträglich	PVC-P-BV	1,2 mm
DIN 16938	Kunststoff-Dichtungsbahnen aus weichmacherhaltigem Polyvinylchlorid, nicht bitumenverträglich	PVC-P-NB	1,2 mm

* zum Teil einschließlich eventueller Kaschierung
Hinweis:
Zur Bildung der Normbezeichnung werden in den Normen für Kunststoff-Dachbahnen und/oder Kunststoff-Dichtungsbahnen folgende Kurzzeichen verwendet:

| K | kaschiert | E | Einlage | NB | nicht bitumenverträglich | GV | Glasvlies | PV | Polyestervlies |
| V | verstärkt | BV | bitumenverträglich | PPV | Polypropylenvlies | GW | Glasgewebe | PW | Polyestergewebe |

Deutsches Dachdeckerhandwerk
– Regelwerk –

Produktdatenblatt für Flüssigabdichtungen

Aufgestellt und herausgegeben vom

**Zentralverband
des Deutschen Dachdeckerhandwerks
– Fachverband Dach-, Wand- und Abdichtungstechnik – e. V.**

Ausgabe September 2001

Vorgänger:

keine

© Alle Rechte bei der D + W-Service GmbH für Management, PR und Messewesen, Köln 2001
Nachdruck und Vervielfältigung, auch auszugsweise, nur mit Genehmigung der D + W-Service GmbH und des Verlages gestattet.
Verlag: Verlagsgesellschaft Rudolf Müller GmbH & Co. KG, Stolberger Str. 84, 50933 Köln
Druck: Druckerei Engelhardt GmbH, Neunkirchen

Produktdatenblatt für Flüssigabdichtungen 3

(1) Flüssigabdichtungen auf Basis von Reaktionsharzen sind mehrkomponentige, flüssige Abdichtungssysteme mit Vliesarmierung. Die Basisharze werden in Eimergebinden bzw. Containern angeliefert.

(2) Die Dicke der fertigen Flüssigabdichtung muss mindestens den Angaben der Tabelle 1 entsprechen.

(3) Die Eignung der Flüssigabdichtungen muss durch ein allgemeines bauaufsichtliches Prüfzeugnis einer anerkannten Prüfstelle vom Hersteller nachgewiesen werden.

Tabelle 1: Flüssigabdichtung auf Basis von Reaktionsharzen

Art der Flüssigabdichtung	Art der Armierung	Kurzbezeichnung	Mindestdicke	
			nicht genutzte Dächer	genutzte Dächer
flexible ungesättigte Polyesterharze	Kunststoffvlies	FUP	1,5 mm	2 mm
flexible Polyurethanharze	Kunststoffvlies	PU	1,5 mm	2 mm
flexible Methylmethacrylate	Kunststoffvlies	PMMA	1,5 mm	2 mm

Übersicht der Normen im Arbeitsgebiet des Dachdeckerhandwerks
Redaktionsstand: Juli 2005

Rubriken:

Musterbauordnung

Bauregelliste

Abdichtungen

Außenwandbekleidungen

Bänder und Bleche aus Metall, Lote und zugehörige Erzeugnisse, einschl. Trapezprofile

Bemessungsnormen

Bitumenschindeln

Bitumenwellplatten

Blitzschutz

Brandschutz

Dachbahnen und Dichtungsbahnen

Dachsteine

Dachziegel

Dämmstoffe

Entwässerung, Rinnen und Regenfallrohre

Faserzement

Gerüste

Hilfsstoffe in der Dachdeckung/Dachabdichtung/Außenwandbekleidung

Holz, Holzwerkstoffe und Holzschutz

Holzschindeln

Korrosionsschutz

Lichtdurchlässige Platten

Normen für besondere Zwecke

Porenbeton

Schallschutz

Schiefer

Unfallschutz

Verdingungsordnung für Bauleistungen

Wärmeschutz

Zurückgezogene DIN-Normen

Musterbauordnung

Norm	Ausgabedatum	Titel
MBO	01.11.2002	Musterbauordnung

Bauregelliste

Norm	Ausgabedatum	Titel
Bauregelliste 2005	2005/1	Bauregelliste Teil A, B, C

Abdichtungen

Norm	Ausgabedatum	Titel
DIN 18195-1	01.08.2000	Bauwerksabdichtungen; Grundsätze, Definitionen, Zuordnung der Abdichtungsarten
DIN 18195-2	01.08.2000	Bauwerksabdichtungen; Stoffe
DIN 18195-3	01.08.2000	Bauwerksabdichtungen; Anforderungen an den Untergrund und Verarbeitung der Stoffe
DIN 18195-4	01.08.2000	Bauwerksabdichtungen; Abdichtungen gegen Bodenfeuchte (Kapillarwasser, Haftwasser) und nichtstauendes Sickerwasser an Bodenplatten und Wänden, Bemessung und Ausführung
DIN 18195-5	01.08.2000	Bauwerksabdichtungen;Abdichtungen gegen nichtdrückendes Wasser auf Deckenflächen und in Nassräumen. Bemessung und Ausführung
DIN 18195-6	01.08.2000	Bauwerksabdichtungen; Abdichtungen gegen von außen drückendes Wasser und aufstauendes Sickerwasser; Bemessung und Ausführung
DIN 18195-7	01.06.1989	Bauwerksabdichtungen; Abdichtungen gegen von innen drückendes Wasser; Bemessung und Ausführung
DIN 18195-8	01.03.2004	Bauwerksabdichtungen; Abdichtungen über Bewegungsfugen
DIN 18195-9	01.03.2004	Bauwerksabdichtungen; Durchdringungen, Übergänge, Abschlüsse
DIN 18195-10	01.03.2004	Bauwerksabdichtungen; Schutzschichten und Schutzmaßnahmen
DIN 18195-100	E 06.2003	Bauwerksabdichtungen, Teil 100: Vorgesehene Änderungen zu den Normen DIN 18195 Teil 1 bis 6
DIN 18531	01.09.1991	Dachabdichtungen; Begriffe, Anforderungen, Planungsgrundsätze
DIN 18531-1	E 07.2004	Dachabdichtungen – Abdichtung für nicht genutzte Dächer; Begriffe, Anforderungen, Planungsgrundsätze
DIN 18531-2	E 07.2004	Dachabdichtungen – Abdichtung für nicht genutzte Dächer; Stoffe
DIN 18531-3	E 07.2004	Dachabdichtungen – Abdichtung für nicht genutzte Dächer; Bemessung, Verarbeitung der Stoffe, Ausführung der Dachabdichtung
DIN 18531-4	E 07.2004	Dachabdichtungen – Abdichtung für nicht genutzte Dächer; Instandhaltung

Übersicht der Normen

DIN 18540	01.02.1995	Abdichten von Außenwandfugen im Hochbau mit Fugendichtstoffen
DIN 18542	01.01.1999	Abdichten von Außenwandfugen mit imprägnierten Dichtungsbändern aus Schaumkunststoff – Imprägnierte Dichtungsbänder – Anforderungen und Prüfung
DIN EN 1297	01.12.2004	Abdichtungsbahnen – Bitumen-, Kunststoff- und Elastomerbahnen für Dachabdichtungen – Verfahren zur künstlichen Alterung bei kombinierter Dauerbeanspruchung durch UV-Strahlung, erhöhte Temperatur und Wasser
DIN EN 1844	01.12.2001	Abdichtungsbahnen – Verhalten bei Ozonbeanspruchung – Kunststoff- und Elastomerbahnen für Dachabdichtungen
DIN EN 1848-1	01.12.1999	Abdichtungsbahnen – Bestimmung der Länge, Breite Geradheit und Planlage – Teil 1: Bitumenbahnen für Dachabdichtungen
DIN EN 1848-2	01.09.2001	Abdichtungsbahnen – Bestimmung der Länge, Breite, Geradheit und Planlage – Teil 2: Kunststoff- und Elastomerbahnen für Dachabdichtungen
DIN EN 1849-1	01.01.2001	Abdichtungsbahnen – Bestimmung der Dicke und der flächenbezogenen Masse – Teil 1: Bitumenbahnen für Dachabdichtungen
DIN EN 1849-2	01.09.2001	Abdichtungsbahnen – Bestimmung der Dicke und der flächenbezogenen Masse – Teil 2: Kunststoff- und Elastomerbahnen für Dachabdichtungen
DIN EN 1850-1	01.12.1999	Abdichtungsbahnen – Bestimmung sichtbarer Mängel – Teil 1: Bitumenbahnen für Dachabdichtungen
DIN EN 1850-2	01.09.2001	Abdichtungsbahnen – Bestimmung sichtbarer Mängel – Teil 2: Kunststoff- und Elastomerbahnen für Dachabdichtungen
DIN EN 12970	01.02.2001	Gussasphalt und Asphaltmastix für Abdichtungen Definitionen, Anforderungen und Prüfverfahren
DIN EN 13111	01.08.2001	Abdichtungsbahnen- Unterdeck- und Unterspannbahnen für Dachdeckungen und Wände – Bestimmung des Widerstandes gegen Wasserdurchgang
DIN EN 13416	01.09.2001	Abdichtungsbahnen – Bitumen-, Kunststoff- und Elastomerbahnen für Dachabdichtungen – Regeln für die Probenentnahme
DIN EN 13707	01.01.2005	Abdichtungsbahnen – Bitumenbahnen mit Trägereinlage für Dachabdichtungen – Definitionen und Eigenschaften
DIN EN 13583	01.11.2001	Abdichtungsbahnen – Bitumen-, Kunststoff- und Elastomerbahnen – Bestimmung des Widerstandes gegen Hagelschlag
DIN EN 13859-2	01.02.2005	Abdichtungsbahnen – Definitionen und Eigenschaften von Unterdeck- und Unterspannbahnen; Unterdeck- und Unterspannbahnen für Wände

DIN EN 13897	01.02.2005	Abdichtungsbahnen – Bitumen-, Kunststoff- und Elastomerbahnen für Dachabdichtungen – Bestimmung der Wasserdichtheit nach Dehnung bei niedriger Temperatur
DIN EN 13967	01.03.2005	Abdichtungsbahnen – Kunststoff- und Elastomerbahnen für die Bauwerksabdichtung gegen Bodenfeuchte und Wasser; Definitionen und Eigenschaften
DIN EN 13969	01.02.2005	Abdichtungsbahnen – Bitumenbahnen für die Bauwerksabdichtung gegen Bodenfeuchte und Wasser; Definitionen und Eigenschaften
DIN EN 13970	01.02.2005	Abdichtungsbahnen – Bitumen-Dampfsperrbahnen; Definitionen und Eigenschaften
DIN EN 13984	01.02.2005	Abdichtungsbahnen – Kunststoff- und Elastomer-Dampfsperrbahnen; Definitionen und Eigenschaften
DIN EN 14691	E 06.2003	Abdichtungsbahnen – Abdichtungssysteme für Brücken und andere Verkehrsflächen aus Beton – Bestimmung der Verträglichkeit bei Wärmealterung
DIN EN 14692	E 06.2003	Abdichtungsbahnen – Abdichtungssysteme für Brücken und andere Verkehrsflächen aus Beton – Bestimmung des Widerstandes gegenüber Verdichtung der Schutzschicht
DIN EN 14693	E 06.2003	Abdichtungsbahnen – Abdichtungssysteme für Brücken und andere Verkehrsflächen aus Beton – Bestimmung des Verhaltens von Polymerbitumen-Bahnen bei Anwendungs von Gussasphalt
DIN EN 14694	E 06.2003	Abdichtungsbahnen – Abdichtungssysteme für Brücken und andere Verkehrsflächen aus Beton – Bestimmung des Widerstandes gegen dynamischen Wasserdruck nach Vorschädigung durch Perforation
DIN EN 14695	E 06.2003	Abdichtungsbahnen – Bitumenbahnen mit Trägereinlage für Abdichtungssysteme für Brücken und andere Verkehrsflächen aus Beton – Definition und Eigenschaften
DIN EN 14696	E 06.2003	Abdichtungsbahnen – Abdichtungssysteme für Brücken und andere Verkehrsflächen aus Beton – Bestimmung des Ausgangsanteils an Bestreuung
DIN EN 14967	E 07.2004	Abdichtungsbahnen – Bitumen – Mauersperrbahnen – Definitionen und Eigenschaften

Außenwandbekleidungen

Norm	Ausgabedatum	Titel
DIN 18515-1	01.08.1998	Außenwandbekleidungen; Angemörtelte Fliesen oder Platten; Grundsätze für Planung und Ausführung
DIN 18515-2	01.04.1993	Außenwandbekleidungen; Anmauerung auf Aufstandsflächen; Grundsätze für Planung und Ausführung
DIN 18516-1	01.12.1999	Außenwandbekleidungen, hinterlüftet; Anforderungen, Prüfgrundsätze

Norm	Ausgabedatum	Titel
DIN 18516-3	01.12.1999	Außenwandbekleidungen, hinterlüftet – Naturwerkstein; Anforderungen, Bemessung
DIN EN 14964	E07.2004	Dacheindeckungsprodukte für überlappende Verlegung und Produkt für Außenwandbekleidung – Unterdeckplatten für Dachdeckungen – Definitionen und Eigenschaften

Bänder und Bleche aus Metall, Lote und zugehörige Erzeugisse, einschl. Trapezprofile

Norm	Ausgabedatum	Titel
DIN 4113-1	01.05.1980	Aluminiumkonstruktionen unter vorwiegend ruhender Belastung; Berechnung und bauliche Durchbildung
DIN 4113-1/A1	01.09.2002	Aluminium-Konstruktionen unter vorwiegend ruhender Belastung; Berechnung und bauliche Durchbildung, Änderung 1
DIN 8505-1	01.05.1979	Löten; Allgemeines, Begriffe
DIN 8505-2	01.05.1979	Löten; Einteilung der Verfahren, Begriffe
DIN 8505-3	01.01.1983	Löten; Einteilung der Verfahren nach Energieträgern, Verfahrensbeschreibungen
DIN 17440	01.03.2001	Nichtrostende Stähle – Technische Lieferbedingungen für gezogenen Draht
DIN 17455	01.02.1999	Geschweißte Kreisförmige Rohre aus nichtrostenden Stählen für allgemeine Anforderungen
DIN 17456	01.02.1999	Nahtlose Kreisförmige Rohre aus nichtrostenden Stählen für allgemeine Anforderungen
DIN 17611	01.12.2000	Anodisch oxidierte Erzeugnisse aus Aluminium und Aluminium-Knetlegierungen; Technische Lieferbedingungen
DIN 17640-1	01.02.2004	Bleilegierungen für allgemeine Verwendung
DIN 18800-7	01.09.2002	Stahlbauten; Ausführung und Herstellerqualifikation
DIN 18807-1	01.06.1987	Trapezprofile im Hochbau; Stahltrapezprofile; Allgemeine Anforderungen, Ermittlung der Tragfähigkeitswerte durch Berechnung
DIN 18807-1/A1	01.05.2001	Trapezprofile im Hochbau; Stahltrapezprofile; Allgemeine Anforderungen, Ermittlung der Tragfähigkeitswerte durch Berechnung, Änderung A1
DIN 18807-2	01.06.1987	Trapezprofile im Hochbau; Stahltrapezprofile; Durchführung und Auswertung von Tragfähigkeitsversuchen
DIN 18807-2/A1	01.05.2001	Trapezprofile im Hochbau; Stahltrapezprofile; Durchführung und Auswertung von Tragfähigkeitsversuchen, Änderung A1
DIN 18807-3	01.06.1987	Trapezprofile im Hochbau; Stahltrapezprofile; Festigkeitsnachweis und konstruktive Ausbildung
DIN 18807-3/A1	01.05.2001	Trapezprofile im Hochbau; Stahltrapezprofile; Festigkeitsnachweis und konstruktive Ausbildung, Änderung A1

DIN 18807-6	01.09.1995	Trapezprofile im Hochbau; Aluminium-Trapezprofile und ihre Verbindungen; Ermittlung der Tragfähigkeitswerte durch Berechnung
DIN 18807-7	01.09.1995	Trapezprofile im Hochbau; Aluminium-Trapezprofile und ihre Verbindungen; Ermittlung der Tragfähigkeitswerte durch Versuche
DIN 18807-8	01.09.1995	Trapezprofile im Hochbau; Aluminium-Trapezprofile und ihre Verbindungen; Nachweise der Tragsicherheit und Gebrauchstauglichkeit
DIN 18807-9	01.06.1998	Trapezprofile im Hochbau; Aluminium-Trapezprofile und ihre Verbindungen; Anwendung und Konstruktion
DIN 59231	01.11.2003	Wellbleche und Pfannenbleche, oberflächenveredelt – Maße, Masse und statische Werte
DIN EN 485-1	01.01.1994	Aluminium und Aluminiumlegierungen; Bänder, Bleche und Platten; Technische Lieferbedingungen
DIN EN 485-2	01.09.2004	Aluminium und Aluminiumlegierungen – Bänder, Bleche und Platten; Mechanische Eigenschaften
DIN EN 485-2 Bbl. 1	01.11.1996	Aluminium und Aluminiumlegierungen – Bänder, Bleche und Platten; Mechanische Eigenschaften; Vergleich der Werkstoffzustands-Bezeichnungen
DIN EN 501	01.11.1994	Dacheindeckungsprodukte aus Metallblech – Festlegung für vollflächig unterstützte Bedachungselemente aus Zinkblech
DIN EN 502	01.01.2000	Dachdeckungsprodukte aus Metallblech – Festlegungen für vollflächig unterstützte Bedachungselemente aus nichtrostendem Stahlblech
DIN EN 504	01.01.2000	Dachdeckungsprodukte aus Metallblech – Festlegungen für vollflächig unterstützte Bedachungselemente aus Kupferblech
DIN EN 505	01.12.1999	Dachdeckungsprodukte aus Metallblech – Festlegungen für vollflächig unterstützte Bedachungselemente aus Stahlblech
DIN EN 506	01.12.2000	Dachdeckungsprodukte aus Metallblech – Festlegungen für selbsttragende Bedachungselemente aus Kupfer- oder Zinkblech
DIN EN 507	01.01.2000	Dachdeckungsprodukte aus Metallblech – Festlegungen für vollflächig unterstützte Bedachungselemente aus Aluminiumblech
DIN EN 508-1	01.12.2000	Dachdeckungsprodukte aus Metallblech – Festlegungen für selbsttragende Bedachungselemente aus Stahlblech, Aluminiumblech oder nichtrostendem Stahlblech; Stahl
DIN EN 508-2	01.12.2000	Dachdeckungsprodukte aus Metallblech – Festlegungen für selbsttragende Bedachungselemente aus Stahlblech, Aluminiumblech oder nichtrostendem Stahlblech; Aluminium
DIN EN 508-3	01.12.2000	Dachdeckungsprodukte aus Metallblech – Festlegungen für selbsttragende Bedachungselemente aus Stahlblech, Aluminiumblech oder nichtrostendem Stahlblech; Nichtrostender Stahl

Übersicht der Normen

DIN EN 573-1	12.1994(E04.2004)	Aluminium und Aluminiumlegierungen – Chemische Zusammensetzung und Form von Halbzeug; Numerisches Bezeichnungssystem
DIN EN 573-3	01.10.2003	Aluminium und Aluminiumlegierungen – Chemische Zusammensetzung und Form von Halbzeug – Teil 3: Chemische Zusammensetzung
DIN EN 573-4	01.05.2004	Aluminium und Aluminiumlegierungen – Chemische Zusammensetzung und Form von Halbzeug; Erzeugnisformen
DIN EN 607	01.02.2005	Hängedachrinnen und Zubehörteile aus PVC-U – Begriffe, Anforderungen und Prüfung
DIN EN 612	01.04.2005	Hängedachrinnen mit Aussteifung der Rinnenvorderseite und Regenrohre aus Metallblech mit Nahtverbindungen
DIN EN 988	01.08.1996	Zink und Zinklegierungen – Anforderungen an gewalzte Flacherzeugnisse für das Bauwesen
DIN EN 1044	01.07.1999	Hartlöten – Lötzusätze
DIN EN 1045	01.08.1997	Hartlöten – Flußmittel zum Hartlöten – Einteilung und technische Lieferbedingungen
DIN EN 1172	01.10.1996	Kupfer und Kupferlegierungen – Bleche und Bänder für das Bauwesen
DIN EN 1179	01.09.2003	Zink und Zinklegierungen – Primärzink
DIN EN ISO 7500-1	01.11.2004	Metallische Werkstoffe – Prüfung von statischen einachsigen Prüfmaschinen – Zug- und Druckprüfmaschinen – Prüfung und Kalibrierung der Kraftmesseinrichtungen
DIN EN ISO 9513	01.05.2003	Metallische Werkstoffe; Kalibrierung von Längenänderungs-Messeinrichtungen für die Prüfung einachsiger Beanspruchung
DIN EN 1652	01.03.1998	Kupfer- und Kupferlegierungen – Platten, Bleche, Bänder, Streifen und Ronden zur allgemeinen Verwendung
DIN EN 10025	01.03.1994	Warmgewalzte Erzeugnisse aus unlegierten Baustählen
DIN EN 10027-2	01.09.1992	Bezeichnungssysteme für Stähle; Nummernsystem
DIN EN 10130	01.02.1999 (E10.2004)	Kaltgewalzte Flacherzeugnisse aus weichen Stählen zum Kaltumformen – Technische Lieferbedingungen
DIN EN 10326	01.09.2004	Kontinuierlich schmelztauchveredeltes Band und Blech aus Baustählen – Technische Lieferbedingungen
DIN EN 12163	01.04.1998	Kupfer und Kupferlegierungen – Stangen zur allgemeinen Verwendung
DIN EN 12164	01.09.2000	Kupfer und Kupferlegierungen – Stangen für die spanende Bearbeitung (enthält Änderung A1 2000)
DIN EN 12165	01.04.1998	Kupfer und Kupferlegierungen – Vormaterial für Schmiedestücke

Norm	Ausgabedatum	Titel
DIN EN 12167	01.04.1998	Kupfer und Kupferlegierungen – Profile und Rechteckstangen zur allgemeinen Verwendung
DIN EN 12588	01.07.1999	Blei- und Bleilegierungen – Gewalzte Bleche aus Blei für das Bauwesen
DIN EN 29453	01.02.1994	Weichlote; Chemische Zusammensetzung und Lieferformen
DIN EN 29454-1	01.02.1994	Flußmittel zum Weichlöten; Einteilung und Anforderungen; Einteilung, Kennzeichnung und Verpackung

Bemessungsnormen

Norm	Ausgabedatum	Titel
DIN 1045-1	01.07.2001	Tragwerke aus Beton, Stahlbeton und Spannbeton – Teil 1: Bemessung und Konstruktion
DIN 1045-2	01.07.2001	Tragwerke aus Beton, Stahlbeton und Stahlbeton und Spannbeton; Beton; Festlegung, Eigenschaften, Herstellung und Konformität
DIN 1052	01.08.2004	Entwurf, Berechnung und Bemessung von Holzbauwerken – Allgemeine Bemessungsregeln und Bemessungsregeln für den Hochbau
DIN 1053-1	01.11.1996	Mauerwerk; Berechnung und Ausführung
DIN 1055-1	01.06.2002	Einwirkungen auf Tragwerke – Wichte und Flächenlasten von Baustoffen, Bauteilen und Lagerstoffen
DIN 1055-2	02.1976(E02.2003)	Lastannahmen für Bauten; Bodenkenngrößen, Wichte, Reibungswinkel, Kohäsion, Wandreibungswinkel
DIN 1055-3	01.10.2002	Einwirkungen auf Tragwerke – Eigen- und Nutzlasten für Hochbauten
DIN 1055-3/A1	01.05.2005	Einwirkungen auf Tragwerke – Eigen- und Nutzlasten für Hochbauten
DIN 1055-4	01.03.2005	Einwirkungen auf Tragwerke; Windlasten
DIN 1055-5	01.07.2005	Einwirkungen auf Tragwerke; Schnee- und Eislasten
DIN 1055-6	01.03.2005	Einwirkungen auf Tragwerke: Einwirkungen auf Silos und Flüssigkeitsbehälter
DIN 1055-8	01.01.2003	Einwirkungen auf Tragwerke: Einwirkungen während der Bauausführung
DIN V ENV 1991-2-4	01.12.1996	Eurocode 1: Grundlagen der Tragwerksplanung und Einwirkungen auf Tragwerke – Teil 2-4: Einwirkungen auf Tragwerke; WindlastenDeutsche Fassung ENV 1991 – 2-4:1995
NEN 6707	01.05.1997	Bevestiging van dakbedekkingen – Eisen en bepalingsmethoden (Befestigung von Dachbedeckungen. Anforderungen und Ermittlungsmethoden)
NPR 6708	01.01.1997	Bevestiging van dakbedekkingen – Richtlijnen(Befestigung von Dachbedeckungen – Richtlinien)

Bitumenschindeln

Norm	Ausgabedatum	Titel
DIN EN 544	01.10.1998	Bitumenschindeln mit mineralhaltiger Einlage und/oder Kunststoffeinlage
DIN EN 544	E 07.2004	Bitumenschindeln mit mineralhaltiger Einlage und/oder Kunststoffeinlage; Produktspezifikation und Prüfverfahren

Bitumenwellplatten

Norm	Ausgabedatum	Titel
DIN EN 534	01.10.1998	Bitumen-Wellplatten
DIN EN 534	E 06.2004	Bitumen-Wellplatten – Produktfestlegungen und Prüfverfahren

Blitzschutz

Norm	Ausgabedatum	Titel
DIN 18014	01.02.1994	Fundamenterder
DIN 48805	01.08.1989	Blitzschutzanlage; Stangenhalter
DIN 48811	01.03.1985	Blitzschutzanlage; Dachleitungshalter für weiche Bedachung; Spannkappe
DIN 48812	01.03.1985	Blitzschutzanlage; Dachleitungshalter für weiche Bedachung; Holzpfahl
DIN 48820	01.01.1967	Sinnbilder für Blitzschutzbauteile in Zeichnungen
DIN 48821	01.03.1985	Blitzschutzanlage; Nummernschilder
DIN 48827	01.03.1985	Blitzschutzanlage; Dachleitungshalter für weiche Bedachung; Traufenstütze und Spannkloben
DIN 48828	01.08.1989	Blitzschutzanlage; Leitungshalter
DIN 48829	01.03.1985	Blitzschutzanlage; Dachleitungshalter; Leitungshalter und Befestigungsplatte für Flachdächer
DIN 48830	01.03.1985	Blitzschutzanlage; Beschreibung
DIN 48831	01.03.1985	Blitzschutzanlage; Bericht über eine Prüfung (Prüfbericht)
DIN 48839	01.03.1985	Blitzschutzanlage; Trennstellenkasten und -rahmen
DIN IEC 61312-1	1995 (modifiziert)	Schutz gegen elektromagnetischen Blitzimpuls, Allgemeine Grundsätze
DIN VDE 0151	01.06.1986	Werkstoffe und Mindestmaße von Erdern bezüglich der Korrosion
DIN V VDE V 0185-1	01.11.2002	Blitzschutz; Allgemeine Grundsätze
DIN EN 50164-1 (DIN VDE 0185, Teil 201)	01.04.2000	Blitzschutzbauteile; Anforderungen für Verbindungsbauteile
DIN EN 50164-2 (DIN VDE 0185, Teil 202)	01.05.2003	Blitzschutzbauteile; Anforderungen an Leitungen und Erder

Brandschutz

Norm	Ausgabedatum	Titel
DIN 4102-1	01.05.1998	Brandverhalten von Baustoffen und Bauteilen; Baustoffe; Begriffe, Anforderungen und Prüfungen
DIN 4102-2	01.09.1977	Brandverhalten von Baustoffen und Bauteilen; Bauteile, Begriffe, Anforderungen und Prüfungen
DIN 4102-3	01.09.1977	Brandverhalten von Baustoffen und Bauteilen; Brandwände und nicht tragende Außenwände, Begriffe, Anforderungen und Prüfungen
DIN 4102-4/A1	01.11.2004	Brandverhalten von Baustoffen und Bauteilen; Zusammenstellung und Anwendung klassifizierter Baustoffe, Bauteile und Sonderbauteile
DIN 4102-4	01.03.1994	Brandverhalten von Baustoffen und Bauteilen; Zusammenstellung und Anwendung klassifizierter Baustoffe, Bauteile und Sonderbauteile
DIN 4102-5	01.09.1977	Brandverhalten von Baustoffen und Bauteilen; Feuerschutzabschlüsse, Abschlüsse in Fahrschachtwänden und gegen Feuer widerstandsfähige Verglasungen, Begriffe, Anforderungen und Prüfungen
DIN 4102-6	01.09.1977	Brandverhalten von Baustoffen und Bauteilen; Lüftungsleitungen, Begriffe, Anforderungen und Prüfungen
DIN 4102-7	01.07.1998	Brandverhalten von Baustoffen und Bauteilen; Bedachungen; Begriffe, Anforderungen und Prüfungen
DIN 4102-8	01.10.2003	Brandverhalten von Baustoffen und Bauteilen Teil 8: Kleinprüfstand
DIN 4102-9	01.05.1990	Brandverhalten von Baustoffen und Bauteilen; Kabelabschottungen; Begriffe, Anforderungen und Prüfungen
DIN 4102-11	01.12.1985	Brandverhalten von Baustoffen und Bauteilen; Rohrummantelungen, Rohrabschottungen, Installationsschächte und -kanäle sowie Abschlüsse ihrer Revisionsöffnungen; Begriffe, Anforderungen und Prüfungen
DIN 4102-12	01.11.1998	Brandverhalten von Baustoffen und Bauteilen; Funktionserhalt von elektrischen Kabelanlagen; Anforderungen und Prüfungen
DIN 4102-13	01.05.1990	Brandverhalten von Baustoffen und Bauteilen; Brandschutzverglasungen – Begriffe, Anforderungen und Prüfungen
DIN 4102-14	01.05.1990	Brandverhalten von Baustoffen und Bauteilen; Bodenbeläge und Bodenbeschichtungen; Bestimmung der Flammenausbreitung bei Beanspruchung mit einem Wärmestrahler
DIN 4102-15	01.05.1990	Brandverhalten von Baustoffen und Bauteilen; Brandschacht
DIN 4102-16	01.05.1998	Brandverhalten von Baustoffen und Bauteilen; Durchführung von Brandschachtprüfungen

Übersicht der Normen

Norm	Datum	Titel
DIN 4102-17	01.12.1990	Brandverhalten von Baustoffen und Bauteilen; Schmelzpunkt von Mineralfaser-Dämmstoffen; Begriffe, Anforderungen, Prüfung
DIN 4102-18	01.03.1991	Brandverhalten von Baustoffen und Bauteilen; Feuerschutzabschlüsse; Nachweis der Eigenschaft „"selbstschließend""" (Dauerfunktionsprüfung)
DIN 18234-1	01.09.2003	Baulicher Brandschutz großflächiger Dächer – Brandbeanspruchung von unten; Begriffe, Anforderungen und Prüfungen; Geschlossene Dachflächen
DIN 18234-2	01.09.2003	Baulicher Brandschutz großflächiger Dächer – Brandbeanspruchung von unten; Verzeichnis von Dächern, welche die Anforderungen nach DIN 18234-1 erfüllen; Geschlossene Dachflächen
DIN 18234-3	01.09.2003	Baulicher Brandschutz großflächiger Dächer – Brandbeanspruchung von unten; Begriffe, Anforderungen und Prüfungen, Durchdringungen, Anschlüsse und Abschlüsse von Dachflächen
DIN 18234-4	01.09.2003	Baulicher Brandschutz großflächiger Dächer – Brandbeanspruchung von unten; Verzeichnis von Durchdringungen, Anschlüssen und Abschlüssen von Dachflächen, welche die Anforderungen nach DIN 18234-3 erfüllen
DIN EN 13501-1	01.06.2002	Klassifizierung von Bauprodukten und Bauarten in ihrem Brandverhalten; Klassifizierung mit den Ergebnissen aus den Prüfungen zum Brandverhalten von Bauprodukten
DIN EN 13501-2	01.12.2003	Klassifizierung von Bauprodukten und Bauarten in ihrem Brandverhalten Teil 2: Klassifizierung mit den Ergebnissen aus den Feuerwiderstandsprüfungen, mit Ausnahme von Lüftungsanlagen
DIN EN 13501-5	E 06.2005	Klassifizierung von Bauprodukten und Bauarten zu ihrem Brandverhalten; Klassifizierung mit den Ergebnissen aus Prüfungen von Bedachungen bei Beanspruchung durch Feuer von außen
DIN EN 13823	01.06.2002	Prüfungen zum Brandverhalten von Bauprodukten; Thermische Beanspruchung durch einen einzelnen brennenden Gegenstand für Bauprodukte mit Ausnahme von Bodenbelägen
DIN EN 14390	E 05.2002	Brandverhalten von Bauprodukten; Großversuch an Oberflächenprodukten in einem Raum
DIN EN ISO 1182	01.07.2002	Prüfungen zum Brandverhalten von Bauprodukten, Nichtbrennbarkeitsprüfung
DIN EN ISO 1716	01.07.2002	Prüfung zum Brandverhalten von Bauprodukten, Bestimmung der Verbrennungswärme
DIN EN ISO 11925-2	01.07.2002	Prüfung zum Brandverhalten von Bauprodukten Teil 2: Entzündbarkeit bei direkter Flammeneinwirkung
DIN V ENV 1187	01.08.2002	Prüfverfahren zur Beanspruchung von Bedachungen durch Feuer von außen

Muster-Richtlinie für den baulichen Brandschutz	01.03.2001	Muster-Richtlinie für den baulichen Brandschutz im Industriebau
Erläuterung Muster-Richtlinie baulicher Brandschutz	01.03.2001	Erläuterungen zur Muster-Richtlinie über den baulichen Brandschutz im Industriebau der Fachkommission Bauaufsicht der ARGEBAU

Dachbahnen und Dichtungsbahnen

Norm	Ausgabedatum	Titel
DIN 7864-1	01.04.1984	Elastomer-Bahnen für Abdichtungen; Anforderungen, Prüfung
DIN 16726	01.12.1986	Kunststoff-Dachbahnen; Kunststoff-Dichtungsbahnen; Prüfungen
DIN 16729	01.09.1984	Kunststoff-Dachbahnen und Kunststoff-Dichtungsbahnen aus Ethylencopolymerisat-Bitumen (ECB); Anforderungen
DIN 16730	01.12.1986	Kunststoff-Dachbahnen aus weichmacherhaltigem Polyvinylchlorid (PVC-P), nicht bitumenverträglich; Anforderungen
DIN 16731	01.12.1986	Kunststoff-Dachbahnen aus Polyisobutylen (PIB), einseitig kaschiert; Anforderungen
DIN 16734	01.12.1986	Kunststoff-Dachbahnen aus weichmacherhaltigem Polyvinylchlorid (PVC-P) mit Verstärkung aus synthetischen Fasern, nicht bitumenverträglich; Anforderungen
DIN 16735	01.12.1986	Kunststoff-Dachbahnen aus weichmacherhaltigem Polyvinylchlorid (PVC-P) mit einer Glasvlieseinlage, nicht bitumenverträglich; Anforderungen
DIN 16736	01.12.1986	Kunststoff-Dachbahnen und Kunststoff-Dichtungsbahnen aus chloriertem Polyethylen (PE-C), einseitig kaschiert; Anforderungen
DIN 16737	01.12.1986	Kunststoff-Dachbahnen und Kunststoff-Dichtungsbahnen aus chloriertem Polyethylen (PE-C), mit einer Gewebeeinlage; Anforderungen
DIN 16738	E 01.1992	Kunststoff-Dichtungsbahnen aus Polyethylen hoher Dichte (PE-HD); Anforderungen
DIN 16935	01.12.1986	Kunststoff-Dichtungsbahnen aus Polyisobutylen (PIB); Anforderungen
DIN 16937	01.12.1986	Kunststoff-Dichtungsbahnen aus weichmacherhaltigem Polyvinylchlorid (PVC-P), bitumenverträglich; Anforderungen
DIN 16938	01.12.1986	Kunststoff-Dichtungsbahnen aus weichmacherhaltigem Polyvinylchlorid (PVC-P), nicht bitumenverträglich; Anforderungen
DIN 18190-4	01.10.1992	Dichtungsbahnen für Bauwerksabdichtungen; Dichtungsbahnen mit Metallbandeinlage; Begriff, Bezeichnung, Anforderungen
DIN 18191	01.05.1980	Textilglasgewebe als Einlage für bituminöse Bahnen

Übersicht der Normen

DIN 18192	01.08.1985	Verfestigtes Polyestervlies als Einlage für Bitumen- und Polymerbitumenbahnen; Begriff, Bezeichnung, Anforderungen, Prüfung
DIN 52117	01.03.1977	Rohfilzpappe; Begriff, Bezeichnung, Anforderungen
DIN 52123	01.08.1985	Prüfung von Bitumen- und Polymerbitumenbahnen
DIN 52128	01.03.1977	Bitumendachbahnen mit Rohfilzeinlage; Begriff, Bezeichnung, Anforderungen
DIN 52129	01.11.1993	Nackte Bitumenbahnen; Begriff, Bezeichnung, Anforderungen
DIN 52130	01.11.1995	Bitumen-Dachdichtungsbahnen – Begriffe, Bezeichnungen, Anforderungen
DIN 52131	01.11.1995	Bitumen-Schweißbahnen – Begriffe, Bezeichnungen, Anforderungen
DIN 52132	01.05.1996	Polymerbitumen-Dachdichtungsbahnen – Begriffe, Bezeichnungen, Anforderungen
DIN 52133	01.11.1995	Polymerbitumen-Schweißbahnen – Begriffe, Bezeichnungen, Anforderungen
DIN 52141	01.12.1980	Glasvlies als Einlage für Dach- und Dichtungsbahnen; Begriff, Bezeichnung, Anforderungen
DIN 52142	01.02.1978	Glasvlies als Einlage für Dach- und Dichtungsbahnen; Prüfung
DIN 52143	01.08.1985	Glasvlies-Bitumendachbahnen; Begriffe, Bezeichnung, Anforderungen
DIN V 52144	01.09.1995	Abdichtungsbahnen – Bitumen- und Polymerbitumenbahnen – Werkseigene Produktionskontrolle
DIN EN 1107-1	01.10.1999	Abdichtungsbahnen – Bestimmung der Maßhaltigkeit – Bitumenbahnen für Dachabdichtungen
DIN EN 1107-2	01.04.2001	Abdichtungsbahnen – Bestimmung der Maßhaltigkeit – Teil 2: Kunststoff- und Elastomerbahnen für Dachabdichtungen; Deutsche Fassung EN 1107-2:2001
DIN EN 1108	01.10.1999	Abdichtungsbahnen – Bitumenbahnen für Dachabdichtungen – Bestimmung der Formstabilität bei zyklischer Temperaturänderung
DIN EN 1109	01.10.1999	Abdichtungsbahnen – Bitumenbahnen für Dachabdichtungen – Bestimmung des Kaltbiegeverhaltens
DIN EN 1110	01.10.1999	Abdichtungsbahnen – Bitumenbahnen für Dachabdichtungen – Bestimmung der Wärmestandfestigkeit
DIN EN 1296	01.03.2001	Abdichtungsbahnen – Bitumen-, Kunststoff- und Elastomerbahnen für Dachabdichtungen*Verfahren zur künstlichen Alterung bei Dauerbeanspruchung durch erhöhte Temperatur
DIN EN 1847	01.04.2001	Abdichtungsbahnen – Bestimmung der Einwirkung von Flüssigchemikalien einschließlich Wasser – Kunststoff- und Elastomerbahnen für Dachabdichtungen; Deutsche Fassung EN 1847:2001

DIN EN 1931	01.03.2001	Abdichtungsbahnen – Bitumen-, Kunststoff- und Elastomerbahnen für DachabdichtungenBestimmung der Wasserdampfdurchlässigkeit
DIN EN 12039	01.11.1999	Abdichtungsbahnen – Bitumenbahnen für Dachabdichtungen – Bestimmung der Bestreuungshaftung
DIN EN 12310-1	01.11.1999	Abdichtungsbahnen – Bitumenbahnen für Dachabdichtungen – Bestimmung des Weiterreißwiderstandes (Nagelschaft)
DIN EN 12310-2	01.12.2000	Abdichtungsbahnen – Bestimmung des Widerstandes gegen Weiterreißen, Teil 2: Kunststoff- und Elstomerbahnen für Dachabdichtungen
DIN EN 12311-1	01.11.1999	Abdichtungsbahnen – Bitumenbahnen für Dachabdichtungen – Bestimmung des Zug-Dehnungsverhaltens
DIN EN 12316-1	01.11.1999	Abdichtungsbahnen – Bitumenbahnen für Dachabdichtungen – Bestimmung des Schälwiderstandes der Fügenähte
DIN EN 12317-1	01.11.1999	Abdichtungsbahnen – Bitumenbahnen für Dachabdichtungen – Bestimmung des Scherwiderstandes der Fügenähte
DIN EN 12691	01.04.2001	Abdichtungsbahnen – Bitumen-, Kunststoff- und Elastomerbahnen für Dachabdichtungen – Bestimmung des Widerstandes gegen stoßartige Belastung; Deutsche Fassung EN 12691:2001
DIN EN 12730	01.04.2001	Abdichtungsbahnen – Bitumen-, Kunststoff- und Elastomerbahnen für Dachabdichtungen – Bestimmung des Widerstandes gegen statische Belastung, Deutsche Fassung EN 12730:2001
DIN EN 13707	E 11.1999	Abdichtungsbahnen – Bitumenbahnen mit Trägereinlage für Dachabdichtungen – Definitionen und Eigenschaften
DIN EN 13859-1	E 09.2000	Abdichtungsbahnen – Definitionen und Eigenschaften von Unterdeck- und Unterspannbahnen; Unterdeck- und Unterspannbahnen für Dachdeckungen
DIN EN 13859-2	E 05.2000	Abdichtungsbahnen – Definitionen und Eigenschaften von Unterdeck- und Unterspannbahnen; Unterdeck- und Unterspannbahnen für Wände
DIN EN 13948	E 02.2001	Abdichtungsbahnen – Bitumen-, Kunststoff- und Elastomerbahnen für Dachabdichtungen; Bestimmung des Widerstandes gegen Durchwurzelung
DIN EN 13956	E 10.2000	Abdichtungsbahnen – Kunststoff und Elastomerbahnen für Dachabdichtung – Definitionen und Merkmale
DIN EN 13967	E 10.2000	Abdichtungsbahnen – Kunststoff- und Elastomerbahnen für die Bauwerksabdichtung gegen Bodenfeuchte und Wasser – Definitionen und Eigenschaften
DIN EN 13969	E 10.2000	Abdichtungsbahnen – Bitumenbahnen für die Bauwerksabdichtung gegen Bodenfeuchte und Wasser – Definitionen und Eigenschaften

Übersicht der Normen 15

Norm	Ausgabedatum	Titel
DIN EN 13970	E 10.2000	Abdichtungsbahnen – Bitumen-Dampfsperrbahnen – Definitionen und Eigenschaften
DIN EN 13984	E 10.2000	Abdichtungsbahnen – Kunststoff- und Elastomerbahnen mit Dampfsperrbahnen – Definitionen und Eigenschaften

Dachsteine

Norm	Ausgabedatum	Titel
DIN EN 490	01.03.2005	Dach- und Formsteine aus Beton für Dächer und Wandbekleidungen; Produktanforderungen
DIN EN 491	01.03.2005	Dach- und Formsteine aus Beton für Dächer und Wandbekleidungen; Prüfverfahren

Dachziegel

Norm	Ausgabedatum	Titel
DIN EN 538	01.11.1994	Tondachziegel für überlappende Verlegung – Prüfung der Biegetragfähigkeit
DIN EN 539-1	01.11.1994(E12.2004)	Dachziegel für überlappende Verlegung – Bestimmung der physikalischen Eigenschaften; Prüfung der Wasserundurchlässigkeit
DIN EN 539-2	01.07.1998(E08.2004)	Dachziegel für überlappende Verlegung – Bestimmung der physikalischen Eigenschaften; Prüfung der Frostwiderstandsfähigkeit
DIN EN 1024	01.06.1997	Tondachziegel für überlappende Verlegung – Bestimmung der geometrischen Kennwerte
DIN EN 1304	01.07.2000(E10.2003)	Dachziegel für überlappende Verlegung – Definitionen und Produktanforderungen

Dämmstoffe

Norm	Ausgabedatum	Titel
DIN 1101	01.06.2000	Holzwolle-Leichtbauplatten und Mehrschicht-Leichtbauplatten als Dämmstoffe für das Bauwesen – Anforderungen, Prüfung
DIN 1102	01.11.1989	Holzwolle-Leichtbauplatten und Mehrschicht-Leichtbauplatten nach DIN 1101 als Dämmstoffe für das Bauwesen; Verwendung, Verarbeitung
DIN 18159-1	01.12.1991	Schaumkunststoffe als Ortschäume im Bauwesen; Polyurethan-Ortschaum für die Wärme- und Kältedämmung; Anwendung, Eigenschaften, Ausführung, Prüfung
DIN 18161-1	01.12.1976	Korkerzeugnisse als Dämmstoffe für das Bauwesen; Dämmstoffe für die Wärmedämmung
DIN 18164-2	01.09.2001	Schaumkunststoffe als Dämmstoffe für das Bauwesen; Dämmstoffe für die Trittschalldämmung aus expandiertem Polystyrol-Hartschaum
DIN 18165-2	01.09.2001	Faserdämmstoffe für das Bauwesen; Dämmstoffe für die Trittschalldämmung

Übersicht der Normen

Norm	Datum	Titel
DIN 18174	01.01.1981	Schaumglas als Dämmstoff für das Bauwesen; Dämmstoffe für die Wärmedämmung
DIN 68755-1	01.06.2000	Holzfaserdämmstoffe für das Bauwesen – Teil 1: Dämmstoffe für die Wärmedämmung
DIN EN 13162	01.10.2001	Wärmedämmstoffe für Gebäude – Werkmäßig hergestellte Produkte aus Mineralwolle – Spezifikation
DIN EN 13163	01.10.2001	Wärmedämmstoffe für Gebäude – Werkmäßig hergestellte Produkte aus expandiertem Polystyrol – Spezifikation
DIN EN 13164	01.10.2001	Wärmedämmstoffe für Gebäude – Werkmäßig hergestellte Produkte aus extrudiertem Polystyrolschaum – Spezifikation
DIN EN 13165	01.02.2005	Wärmedämmstoffe für Gebäude – Werkmäßig hergestellte Produkte aus Polyurethan-Hartschaum (PUR)
DIN EN 13166	01.10.2001	Wärmedämmstoffe für Gebäude – Werkmäßig hergestellte Produkte aus Phenolharz-Hartschaum – Spezifikation
DIN EN 13167	01.10.2001	Wärmedämmstoffe für Gebäude – Werkmäßig hergestellte Produkte aus Schaumglas – Spezifikation
DIN EN 13168	01.10.2001	Wärmedämmstoffe für Gebäude – Werkmäßig hergestellte Produkte aus Holzwolle – Spezifikation
DIN EN 13169	01.10.2001	Wärmedämmstoffe für Gebäude – Werkmäßig hergestellte Produkte aus Blähperlit – Spezifikation
DIN EN 13170	01.10.2001	Wärmedämmstoffe für Gebäude – Werkmäßig hergestellte Produkte aus expandiertem Kork – Spezifikation
DIN EN 13171	01.10.2001	Wärmedämmstoffe für Gebäude – Werkmäßig hergestellte Holzfaserdämmstoffe – Spezifikation
DIN EN 13172	01.10.2001	Wärmedämmstoffe-Konformitätsbewertung
DIN EN 13172/A1	01.11.2003	Wärmedämmstoffe – Konformitätsbewertung; Änderung A1
DIN EN 13494	01.02.2003	Wärmedämmstoffe für das Bauwesen – Bestimmung der Haftzugfestigkeit zwischen Klebemasse/Klebemörtel und Wärmedämmstoff sowie zwischen Unterputz und Wärmedämmstoff
DIN EN 13495	01.02.2003	Wärmedämmstoffe für das Bauwesen – Bestimmung der Abreißfestigkeit von außenseitigen Wärmedämmstoff-Verbundsystemem (WDVS) (Schaumblock-Verfahren)
DIN EN 13496	01.02.2003	Wärmedämmstoffe für das Bauwesen – Bestimmung der mechanischen Eigenschaften von Glasfasergewebe
DIN EN 13497	01.02.2003	Wärmedämmstoffe für das Bauwesen – Bestimmung der Schlagfestigkeit von außenseitigen Wärmedämm-Verbundsystemen (WDVS)
DIN EN 13498	01.02.2003	Wärmedämmstoffe für das Bauwesen – Bestimmung des Eindringwiderstandes von außenseitigen Wärmedämm-Verbundsystemen (WDVS)

Norm	Ausgabedatum	Titel
DIN EN 13793	01.12.2003	Wärmedämmstoffe für das Bauwesen – Bestimmungen des Verhaltens unter zyklischer Belastung
DIN EN 13820	01.12.2003	Wärmedämmstoffe für das Bauwesen – Bestimmung des Gehalts an organischen Bestandteilen
DIN EN 14063-1	01.11.2004	Wärmedämmstoffe für Gebäude – An der Verwendungsstelle hergestellte Wärmedämmung aus Blähton-Leichtzuschlagstoffen; Spezifikation für die Schüttdämmstoffe vor dem Einbau
DIN EN 14063-2	E 03.2001	Wärmedämmstoffe für Gebäude – An der Verwendungsstelle hergestellte Wärmedämmung aus Blähton-Leichtzuschlagsstoffen; Spezifikation für die eingebauten Produkte
DIN EN 14064-1	E 03.2001	Wärmedämmstoffe für Gebäude – An der Verwendungsstelle hergestellte Wärmedämmung aus Mineralwolle; Spezifikation für die Schüttdämmstoffe vor dem Einbau
DIN EN 14064-2	E 03.2001	Wärmedämmstoffe für Gebäude – An der Verwendungsstelle hergestellte Wärmedämmung aus Mineralwolle; Spezifikation für die eingebauten Produkte
DIN EN 14509	01.09.2002	Selbsttragende, wärmedämmende Sandwich Elemente mit beidseitiger Metalldeckschicht
DIN EN 15100-1	E 02.2005	Wärmedämmstoffe für Gebäude – An der Verwendungsstelle hergestellte Wärmedämmung aus Harnstoff-Formaldehydharz-Schaum (UF); Spezifikation für das Schaumsystem vor dem Einbau
DIN EN 15100-2	E 01.2005	Wärmedämmstoffe für Gebäude – An der Verwendungsstelle hergestellte Wärmedämmung aus Harnstoff-Formaldehydharz-Schaum; Spezifikation der eingebauten Produkte
DIN EN 15101-1	E 05.2005	Wärmedämmstoffe für das Bauwesen – An der Anwendungsstelle hergestellte Wärmedämmung aus Zellulosefasern; Spezifikation für die Produkte vor dem Einbau
DIN EN 15101-2	E 02.2005	Wärmedämmstoffe für Gebäude – An der Anwendungsstelle hergestellte Wärmedämmung aus losem Zellulosefüllstoff; Spezifikation für die eingebauten Produkte

Entwässerung, Rinnen und Regenfallrohre

Norm	Ausgabedatum	Titel
DIN 1986-100	01.03.2002	Entwässerungsanlagen für Gebäude und Grundstücke – Teil 100: Zusätzliche Bestimmungen zu DIN EN 752 und DIN EN 12056
DIN 1986-100 Berichtigung 1		01.12.2002 Berichtigungen zu DIN 1986-100, 03.2002
DIN 18462	01.07.1991	Rohrbögen für kreisförmige Regenfallrohre; Prüfung
DIN EN 607	01.02.2005	Hängedachrinnen und Zubehörteile aus PVC-U – Begriffe, Anforderungen und Prüfung

DIN EN 612	01.04.2005	Hängedachrinnen mit Aussteifung der Rinnenvorderseite und Regenrohre aus Metallblech mit Nahtverbindungen
DIN EN 752-1	01.01.1996	Entwässerungssysteme außerhalb von Gebäuden; Allgemeines und Definitionen
DIN EN 1253-1	01.09.2003	Abläufe für Gebäude – Teil 1: Anforderungen
DIN EN 1253-2	01.03.2004	Abläufe für Gebäude; Prüfverfahren
DIN EN 1253-3	01.06.1999	Abläufe für Gebäude; Güteüberwachung
DIN EN 1253-4	01.02.2000	Abläufe für Gebäude; Abdeckungen
DIN EN 1462	01.12.2004	Rinnenhalter für Hängedachrinnen – Anforderungen und Prüfung
DIN EN 1610	01.10.1997	Verlegung und Prüfung von Abwasserleitungen und -kanälen
DIN EN 12056-1	01.01.2001	Schwerkraftentwässerungsanlagen innerhalb von Gebäuden; Allgemeine und Ausführungsanforderungen
DIN EN 12056-2	01.01.2001	Schwerkraftentwässerungsanlagen innerhalb von Gebäuden, Schmutzwasseranlagen; Planung und Berechnung
DIN EN 12056-3	01.01.2001	Schwerkraftentwässerungsanlagen innerhalb von Gebäuden; Dachentwässerung; Planung und Berechnung;
DIN EN 12056-4	01.01.2001	Schwerkraftentwässerungsanlagen innerhalb von Gebäuden; Abwasserhebeanlagen; Planung und Bemessung
DIN EN 12056-5	01.01.2001	Schwerkraftentwässerungsanlagen innerhalb von Gebäuden; Installation und Prüfung, Anleitung für Betrieb, Wartung und Gebrauch

Faserzement

Norm	Ausgabedatum	Titel
DIN EN 492	07.1999(E10.2003)	Faserzement-Dachplatten und dazugehörige Formteile für Dächer – Produktspezifikation und Prüfverfahren
DIN EN 494	07.1999(E10.2003)	Faserzement-Wellplatten und dazugehörige Formteile für Dächer – Produktspezifikation und Prüfverfahren
DIN EN 12467	09.2000(E10.2003)	Faserzement-Tafeln – Produktspezifikationen und Prüfverfahren

Gerüste

Norm	Ausgabedatum	Titel
DIN 4420-1	01.03.2004	Arbeits- und Schutzgerüste – Teil 1: Schutzgerüste; Leistungsanforderungen, Entwurf, Konstruktion und Bemessung
DIN 4420-2	01.12.1990	Arbeits- und Schutzgerüste; Leitergerüste; Sicherheitstechnische Anforderungen

Übersicht der Normen

Norm	Ausgabedatum	Titel
DIN 4420-3	01.12.1990(E12.2004)	Arbeits- und Schutzgerüste; Gerüstbauarten ausgenommen Leiter- und Systemgerüste; Sicherheitstechnische Anforderungen und Regelausführungen
DIN 4422-1	01.08.1992	Fahrbare Arbeitsbühnen (Fahrgerüste) aus vorgefertigten Bauteilen; Werkstoffe, Gerüstbauteile, Maße, Lastannahmen und sicherheitstechnische Anforderungen
DIN EN 12810-1	01.03.2004	Fassadengerüste aus vorgefertigten Bauteilen; Produktfestlegung
DIN EN 12811-1	01.03.2004	Temporäre Konstruktionen für Bauwerke – Arbeitsgerüste; Leistungsanforderungen, Entwurf, Konstruktion und Bemessung
DIN EN 12811-2	01.04.2004	Temporäre Konstruktionen für Bauwerke – Informationen zu den Werkstoffen
DIN EN 12812	01.09.2004	Traggerüste – Anfroderungen, Bemessung und Entwurf

Hilfsstoffe in der Dachdeckung/Dachabdichtung/Außenwandbekleidung

Norm	Ausgabedatum	Titel
DIN 96	01.12.1986	Halbrund-Holzschrauben mit Schlitz
DIN 97	01.12.1986	Senk-Holzschrauben mit Schlitz
DIN V 105-1	01.06.2002	Mauerziegel – Vollziegel und Hochlochziegel der Rohdichteklassen (1, 2
DIN V 105-2	01.06.2002	Mauerziegel; Leichthochlochziegel
DIN 105-3	01.05.1984	Mauerziegel; Hochfeste Ziegel und hochfeste Klinker
DIN 105-4	01.05.1984	Mauerziegel; Keramikklinker
DIN 105-5	01.05.1984	Mauerziegel; Leichtlanglochziegel und Leichtlangloch-Ziegelplatten
DIN 529	01.12.1986	Steinschrauben
DIN 571	01.12.1986	Sechskant-Holzschrauben
DIN 603	01.10.1981	Flachrundschrauben mit Vierkantansatz
DIN 1164-10	01.08.2004	Zement mit besonderen Eigenschaften – Zusammensetzung, Anforderungen, Übereinstimmungsnachweis von Normalzement mit besonderen Eigenschaften
DIN 4226-1	01.07.2001	Gesteinskörnungen für Beton und Mörtel: Normale und schwere Gesteinskörnungen
DIN 4226-2	01.02.2002	Gesteinskörnungen für Beton und Mörtel: Leichte Gesteinskörnungen (Leichtzuschläge)
DIN V 18152	01.10.2003	Vollsteine und Vollblöcke aus Leichtbeton
DIN 18530	01.03.1987	Massive Deckenkonstruktionen für Dächer; Planung und Ausführung
DIN 18550-1	01.01.1985	Putz; Begriffe und Anforderungen

Norm	Ausgabedatum	Titel
DIN EN 197-1	01.08.2004	Zement mit besonderen Eigenschaften; Zusammensetzung, Anforderungen und Übereinstimmungsnachweis von Normalzement mit besonderen Eigenschaften
DIN EN 197-2	01.11.2000	Zement; Konformitätsbewertung
DIN EN 459-1	01.02.2002	Baukalk – Teil 1: Definitionen, Anforderungen und Konformitätskriterien
DIN EN 459-3	01.02.2002	Baukalk – Teil 3: Konformitätsbewertung
DIN EN 998-1	01.09.2003	Festlegung für Mörtel im Mauerwerksbau – Putzmörtel
DIN EN 998-2	01.09.2003	Festlegung für Mörtel im Mauerwerksbau – Mauermörtel
DIN EN 1339	01.08.2003	Platten aus Beton – Anforderungen und Prüfverfahren
DIN EN ISO 3506-1	01.03.1998	Mechanische Eigenschaften von Verbindungselementen aus nichtrostenden Stählen; Schrauben
DIN EN ISO 3506-2	01.03.1998	Mechanische Eigenschaften von Verbindungselementen aus nichtrostenden Stählen; Muttern
DIN EN ISO 3506-3	01.03.1998	Mechanische Eigenschaften von Verbindungselementen aus nichtrostenden Stählen; Gewindestifte und ähnliche, nicht auf Zug beanspruchte Schrauben
DIN EN 10230-1	01.01.2000	Nägel aus Stahldraht; Lose Nägel für allgemeine Verwendungszwecke

Holz, Holzwerkstoffe und Holzschutz

Norm	Ausgabedatum	Titel
DIBt-Richtlinie 100 (06.1994)	01.06.1994	Richtlinie über die Klassifizierung und Überwachung von Holzwerkstoffplatten bezüglich der Formaldehydabgabe
DIN 4070-1	01.01.1958	Nadelholz; Querschnittsmaße und statische Werte für Schnittholz, Vorratskantholz und Dachlatten
DIN 4071-1	01.04.1977	Ungehobelte Bretter und Bohlen aus Nadelholz; Maße
DIN 4072	01.08.1977	Gespundete Bretter aus Nadelholz
DIN 4073-1	01.04.1977	Gehobelte Bretter und Bohlen aus Nadelholz; Maße
DIN 4074-1	01.06.2003	Sortierung von Nadelholz nach der Tragfähigkeit; – Nadelschnittholz
DIN 4076-1	01.10.1985	Benennungen und Kurzzeichen auf dem Holzgebiet; Holzarten
DIN 52181	01.08.1975	Bestimmung der Wuchseigenschaften von Nadelschnittholz
DIN 68364	01.05.2003	Kennwerte von Holzarten; Rohdichte, Elastizitätsmodul und Festigkeiten
DIN 68365	01.11.1957	Bauholz für Zimmerarbeiten; Gütebedingungen
DIN 68705-3	01.12.1981	Sperrholz; Bau-Funiersperrholz
DIN 68705-5	01.10.1980	Sperrholz; Bau-Furniersperrholz aus Buche

DIN 68705-5 Bbl. 1	01.10.1980	Bau-Furniersperrholz aus Buche; Zusammenhänge zwischen Plattenaufbau, elastischen Eigenschaften und Festigkeiten
DIN 68800-1	01.05.1974	Holzschutz im Hochbau; Allgemeines
DIN 68800-2	01.05.1996	Holzschutz; vorbeugende bauliche Maßnahmen im Hochbau
DIN 68800-3	01.04.1990	Holzschutz; Vorbeugender chemischer Holzschutz
DIN 68800-4	01.11.1992	Holzschutz; Bekämpfungsmaßnahmen gegen holzzerstörende Pilze und Insekten
DIN 68800-5	05.1978(E01.1990)	Holzschutz im Hochbau; Vorbeugender chemischer Schutz von Holzwerkstoffen
DIN EN 300	01.06.1997 (E07.2004)	Platten aus langen, schlanken, ausgerichteten Spänen (OSB) – Definition, Klassifizierung und Anforderungen
DIN EN 312	01.11.2003	Spanplatten – Anforderungen
DIN EN 315	01.10.2000	Sperrholz – Maßtoleranzen
DIN EN 335-1	01.09.1992	Dauerhaftigkeit von Holz und Holzprodukten; Definition der Gefährdungsklassen für einen biologischen Befall; Allgemeines
DIN EN 335-1	E 11.2004	Dauerhaftigkeit von Holz und Holzprodukten – Definition der Gebrauchsklassen – Allgemeines
DIN EN 335-2	01.10.1992	Dauerhaftigkeit von Holz und Holzprodukten – Definitionen der Gefährdungsklassen für einen biologischen Befall; Anwendung bei Vollholz
DIN EN 335-2	E 11.2004	Dauerhaftigkeit von Holz und Holzprodukten – Definition der Gebrauchsklassen – Anwendung bei Vollholz
DIN EN 335-3	01.09.1995	Dauerhaftigkeit von Holz und Holzprodukten; Definition der Gefährdungsklassen für einen biologischen Befall – Anwendung bei Holzwerkstoffen
DIN EN 336	01.09.2003	Bauholz für tragende Zwecke – Maße, zulässige Abweichungen
DIN EN 338	01.09.2003	Bauholz für tragende Zwecke – Festigkeitsklassen
DIN EN 350-1	01.10.1994	Dauerhaftigkeit von Holz und Holzprodukten – Natürliche Dauerhaftigkeit von Vollholz; Grundsätze für die Prüfung und Klassifikation der natürlichen Dauerhaftigkeit von Holz
DIN EN 350-2	01.10.1994	Dauerhaftigkeit von Holz und Holzprodukten – Natürliche Dauerhaftigkeit von Vollholz; Leitfaden für die natürliche Dauerhaftigkeit und Tränkbarkeit von ausgewählten Holzarten von besonderer Bedeutung in Europa
DIN EN 390	01.03.1995	Brettschichtholz – Maße – Grenzabmaße
DIN EN 460	01.10.1994	Dauerhaftigkeit von Holz und Holzprodukten – Natürliche Dauerhaftigkeit von Vollholz – Leitfaden für die Anforderungen an die Dauerhaftigkeit von Holz für die Anwendung in den Gefährdungsklassen
DIN EN 622-1	01.09.2003	Faserplatten – Anforderungen: Allgemeine Anforderungen

DIN EN 622-2	01.07.2004	Faserplatten – Anforderungen; Anforderungen an harte Platten
DIN EN 622-3	01.07.2004	Faserplatten – Anforderungen; Anforderungen an mittelharte Platten
DIN EN 13986	01.03.2005	Holzwerkstoffe zur Verwendung im Bauwesen – Eigenschaften, – Bewertung der Konformität und Kennzeichnung
DIN V 20000-1	01.01.2004	Anwendung von Bauprodukten in Bauwerken – Holzwerkstoffe

Holzschindeln

Norm	Ausgabedatum	Titel
DIN 68119	01.09.1996	Holzschindeln

Korrosionsschutz

Norm	Ausgabedatum	Titel
DIN 55928-8	01.07.1994	Korrosionsschutz von Stahlbauten durch Beschichtungen und Überzüge; Korrosionsschutz von tragenden dünnwandigen Bauteilen
DIN EN ISO 12944-2	01.07.1998	Beschichtungsstoffe – Korrosionsschutz von Stahbauten durch Beschichtungssysteme – Einteilung der Umgebungsbedingungen

Lichtdurchlässige Platten

Norm	Ausgabedatum	Titel
DIN EN 636	01.11.2003	Sperrholz, Anforderungen
DIN EN 634	01.04.1995	Zementgebundene Spanplatten, Anforderungen
DIN EN 622-4	01.08.1997	Faserplatten-Anforderungen, Anforderungen an poröse Platten
DIN EN 1013-1	01.1998(E03.2004)	Lichtdurchlässige profilierte Platten aus Kunststoff für Innen- und Außenanwendungen, einschalige Dacheindeckungen; Allgemeine Anforderungen und Prüfverfahren
DIN EN 1013-2	01.03.1999	Lichtdurchlässige profilierte Platten aus Kunststoff für einschalige Dacheindeckungen; Besondere Anforderungen und Prüfmethoden für Platten aus glasfaserverstärktem Polyesterharz (GF – UP)
DIN EN 1013-3	01.01.1998	Lichtdurchlässige profilierte Platten aus Kunststoff für einschalige Dacheindeckungen; Besondere Anforderungen und Prüfmethoden für Platten aus Polyvinylchlorid (PVC)
DIN EN 1013-4	01.02.2000	Lichtdurchlässige profilierte Platten aus Kunststoff für einschalige Dacheindeckungen; Besondere Anforderungen und Prüfmethoden und -verhalten für Platten aus Polycarbonat (PC)
DIN EN 1013-5	01.02.2000	Lichtdurchlässige profilierte Platten aus Kunststoff für einschalige Dacheindeckungen; Besondere Anforderungen und Prüfverfahren und -verhalten für Platten aus Polymethylmethacrylat (PMMA)

DIN EN 1873	01.05.2005	Vorgefertigte Zubehörteile für Dacheindeckungen – Lichtkuppeln aus Kunststoff – Produktfestlegungen und Prüfverfahren
DIN EN 14963	E 08.2004	Dacheindeckungen – Dachlichtbänder aus Kunststoff zur Verwendung mit Aufsetzkränzen – Klassifizierung, Anforderungen und Prüfverfahren

Normen für besondere Zwecke

Norm	Ausgabedatum	Titel
DIN 820-2	01.10.2004	Normungsarbeit – Gestaltung von Dokumenten
DIN 862	01.12.1988	Meßschieber; Anforderungen, Prüfung
DIN 18201	01.04.1997	Toleranzen im Bauwesen – Begriffe, Grundsätze, Anwendung, Prüfung
DIN 18202	01.04.1997(E11.2004)	Toleranzen im Hochbau – Bauwerke
DIN 18203-3	01.08.1984	Toleranzen im Hochbau; Bauteile aus Holz und Holzwerkstoffen
DIN 18530	01.03.1987	Massive Deckenkonstruktionen für Dächer; Planung und Ausführung
DIN EN 14437	E 05.2002	Bestimmung des Abhebewiderstandes von verlegten Dachziegeln oder Dachsteinen – Prüfverfahren für Dachsysteme
DIN EN 12158-1	01.01.2001	Bauaufzüge für den Materialtransport – Teil 1: Aufzüge mit betretbarer Plattform
DIN EN 12158-2	01.01.2001	Bauaufzüge für den Materialtransport – Teil 2: Schrägaufzüge mit nicht betretbaren Lastaufnahmemitteln
DIN EN 12159	01.01.2001	Bauaufzüge zur Personen- und Materialbeförderung mit senkrecht geführten Fahrkörben
DIN EN ISO 9000	01.12.2000	Qualitätsmanagementsysteme – Grundlagen und Begriffe
DIN EN ISO 9001	01.12.2000	Qualitätsmanagentsysteme – Anforderungen
DIN EN ISO 14040	01.08.1997	Umweltmanagement – Ökobilanz – Prinzipien und allgemeine Anforderungen

Porenbeton

Norm	Ausgabedatum	Titel
DIN 4223-1	01.12.2003	Vorgefertigte bewehrte Bauteile aus dampfgehärtetem Porenbeton – Teil 1: Herstellung, Eigenschaften, Übereinstimmungsnachweis

Schallschutz

Norm	Ausgabedatum	Titel
DIN 4109	01.11.1989	Schallschutz im Hochbau; Anforderungen und Nachweise
DIN 4109 Bbl 1	01.11.1989	Schallschutz im Hochbau; Ausführungsbeispiele und Rechenverfahren

DIN 4109 Bbl 1/A1	01.09.2003	Schallschutz im Hochbau – Ausführungsbeispiele und Rechenverfahren; Änderung A1
DIN 4109 Bbl 2	01.11.1989	Schallschutz im Hochbau; Hinweise für Planung und Ausführung; Vorschläge für einen erhöhten Schallschutz; Empfehlungen für den Schallschutz im eigenen Wohn- und Arbeitsbereich
DIN 4109 Bbl 3	01.06.1996	Schallschutz im Hochbau – Berechnung von R'w für den Nachweis der Eignung nach DIN 4109 aus Werten des im Labor ermittelten Schalldämm-Maßes Rw
DIN 4109 Berichtigung 1	01.08.1992	Berichtigungen zu DIN 4109 / 11.89, DIN 4109 Bbl 1 / 11.89 und DIN 4109 Bbl 2 / 11.89

Schiefer

Norm	Ausgabedatum	Titel
DIN 52102	01.08.1988	Prüfung von Naturstein und Gesteinskörnungen; Bestimmung von Dichte, Trockenrohdichte, Dichtigkeitsgrad und Gesamtporosität
DIN 52102	E 08.2004	Prüfverfahren für Gesteinskörnungen – Bestimmung der Trockenrohdichte mit Messzylinderverfahren und Berechnung des Dichtigkeitsgrades
DIN 52104-1	01.11.1982	Prüfung von Naturstein; Frost-Tau-Wechsel-Versuch; Verfahren A bis Q
DIN 52104-2	01.11.1982	Prüfung von Naturstein; Frost-Tau-Wechsel-Versuch; Verfahren Z
DIN EN 932-1	01.11.1996	Prüfverfahren für allgemeine Eigenschaften vo Gesteinskörnungen: Probenahmeverfahren
DIN EN 1097-6	01.01.2001	Prüfverfahren für mechanische und physikalische Eigenschaften von Gesteinskörnungen – Teil 6: Bestimmung der Rohdichte und der Wasseraufnahme
DIN EN 12326-1	01.10.2004	Schiefer und andere Natursteinprodukte für überlappende Dachdeckungen und Außenwandbekleidungen – Produktspezifikation
DIN EN 12326-2	01.11.2004	Schiefer und andere Natursteinprodukte für überlappende Dachdeckungen und Außenwandbekleidungen; Prüfverfahren
DIN EN 12372	01.06.1999	Prüfverfahren für Naturstein – Bestimmung der Biegefestigkeit unter Mittellinienlast
DIN EN 12372 Berichtigung 1	01.05.2003	Berichtigung zu DIN EN 12372, 06.1999
DIN EN 13161	01.02.2002	Prüfverfahren für Naturstein – Bestimmung der Biegefestigkeit unter Drittellinienlast
DIN EN 13755	01.03.2002	Prüfverfahren für Naturstein – Bestimmung der Wasseraufnahme unter atmosphärischem Druck

Unfallschutz

Norm	Ausgabedatum	Titel
DIN 4420-1	01.03.2004	Arbeits- und Schutzgerüste – Teil 1: Schutzgerüste; Leistungsanforderungen, Entwurf, Konstruktion und Bemessung

Übersicht der Normen

Norm	Datum	Titel
DIN 4426	01.09.2001	Einrichtungen zur Instandhaltung baulicher Anlagen – Arbeitsplätze und Verkehrswege – Planung und Ausführung
DIN 18160-5	01.05.1998	Abgasanlagen; Einrichtungen für Schornsteinfegerarbeiten; Anforderungen, Planung und Ausführung
DIN EN 354	01.09.2002	Persönliche Schutzausrüstung gegen Absturz – Verbindungsmittel
DIN EN 358	01.02.2000	Persönliche Schutzausrüstung für Haltefunktionen und zur Verhinderung von Abstürzen – Haltegurte und Verbindungsmittel für Haltegurte
DIN EN 516	01.08.1995(E07.2005)	Vorgefertigte Zubehörteile für Dacheindeckungen – Einrichtungen zum Betreten des Daches – Laufstege, Trittflächen und Einzeltritte
DIN EN 517	01.08.1995(E07.2005)	Vorgefertigte Zubehörteile für Dacheindeckungen – Sicherheitsdachhaken
E DIN EN 517	E07.2005	Vorgefertigte Zubehörteile für Dacheindeckungen – Sicherheitsdachhaken
DIN EN 1298	01.04.1996	Fahrbare Arbeitsbühnen – Regeln und Festlegungen für die Aufstellung einer Aufbau- und Verwendungsanleitung
DIN EN 12810-1	01.03.2004	Fassadengerüste aus vorgefertigten Bauteilen – Teil 1: Produktfestlegungen
DIN EN 12810-2	01.03.2004	Fassadengerüste aus vorgefertigten Bauteilen – Teil 2: Besondere Bemessungsverfahren und Nachweise

Vergabe- und Vertragsordnung für Bauleistungen

Norm	Ausgabedatum	Titel
VOB/A-DIN 1960	01.12.2002	Allgemeine Bestimmungen für die Vergabe von Bauleistungen
VOB/B-DIN 1961	01.12.2002	Allgemeine Vertragsbedingungen für die Ausführung von Bauleistungen
VOB/C-DIN 18299	01.12.2002	Allgemeine Regelungen für Bauarbeiten jeder Art
VOB/C-DIN 18300	01.12.2002	Erdarbeiten
VOB/C-DIN 18301	01.12.2002	Bohrarbeiten
VOB/C-DIN 18302	01.12.2000	Brunnenbauarbeiten
VOB/C-DIN 18303	01.12.2002	Verbauarbeiten
VOB/C-DIN 18304	01.12.2000	Ramm-, Rüttel- und Pressarbeiten
VOB/C-DIN 18305	01.12.2000	Wasserhaltungsarbeiten
VOB/C-DIN 18306	01.12.2000	Entwässerungskanalarbeiten
VOB/C-DIN 18307	01.12.2002	Druckrohrleitungsarbeiten im Erdreich
VOB/C-DIN 18308	01.12.2002	Dränarbeiten
VOB/C-DIN 18309	01.12.2002	Einpressarbeiten
VOB/C-DIN 18310	01.12.2000	Sicherungsarbeiten an Gewässern, Deichen und Küstendünen
VOB/C-DIN 18311	01.12.2000	Nassbaggerarbeiten

VOB/C-DIN 18312	01.12.2002	Untertagebauarbeiten
VOB/C-DIN 18313	01.12.2002	Schlitzwandarbeiten mit stützenden Flüssigkeiten
VOB/C-DIN 18314	01.12.2002	Spritzbetonarbeiten
VOB/C-DIN 18315	01.12.2000	Verkehrswegebauarbeiten, Oberbauschichten ohne Bindemittel
VOB/C-DIN 18316	01.12.2000	Verkehrswegebauarbeiten, Oberbauschichten mit hydraulischen Bindemitteln
VOB/C-DIN 18317	01.12.2000	Verkehrswegebauarbeiten, Oberbauschichten aus Asphalt
VOB/C-DIN 18318	01.12.2000	Verkehrswegebauarbeiten, Pflasterdecken, Plattenbeläge und Einfassungen
VOB/C-DIN 18319	01.12.2000	Rohrvortriebsarbeiten
VOB/C-DIN 18320	01.12.2002	Landschaftsbauarbeiten
VOB/C DIN 18321	01.12.2002	Düsenstrahlarbeiten
VOB/C-DIN 18325	01.12.2002	Gleisbauarbeiten
VOB/C-DIN 18330	01.01.2005	Mauerarbeiten
VOB/C-DIN 18331	01.01.2005	Beton- und Stahlbetonarbeiten
VOB/C-DIN 18332	01.12.2002	Naturwerksteinarbeiten
VOB/C-DIN 18333	01.12.2000	Betonwerksteinarbeiten
VOB/C-DIN 18334	01.01.2005	Zimmer- und Holzbauarbeiten
VOB/C-DIN 18335	01.12.2002	Stahlbauarbeiten
VOB/C-DIN 18336	01.12.2002	Abdichtungsarbeiten
VOB/C-DIN 18338	01.12.2002	Dachdeckungs- und Dachabdichtungsarbeiten
VOB/C-DIN 18339	01.12.2002	Klempnerarbeiten
VOB/C-DIN 18340	01.01.2005	Trockenbauarbeiten
VOB/C-DIN 18349	01.12.2002	Betonerhaltungsarbeiten
VOB/C-DIN 18350	01.01.2005	Putz- und Stuckarbeiten
VOB/C-DIN 18351	01.12.2002	Fassadenarbeiten
VOB/C-DIN 18352	01.12.2002	Fliesen- und Plattenarbeiten
VOB/C-DIN 18353	01.01.2005	Estricharbeiten
VOB/C-DIN 18354	01.12.2002	Gussasphaltarbeiten
VOB/C-DIN 18355	01.01.2005	Tischlerarbeiten
VOB/C-DIN 18356	01.12.2002	Parkettarbeiten
VOB/C-DIN 18357	01.12.2002	Beschlagarbeiten
VOB/C-DIN 18358	01.12.2000	Rolladenarbeiten
VOB/C-DIN 18360	01.12.2002	Metallbauarbeiten
VOB/C-DIN 18361	01.12.2002	Verglasungsarbeiten
VOB/C-DIN 18363	01.12.2002	Maler- und Lackierarbeiten
VOB/C-DIN 18364	01.12.2000	Korrosionsschutzarbeiten an Stahl- und Aluminiumbauten
VOB/C-DIN 18365	01.12.2002	Bodenbelagarbeiten

VOB/C-DIN 18366	01.12.2002	Tapezierarbeiten
VOB/C-DIN 18367	01.12.2002	Holzpflasterarbeiten
VOB/C-DIN 18379	01.12.2002	Raumlufttechnische Anlagen
VOB/C-DIN 18380	01.12.2002	Heizanlagen und zentrale Wassererwärmungsanlagen
VOB/C-DIN 18381	01.12.2002	Gas-, Wasser- und Abwasser-Installationsanlagen innerhalb von Gebäuden
VOB/C-DIN 18382	01.12.2002	Nieder- und Mittelspannungsanlagen mit Nennspannungen bis 36 kV
VOB/C-DIN 18384	01.12.2000	Blitzschutzanlagen
VOB/C-DIN 18385	01.12.2002	Förderanlagen, Aufzugsanlagen, Fahrtreppen und Fahrsteige
VOB/C-DIN 18386	01.12.2002	Gebäudeautomation
VOB/C-DIN 18421	01.12.2000	Dämmarbeiten an technischen Anlagen
VOB/C-DIN 18451	01.12.2002	Gerüstarbeiten

Wärmeschutz

Norm	Ausgabedatum	Titel
DIN 1946-2	01.01.1994	Raumlufttechnik; Gesundheitstechnische Anforderungen (VDI-Lüftungsregeln)
DIN 1946-6	01.10.1998	Raumlufttechnik – Lüftung von Wohnungen; Anforderungen, Ausführung, Abnahme (VDI-Lüftungsregeln)
DIN 4108 Bbl. 1	01.04.1982	Wärmeschutz im Hochbau; Inhaltsverzeichnisse; Stichwortverzeichnis
DIN 4108-1	01.08.1981	Wärmeschutz im Hochbau; Größen und Einheiten
DIN 4108-2	01.07.2003	Wärmeschutz und Energieeinsparung in Gebäuden; Mindestanforderungen an den Wärmeschutz
DIN 4108-3	01.07.2001	Wärmeschutz und Energie-Einsparung in Gebäuden; Klimabedingter Feuchteschutz; Anforderungen und Hinweise für Planung und Ausführung
DIN 4108-3 Berichtigung 1	01.04.2002	Berichtigungen zu DIN 4108-3, 07.2001
DIN V 4108-4	01.07.2004	Wärmeschutz und Energie- Einsparung in Gebäuden; Wärme- und feuchteschutz-technische Bemessungswerte
DIN V 4108-6	01.06.2003	Wärmeschutz und Energie-Einsparung in Gebäuden; Berechnung des Jahresheizwärme- und des Jahresheizenergiebedarfs
DIN 4108-7	01.08.2001	Wärmeschutz und Energie-Einsparung in Gebäuden; Anforderungen, Planungs- und Ausführungsempfehlungen sowie -beispiele
DIN 4108 Bbl 2	01.01.2004	Wärmeschutz und Energieeinsparung in Gebäuden – Wärmebrücken – Planungs – und Ausführungsbeispiele

DIN V 4108-10	01.06.2004	Wärmeschutz und Energie – Einsparung in Gebäuden; Anwendungsbezogene Anforderungen an Wärmedämmstoffe; Werkmäßig hergestellte Wärmedämmstoffe
DIN EN 832	01.06.2003	Wärmetechnisches Verhalten von Gebäuden – Berechnung des Heizenergiebedarfs; Wohngebäude
DIN EN 12207	01.06.2000	Fenster und Türen – Luftdurchlässigkeit – Klassifizierung
DIN EN 12524	01.07.2000	Baustoffe und –produkte – Wärme- und feuchteschutztechnische Eigenschaften – Tabellierte Bemessungswerte
DIN EN 12664	01.05.2001	Wärmetechnisches Verhalten von Baustoffen und Bauprodukten – Bestimmung des Wärmedurchlasswiderstandes nach dem Verfahren mit dem Plattengerät und dem Wärmestrommessplatten-Gerät – Trockene und feuchte Produkte mit mittlerem und niedrigem Wärmedurchlasswiderstand; Deutsche Fassung EN 12664:2001
DIN EN 12667	01.05.2001	Wärmetechnisches Verhalten von Baustoffen und Bauprodukten – Bestimmung des Wärmedurchlasswiderstandes nach dem Verfahren mit dem Plattengerät und dem Wärmestrommessplatten-Gerät – Produkte mit hohem und mittleren Wärmedurchlasswiderstand; Deutsche Fassung EN 12667:2001
DIN EN 12939	01.02.2001	Wärmetechnisches Verhalten von Baustoffen und Bauprodukten – Bestimmung des Wärmedurchlasswiderstandes nach dem Verfahren mit dem Plattengerät und dem Wärmestrommessplatten-Gerät – Dicke Produkte mit hohem und mittleren Wärmedurchlasswiderstand
DIN EN 13187	01.05.1999	Wärmetechnisches Verhalten von Gebäuden – Nachweis von Wärmebrücken in Gebäudehüllen – Infrarot-Verfahren
DIN EN 13947	E 01.2001	Wärmetechnisches Verhalten von Vorhangfassaden – Berechnung des Wärmedurchgangskoeffizienten – Vereinfachtes Verfahren
DIN EN ISO 6946	01.10.2003	Bauteile-Wärmedurchlasswiderstand und Wärmedurchgangskoeffizient – Berechnungsverfahren
DIN EN ISO 6946/A2	E 03.2003	Bauteile – Wärmedurchlasswiderstand und Wärmedurchgangskoeffizient – Berechnungsverfahren, Änderung A2
DIN EN ISO 7345	01.01.1996	Wärmeschutz – Physikalische Größen und Definitionen
DIN EN ISO 9346	01.08.1996	Wärmeschutz – Stofftransport – Physikalische Größen und Definitionen
DIN EN ISO 10077-1	01.11.2000	Wärmetechnisches Verhalten von Fenstern, Türen und Abschlüssen – Berechnung des Wärmedurchgangskoeffizienten: Vereinfachtes Verfahren
DIN EN ISO 10077-1	E 08.2004	Wärmetechnisches Verhalten von Fenstern, Türen und Abschlüssen – Berechnung des Wärmedurchgangskoeffizienten: Allgemeines

Übersicht der Normen

DIN EN ISO 10211-1	01.11.1995	Wärmebrücken im Hochbau – Wärmeströme und Oberflächentemperaturen, Teil 1: Allgemeine Berechnungsverfahren
DIN EN ISO 10211-2	01.06.2001	Wärmebrücken im Hochbau – Berechnung der Wärmeströme und Oberflächentemperaturen – Teil 2: Linienförmige Wärmebrücken (ISO 10211-2:2001); Deutsche Fassung EN ISO 10211-2:2001
DIN ISO 10456	E 06.2005	Baustoffe und -produkte: Wärme- und feuchtetechnische Eigenschaften – Tabellierte Bemessungswerte und Verfahren zur Bestimmung der wärmeschutztechnischen Nenn- und Bemessungswerte
DIN EN ISO 12567-2	01.04.2004	Wärmetechnisches Verhalten von Fenstern und Türen – Bestimmung des Wärmedurchgangskoeffizienten mittels des Heizkastenverfahrens; Dachflächenfenster und andere auskragende Produkte
DIN EN ISO 12572	01.09.2001	Wärme- und feuchtetechnisches Verhalten von Baustoffen und Bauprodukten – Bestimmung der Wasserdampfdurchlässigkeit
DIN EN ISO 13788	01.11.2001	Wärme- und feuchtetechnisches Verhalten von Bauteilen und Bauelementen – Raumseitige Oberflächentemperatur zur Vermeidung kritischer Oberflächenfeuchte und Tauwasserbildung im Bauteilinneren – Berechnungsverfahren (ISO 13788:2000)
DIN EN ISO 13789	01.10.1999	Wärmetechnisches Verhalten von Gebäuden – Spezifischer Transmissionswärmeverlustkoeffizient – Berechnungsverfahren
DIN EN 13829	01.02.2001	Wärmetechnisches Verhalten von Gebäuden – Bestimmung der Luftdurchlässigkeit von Gebäuden; Differenzdruckverfahren
DIN EN ISO 12567-1	01.02.2001	Wärmetechnisches Verhalten von Fenstern und Türen – Bestimmung des Wärmedurchgangskoeffizienten mittels des Heizkastenverfahrens – Komplette Fenster und Türen
DIN EN ISO 13790	01.09.2004	Wärmetechnisches Verhalten von Gebäuden – Berechnung des Heizenergiebedarfs
DIN EN ISO 14683	01.09.1999	Wärmebrücken im Hochbau – Längenbezogener Wärmedurchgangskoeffizient – Vereinfachte Verfahren und Anhaltswerte
DIN EN ISO 15927-4	E 06.2003	Wärme- und feuchtetechnisches Verhalten von Gebäuden – Berechnung und Darstellung von Klimadaten – Daten zur Abschätzung des Jahresenergiebedarfs für Kühl- und Heizsysteme
DIN V 18599-1	E 07.2005	Energetische Bewertung von Gebäuden – Berechnung des Nutz-, End- und Primärenergiebedarfs für Heizung, Kühlung, Lüftung, Trinkwarmwasser und Beleuchtung – Allgemeine Bilanzierungsverfahren, Begriffe, Zonierung und Bewertung der Energieträger
EnEV	02.12.2004	Energieeinsparverordnung

Zurückgezogene Normen

Norm	Ausgabedatum	Titel
DIN 105-1	01.08.1989	Mauerziegel; Vollziegel und Hochlochziegel
DIN 105-2	01.08.1989	Mauerziegel; Leichtlochziegel
DIN 274-1	01.04.1972	Asbestzement-Wellplatten; Maße, Anforderungen, Prüfungen
DIN 274-2	01.04.1972	Asbestzement-Wellplatten; Anwendung bei Dachdeckungen
DIN 274-3	01.12.1976	Asbestzementplatten; Ebene Dachplatten, Maße, Anforderungen, Prüfungen
DIN 274-4	01.08.1978	Asbestzementplatten; Ebene Tafeln, Maße, Anforderungen, Prüfungen
DIN 456	01.08.1976	Dachziegel; Anforderungen, Prüfung, Überwachung
DIN V ENV 459-1	01.03.1995	Baukalk: Definitionen, Anforderungen und Konformitätskriterien
DIN 485	01.04.1987	Gehwegplatten aus Beton
DIN 820-23	01.09.1983	Normungsarbeit; Gestaltung von Normen; Wortangaben, Größenangaben, Verweisungen und Anhänge
DIN 1101	01.11.1989	Holzwolle-Leichtbauplatten und Mehrschicht-Leichtbauplatten als Dämmstoffe für das Bauwesen; Anforderungen, Prüfung
DIN 1028	01.03.1994	Warmgewalzter, gleichschenkliger, rundkantiger Winkelstahl; Maße, Masse, statische Werte
DIN 1045	01.07.1988	Beton und Stahlbeton; Bemessung und Ausführung
DIN 1045 /A1	01.12.1996	Beton und Stahlbeton – Bemessung und Ausführung; Änderungen
DIN 1052-1	01.04.1988	Holzbauwerke; Berechnung und Ausführung
DIN 1052-1 / A1	01.10.1996	Holzbauwerke; Berechnung und Ausführung; Änderung 1
DIN 1052-2	01.04.1988	Holzbauwerke; Mechanische Verbindungen
DIN 1052-2 / A1	01.10.1996	Holzbauwerke; Mechanische Verbindungen; Änderung 1
DIN 1052-3	01.04.1988	Holzbauwerke; Holzhäuser in Tafelbauart; Berechnung und Ausführung
DIN 1052-3/A1	01.10.1996	Holzbauwerke; Holzhäuser in Tafelbauart; Berechnung und Ausführung; Änderung 1
DIN 1055-1	01.07.1978	Lastannahmen für Bauten; Lagerstoffe, Baustoffe und Bauteile, Eingenlasten und Reibungswinkel
DIN 1055-3	01.06.1971	Lastannahmen für Bauten; Verkehrslasten
DIN 1060-1	01.03.1995	Baukalk – Definitionen, Anforderungen, Überwachung
DIN 1151	01.04.1973	Drahtstifte, rund; Flachkopf, Senkkopf
DIN 1152	01.04.1973	Drahtstifte, rund; Stauchkopf

DIN 1160	01.04.1973	Breitkopfstifte; Rohr-, Dachpapp-, Schiefer- und Gipsdielenstifte
DIN 1164	01.11.2000	Zement mit besonderen Eigenschaften – Zusammensetzung, Anforderungen, Übereinstimmungsnachweis
DIN 1164-1	01.10.1994	Zement; Zusammensetzung, Anforderungen
DIN 1164-1/A1	01.01.1999	Zement; Zusammensetzung, Anforderungen; Änderung A1
DIN 1725-1	01.02.1983	Aluminiumlegierungen; Knetlegierungen
DIN 1751	01.06.1973	Bleche und Blechstreifen aus Kupfer und Kupfer-Knetlegierungen, kaltgewalzt; Maße
DIN 1986 Bbl 1	01.07.1998	Entwässerungsanlagen für Gebäude und Grundstücke – Stichwortverzeichz.
DIN 1986-1	01.06.1988	Entwässerungsanlagen für Gebäude und Grundstücke – Technische Bestimmungen für den Bau
DIN 1986-100	01.01.2001	Entwässerungsanlagen für Gebäude und Grundstücke: Zusätzliche Bestimmung zu DIN EN 12056
DIN 4074-1	01.05.2001	Sortierung von Holz nach der Tragfähigkeit – Teil 1: Nadelschnittholz
DIN 4076-3	01.01.1974	Benennungen und Kurzzeichen auf dem Holzgebiet; Klebstoffe, Verleimungsarten, Beanspruchungsgruppen für Holz-Leimverbindungen
DIN 4076-5	01.11.1981	Benennungen und Kurzzeichen auf dem Holzgebiet; Übersicht über die genormten Kurzzeichen
DIN 4102-4 Ber. 1	01.05.1995	Berichtigungen zu DIN 4102-4
DIN 4102-4 Ber. 2	01.04.1996	Berichtigungen zu DIN 4102-4
DIN 4102-4 Ber. 3	01.09.1998	Berichtigungen zu DIN 4102-4
DIN 4102-8	01.05.1986	Brandverhalten von Baustoffen und Bauteilen – Teil 8: Kleinprüfstand
DIN 4108-2	01.03.2001	Wärmeschutz im Hochbau; Wärmedämmung und Wärmespeicherung; Anforderungen und Hinweise für die Planung und Ausführung
DIN 4108-2	01.08.1981	Wärmeschutz im Hochbau; Wärmedämmung und Wärmespeicherung; Anforderungen und Hinweise für die Planung und Ausführung
DIN 4108-3	01.08.1981	Wärmeschutz im Hochbau; Klimabedingter Feuchteschutz; Anforderungen und Hinweise für Planung und Ausführung
DIN V 4108-4	01.10.1998	Wärmeschutz und Energie-Einsparung in Gebäuden; Wärme- und feuchteschutztechnische Kennwerte
DIN 4108-5	01.08.1981	Wärmeschutz im Hochbau; Berechnungsverfahren
DIN V 4108-6	01.11.2000	Wärmeschutz im Hochbau; Berechnung des Jahresheiz-wärmebedarfs von Gebäuden
DIN V 4108-6/A1	01.08.2001	Wärmeschutz und Energie-Einsparungen in Gebäuden; Berechnung des Jahresheizbedarfs

DIN V 4108-7	01.11.1996	Wärmeschutz im Hochbau; Luftdichtheit von Bauteilen und Anschlüssen; Planungs- und Ausführungsempfehlungen sowie -beispiele
DIN 4223	01.07.1958	Bewehrte Dach- u. Deckenplatten aus dampfgehärteten Schaumbeton; Richtlinien für Bemessung, Herstellung; Verwendung und Prüfung
DIN 4226-1	01.04.1983	Zuschlag für Beton; Zuschlag mit dichtem Gefüge; Begriffe, Bezeichnung und Anforderungen
DIN 4226-3	01.04.1983	Zuschlag für Beton – Prüfung von Zuschlag mit dichtem oder porigem Gefüge
DIN 4226-4	01.04.1983	Zuschlag für Beton – Überwachung
DIN 4420-1	01.12.1990	Arbeits- und Schutzgerüste; Allgemeine Regelungen; Sicherheitstechnische Anforderungen, Prüfungen
DIN 4420-4	01.12.1988	Arbeits- und Schutzgerüste aus vorgefertigten Bauteilen (Systemgerüste); Werkstoffe, Gerüstbauteile, Abmessungen, Lastannahmen und sicherheitstechnische Anforderungen
DIN 4421	01.08.1982	Traggerüste; Berechnung, Konstruktion und Ausführung
DIN 4426	01.04.1990	Sicherheitseinrichtungen zur Instandhaltung baulicher Anlagen; Absturzsicherungen
DIN 7470	01.01.1982	Sicherheitsgeschirre; Haltegurte; Sicherheitstechnische Anforderungen, Prüfung
DIN 8513-1	01.10.1979	Hartlote; Kupferbasislote, Zusammensetzung, Verwendung, Technische Lieferbedingungen
DIN 17162-2	E 04.1988	Flacherzeugnisse aus Stahl; Feuerverzinktes Band und Blech; Technische Lieferbedingungen; Allgemeine Baustähle
DIN 17440	01.09.1996	Nichtrostende Stähle – Technische Lieferbedingungen für Blech, Warmband und gewalzte Stäbe für Druckbehälter, gezogenen Draht und Schmiedestücke
DIN 17640-2	01.01.1986	Bleilegierungen; Legierungen für Kabelmäntel
DIN 17611	01.06.1985	Anodisch oxidiertes Halbzeug aus Aluminium und Aluminium-Knetlegierungen mit Schichtdicken von mindestens 10 µm; Technische Lieferbedingungen
DIN 17650	01.12.1988	Bänder und Bleche aus Kupfer für das Bauwesen; Technische Lieferbedingungen
DIN 17672-1	01.12.1983	Stangen aus Kupfer und Kupfer-Knetlegierungen; Eigenschaften
DIN 17672-2	01.06.1974	Stangen aus Kupfer und Kupfer-Knetlegierungen; Technische Lieferbedingungen
DIN 17770	01.02.1990	Bänder und Bleche aus legiertem Zink für das Bauwesen; Technische Lieferbedingungen
DIN 18152	01.04.1987	Vollsteine und Vollblöcke aus Leichtbeton
DIN 18160-5	01.04.1981	Hauschornsteine; Einrichtungen für Schornsteinfegerarbeiten

Übersicht der Normen

Norm	Datum	Titel
DIN 18164-1	01.08.1992	Schaumkunststoffe als Dämmstoffe für das Bauwesen – Dämmstoffe für die Wärmedämmung
DIN V 18164-1	01.01.2002	Schaumkunststoffe als Dämmstoffe für das Bauwesen; Dämmstoffe für die Wärmedämmung
DIN 18164-2	01.03.1991	Schaumkunststoffe als Dämmstoffe für das Bauwesen – Dämmstoffe für die Trittschalldämmung
DIN 18165-1	01.07.1991	Faserdämmstoffe für das Bauwesen – Dämmstoffe für die Wärmedämmung
DIN V 18165-1	01.01.2002	Faserdämmstoffe für das Bauwesen; Dämmstoffe für die Wärmedämmung
DIN 18165-2	01.03.1987	Faserdämmstoffe für das Bauwesen; Dämmstoffe für die Trittschalldämmung
DIN 18195-1	01.08.1983	Bauwerksabdichtungen; Allgemeines; Begriffe
DIN 18195-2	01.08.1983	Bauwerksabdichtungen; Stoffe
DIN 18195-3	01.08.1983	Bauwerksabdichtungen; Verarbeitung der Stoffe
DIN 18195-4	01.08.1983	Bauwerksabdichtungen; Abdichtungen gegen Bodenfeuchtigkeit; Bemessung und Ausführung
DIN 18195-5	01.02.1984	Bauwerksabdichtungen; Abdichtungen gegen nichtdrückendes Wasser; Bemessung und Ausführung
DIN 18195-6	01.08.1983	Bauwerksabdichtungen; Abdichtungen gegen von außen drückendes Wasser; Bemessung und Ausführung
DIN 18234-1	01.08.1992	Baulicher Brandschutz im Industriebau – Begriffe, Anforderungen und Prüfungen für Dächer; Einschalige Dächer mit Abdichtungen bei Brandbeanspruchung von unten; Geschlossene Dachflächen
DIN 18516-1	01.01.1990	Außenwandbekleidungen, hinterlüftet; Anforderungen, Prüfgrundsätze
DIN 18516-3	01.01.1990	Außenwandbekleidungen, hinterlüftet; Naturwerkstein; Anforderungen, Bemessung
DIN 18517-1	01.11.1985	Außenwandbekleidungen aus kleinformatigen Fassadenplatten; Asbestzementplatten
DIN V 18800-7	01.10.2000	Stahlbauten; Herstellen, Eignungsnachweise zum Schweißen
DIN 19599	01.11.1990	Abläufe und Abdeckungen in Gebäuden; Klassifizierung, Bau- und Prüfgrundsätze, Kennzeichnung, Überwachung
DIN 48801	01.03.1985	Blitzschutzanlage; Leitungen, Schrauben und Muttern
DIN 48802	01.08.1986	Blitzschutzanlage – Fangstangen
DIN 48807	01.08.1986	Blitzschutzanlage; Dachdurchführungen
DIN 48809	01.12.1976	Klemmen für Blitzschutzanlagen
DIN 48814	01.08.1986	Blitzschutzanlage; Schornsteinrahmen
DIN 48818	01.08.1986	Blitzschutzanlage; Schellen
DIN 48819	01.08.1986	Blitzschutzanlage; Klemmschuh
DIN 48835	01.08.1986	Blitzschutzanlage; Trennstücke

DIN 48837	01.08.1986	Blitzschutzanlage; Verbinder
DIN 48840	01.03.1985	Blitzschutzanlage; Anschlußklemmen für Bleche
DIN 48841	01.03.1985	Blitzschutzanlage; Anschluß- und Überbrückungsbauteile
DIN 48843	01.03.1985	Blitzschutzanlage; Kreuzverbinder, leichte Ausführung
DIN 48845	01.03.1986	Blitzschutzanlage; Kreuzverbinder; Schwere Ausführung
DIN 48850	01.03.1987	Blitzschutzanlage; Erdeinführungsstangen
DIN 48852	01.03.1985	Blitzschutzanlage – Staberder, einteilig (Profilstaberder)
DIN 50976	01.05.1989	Korrosionsschutz; Feuerverzinken von Einzelteilen (Stückverzinken); Anforderungen und Prüfung
DIN 51221-1	01.07.1993	Werkstoffprüfmaschinen; Zugprüfmaschinen, Allgemeine Anforderungen
DIN 51221-2	01.07.1993	Werkstoffprüfmaschinen; Zugprüfmaschinen; Besondere Anforderungen und Ausrüstung
DIN 51227	01.12.1977	Werkstoffprüfmaschinen; Biegeprüfmaschinen
DIN 52103	01.10.1988	Prüfung von Naturstein und Gesteinskörnungne; Bestimmung von Wasseraufnahme und Sättigungswert
DIN 52112	01.08.1988	Prüfung von Naturstein: Biegeversuch
DIN 52201	01.05.1985	Dachschiefer;Begriff, Prüfung
DIN 52204	01.05.1985	Prüfung von Dachschiefer;Temperaturwechselversuch
DIN 52206	01.03.1975	Prüfung von Dachschiefer;Säureversuch
DIN 52253-1	01.12.1988	Prüfung der Frostwiderstandsfähigkeit von Dachziegeln; Frost-Tau-Wechsel-Verfahren; Oberseitige Befrostung nach Tränkung durch Berieselung
DIN 52253-2	01.12.1988	Prüfung der Frostwiderstandsfähigkeit von Dachziegeln; Frost-Tau-Wechsel-Verfahren; Allseitige Befrostung nach Tränkung unter Vakuum
DIN 55928-1	01.05.1991	Korrosionsschutz von Stahlbauten durch Beschichtungen und Überzüge; Allgemeines, Begriffe, Korrosionsbelastungen
DIN 55928-5	01.05.1991	Korrosionsschutz von Stahlbauten durch Beschichtungen und Überzüge; Beschichtungsstoffe und Schutzsysteme
DIN 59231	01.04.1953	Wellbleche, Pfannenbleche, verzinkt
DIN IEC 61024-1	01.02.1999	Blitzschutz baulicher Anlage; Allgemeine Grundsätze
DIN 68364	01.11.1979	Kennwerte von Holzarten – Festigkeit; Elastizität; Resistenz
DIN 68367	01.01.1976	Bestimmung der Gütemerkmale von Laubschnittholz
DIN 68752	01.12.1974	Bitumen-Holzfaserplatten; Gütebedingungen

Übersicht der Normen

DIN 68754-1	01.02.1976	Harte und mittelharte Holzfaserplatten für das Bauwesen; Holzwerkstoffklasse 20
DIN EN 197-1	01.02.2001	Zement; Zusammensetzung, Anforderungen und Konformitätskriterien von Normalzement
DIN EN 312-1	01.11.1996	Spanplatten – Anforderungen – Teil 1: Allgemeine Anforderungen an alle Plattentypen
DIN EN 312-4	01.11.1996	Spanplatten – Anforderungen – Teil 4: Anforderungen an Platten für tragende Zwecke zur Verwendung im Trockenbereich
DIN EN 312-5	01.06.1997	Spanplatten; Anforderungen; Anforderungen an Platten für tragende Zwecke zur Verwendung im Feuchtbereich
DIN 68763	01.09.1990	Spanplatten; Flachpressplatten für das Bauwesen: Begriffe; Anforderungen; Prüfung; Überwachung
DIN EN 354	01.02.1993	Persönliche Schutzausrüstung gegen Absturz-Verbindungsmittel
DIN EN 354/A1	01.11.1997	Persönliche Schutzausrüstung gegen Absturz-Verbindungsmittel
DIN EN 573-3	01.12.1994	Aluminium und Aluminiumlegierungen – Chemische Zusammensetzung und Form von Halb – Teil 3: Chemische Zusammensetzung
DIN EN 1179	01.03.1996	Zink und Zinklegierungen – Primärzink
DIN EN 832	01.12.1998	Berechnung des Heizenergiebedarfs; Wohngebäude
DIN EN 1844	01.06.1995	Dach- und Dichtungsbahnen aus Kunststoffen und Elastomeren – Bestimmung der Beständigkeit gegen Ozonrissbildung
DIN EN ISO 9001	01.08.1994	Qualitätsmanagementsysteme – Modell zur Qualitätssicherung; QM-Darlegung in Design, Entwicklung, Produktion, Montage und Wartung
DIN EN ISO 9002	01.08.1994	Qualitätsmanagementsysteme – Modell zur Qualitätssicherung; QM-Darlegung in Produktion, Montage und Wartung
DIN EN 10002-2	01.07.1993	Metallische Werkstoffe; Zugversuch; Prüfung von Längenänderungs-Meßeinrichtungen für Prüfung einachsiger Beanspruchung
DIN EN 10002-4	01.01.1995	Metallische Werkstoffe; Zugversuch; Prüfung von Längenänderungs-Meßeinrichtungen für Prüfung einachsiger Beanspruchung
DIN EN 10147	01.07.2000	Kontinuierlich feuerverzinktes Band und Blech aus Baustählen – Technische Lieferbedingungen
DIN EN 12164	01.04.1998	Kupfer und Kupferlegierungen – Stangen für die spanende Bearbeitung
DIN EN 12865-1	E 08.1997	Wärme- und feuchteschutztechnisches Verhalten von Gebäuden – Bestimmung des Widerstandes gegen Schlagregen bei pulsierendem Luftdruck – Teil 1: Außenwandsysteme; Deutsche Fassung prEN 12865-1:1997

DIN EN 13501-1	01.09.2000	Klassifizierung von Bauprodukten und Bauarten zu ihrem Brandverhalten – Klassifizierung mit den Ergebnissen aus den Prüfungen zum Brandverhalten von Bauprodukten
DIN EN 13583	01.07.1999	Abdichtungsbahnen – Bitumen-, Kunststoff- und Elastomerbahnen – Bestimmung des Widerstands gegen Hagelschlag
DIN VDE 0185-103	01.09.1997	Schutz gegen elektronischen Blitzimpuls, Allgemeine Grundsätze
DIN EN ISO 15927-4	01.02.2001	Wärme- und feuchtetechnisches Verhalten von Gebäuden – Berechnung und Darstellung von Klimadaten – Teil 4: Daten zur Abschätzung des Jahresenergiebedarfs für Kühl- und Heizsysteme
DIN EN 24016	01.02.1992	Sechskantschrauben mit Schaft; Produktklasse C (ISO 4016; 1988)
DIN VDE 0185-1	01.11.1982	Blitzschutzanlage; Allgemeines für das Errichten
DIN EN 13968	E 10.2000	Geomembranen-Produkt-Spezifikation
DIN VDE 0185-2	01.11.1982	Blitzschutzanlage; Errichten besonderer Anlagen
DIN V VDE V 0185-110	01.01.1997	Blitzschutzsysteme – Leitfaden zur Prüfung von Blitzschutzanlagen
DIN IEC 81 (Sec) 48 (DIN VDE 0185, Teil 102)	01.02.1993	Gebäudeblitzschutz; Teil 1: Allgemeine Grundsätze; Leitfaden B (Anwendungsrichtlinie): Planung, Errichtung, Instandhaltung, Prüfung
VOB/A-DIN 1960	01.12.2000	Allgemeine Bestimmungen für die Vergabe von Bauleistungen
MBO	1997	Musterbauordnung
WSVO	01.08.1994	Verordnung über einen energiesparenden Wärmeschutz bei Gebäuden